# 千头规模奶牛场标准化养殖技术工艺

安永福　主编

中国农业大学出版社

·北京·

## 内容简介

本书在“河北省奶牛产业创新团队一期建设”工作基础上完成，主要描述了千头规模奶牛场标准化养殖技术。从千头规模奶牛场标准化建设和设施、奶牛的遗传改良和生产性能测定、营养与饲料、不同阶段奶牛的饲养管理、繁殖技术管理、挤奶技术流程、疾病防治、粪污处理技术模式、人员职责和管理制度、信息技术在奶牛饲养管理中的应用等十个方面，详细阐述了千头规模奶牛场标准化养殖生产工艺技术模式，对于提高奶牛场标准化、适度规模化和精细化饲养管理水平，提升养殖者的生产管理水平和生鲜乳质量具有重要的指导意义。

本书在内容上力求科学实用、通俗易懂，在文字表达上力争简明扼要、深入浅出，是各级畜牧技术人员和奶牛养殖场生产管理和技术人员，以及中、高等职业院校学生的实用参考用书。

**图书在版编目(CIP)数据**

千头规模奶牛场标准化养殖技术工艺/安永福主编.—北京：中国农业大学出版社，2017.7

ISBN 978-7-5655-1891-1

Ⅰ.①千…　Ⅱ.①安…　Ⅲ.①乳牛场-生产管理-研究　Ⅳ.①S823.9

中国版本图书馆 CIP 数据核字(2017)第 167767 号

**书　　名**　千头规模奶牛场标准化养殖技术工艺
**作　　者**　安永福　主编

**策划编辑**　赵　中　　**责任编辑**　洪重光　郑万萍
**封面设计**　郑　川　　**责任校对**　王晓凤
**出版发行**　中国农业大学出版社
**社　　址**　北京市海淀区圆明园西路 2 号　　**邮政编码**　100193
**电　　话**　发行部 010-62818525，8625　　读者服务部 010-62732336
编辑部 010-62732617，2618　　出　版　部 010-62733440
**网　　址**　http://www.cau.edu.cn/caup　　**E-mail** cbsszs @ cau.edu.cn
**经　　销**　新华书店
**印　　刷**　涿州市星河印刷有限公司
**版　　次**　2017 年 7 月第 1 版　2017 年 7 月第 1 次印刷
**规　　格**　787×980　16 开本　17.5 印张　320 千字
**定　　价**　37.00 元

# 编写人员

主　　编　安永福

副主编　王晓芳　邵丽玮

编　　者　（按姓氏笔画排序）

马亚宾　王亚男　王晓芳　田树军　安永福

孙树春　李　林　邱殿锐　张进红　邵丽玮

范国昌　赵晓静　赵慧秋　郝金魁　秦建华

顾文源　倪志广　倪俊卿　徐　华　高玉红

高艳霞　郭建军　樊文科

# 前言

奶业是畜牧产业重要的组成部分，作为现代畜牧业的支柱产业之一，日益发挥着巨大的作用，在现代农业中具有举足轻重的地位。奶牛养殖业的持续健康发展，对改善城乡居民膳食结构、增强全民身体素质、促进农业结构调整和供给侧结构改革、增加农民收入都具有重要意义。

近几年，随着国际经济形势持续低迷，国际奶价不断走低，奶业整体发展速度放缓。受国际奶业发展环境和我国进口乳制品高增速等多因素叠加影响，我国奶业生产产销逐渐失衡，奶价持续下跌，面临严峻形势。我国各级政府高度重视奶业发展，综合施策，出台了一系列措施稳生产、保效益、调结构、促发展。当前，我国奶业生产总体保持稳定，产量增长，存栏稳定，质量提高。但仍面临奶价持续低位运行，养殖效益下滑，乳品企业去库存压力大，消费者信心不足等突出问题。

我国奶牛的养殖发展方向应该是适度规模化与集约化相结合，坚持“种养”一体化与专业分工化，以实现养殖业现代化。所谓适度规模化和集约化，主要是指奶牛养殖要结合当地土地、水源、饲料等自然禀赋资源条件，通过发展最优养殖规模，保持经济效益与生态效益、社会效益平衡，从而实现奶牛养殖的可持续发展。规模化养殖，是奶牛养殖业发展到一定阶段的必然要求，因为以“小、散、低”为特征的散户养殖有很多弊端和制约因素，生产力水平低，管理水平不高，资源利用效率和劳动生产率低，无法满足奶业社会化的大生产需求。

奶牛养殖只有“因地制宜、因势利导，推进适度规模化养殖”，推广应用规模标准化养殖技术，才能进一步规范生鲜乳生产过程中环境控制，饲料与饲养管理，繁殖与育种，疫病防治等技术环节，实现奶牛高质量安全生产。

为了进一步推动奶牛养殖向生态化、标准化和适度规模化发展，加快奶牛养殖业的升级改造，提升畜牧业发展水平，提高生产效率和养殖的经济效益，本书以千头奶牛场为例，从适度规模标准化奶牛场的建设和设施、奶牛的遗传改良和生产性能测定、营养与饲料、不同阶段奶牛的饲养管理、繁殖技术管理、挤奶技术流程、疾病防治、粪污处理技术模式、人员职责和管理制度、信息技术在奶牛饲养管理中的应用等十个方面，详细阐述规模奶牛场标准化养殖生产技术工艺模式，对于提高奶牛标准化、适度规模化和精细化饲养水平，提升养殖者的生产管理水平和生鲜乳质量具有重要的指导意义和促进作用。

本书在内容上力求科学实用、通俗易懂，在文字表达上力争简明扼要、深入浅出，是各级畜牧技术人员和奶牛养殖场生产管理和技术人员，以及中、高等职业院校学生的实用参考用书。

本书由河北省现代农业产业技术体系奶牛产业创新团队供稿。书中奶牛标准化和规模化养殖内容涉及面广，加之编者水平所限，难免有不妥之处，恳请读者批评指正。

编　者

2017 年 3 月

# 目录

# 第一章 标准化奶牛场建设

标准化奶牛场的规划设计与牛场运营管理息息相关，建设规范化、标准化奶牛场成为奶牛养殖业发展的必由之路。奶牛场的规划与布局必须符合国家的有关政策和行业标准，要实现统一规划、统一管理、统一饲养、统一改良、统一防疫、统一订单的管理模式。

## 一、奶牛场布局与分区

### (一)场址选择

1. 自然条件

(1)地形和地势　场地地形要求整齐、开阔、有足够的面积，避开边边角角和狭长地带；地形不规则或边角太多，会使建筑物布局凌乱，不便管理并造成防疫困难。

场地地势要求高燥、向阳背风、平坦、排水良好。在平原地区选场时，一般选择平坦、开阔、较周围地段稍高的地方；在山区地方建场，应选择缓坡，坡度不宜大于25%，以2%～3%为宜。

(2)水源　奶牛场的水源要求水量充足，能满足整个场区牛和人员的需要，同时要求水质清洁，符合国家农业部关于畜禽饮用水水质的要求。另外，选择水源时，应方便使用和进行水源保护，并易于进行水的净化和消毒。

(3)土壤地质　土质以沙壤土为好。沙壤土松软、透水透气性强、吸湿性较好，且质地均匀、抗压性较强、导热性较弱。雨水、尿液不易聚集，雨后没有硬结，有利于牛舍和运动场的清洁和卫生，减少蹄病和其他疾病的发生。但实际生产中选择理想的土壤不是很容易，需要在牛舍设计、施工、使用和管理过程中，设法弥补土壤缺陷带来的不足。

(4)气候　气候主要指与建筑设计有关和造成奶牛场小气候的气象资料，如气温、气湿、风向等，拟建地区要考虑的因素主要包括平均气温、常年主导风向、日照情况、降雨量和积雪深度、土壤冻结深度等，这些指标直接关系着场区的防暑、防寒措施以及畜舍朝向、遮阳设施的设置等。

2. 社会条件

(1)城乡建筑设计要求　奶牛场场址的选择应考虑城镇和乡村的长远发展，不应在城镇建设发展方向上选择，以免造成场址的搬迁和重建。

(2)卫生防疫间距　场址选择地点绝对不能成为周围社会的污染源，也不能受周围环境的污染。因此，牛场的位置应选在居民点的下风向，地势较低的地方，并且要与居民点保持200～500 m的间距，牛场距离大城市应该达到20 km，距离小城镇达到10 km。牛场与其他畜牧场之间也要保持一定的卫生间距，一般牧场应达到150～300 m，大型牧场之间的间距应该达到1 000～1 500 m。牛场位置要求交通便利，但必须与公路保持一定间距，按照畜牧场建设标准，要求距国道、省际公路500 m，距省道、区际公路300 m，距一般公路100 m。

(3)交通运输条件　牛场选址要求交通方便，特别是大型牛场，饲料、产品、粪污废弃物运输量较大，必须保证交通运输的便利，以减少运输的费用。一般场址选择在距饲料场近、便于产品外销的地方。

(4)电力条件　必须有可靠的电力供应，通常要求有Ⅱ级供电能源，Ⅲ级电源时要自备发电机，以保证场内供电的稳定可靠。另外，为减少投资成本，应靠近输电线路，尽量减少电线的铺设距离。

(5)土地征用及场地面积　土地征用必须符合本地农牧业生产发展的总体规划、土地利用发展规划和城乡建设发展规划的用地要求。不占农田，尽量选择荒地或劣地建场，但不宜征用土地包括自然保护区、风景旅游区；受洪水或山洪威胁及有泥石流、滑坡等自然灾害多发地带以及自然环境污染严重地区。大型牛场分期建设时，场址选择一次完成，可以分期征地。存栏千头奶牛场采用散栏饲养时，占地面积一般为75～180亩*，通常按120亩计算，地形最好为长∶宽＝1.2∶1或方形场地(土地利用系数最高)。

(6)周边环境　充分利用自然山丘或树林作建筑背景，起到美化环境的作用。多风地区的夏季，由于臭味容易扩散，应考虑贮粪池的位置和容量，仔细核算粪污的产生量，计算贮粪池的贮粪能力。最好在规划牛场建一个处理粪污的处理场，使粪污能成为可利用的资源。

(二)场区布局

在满足饲养工艺要求时，要尽可能地美化场区环境，改善卫生条件，为奶牛创

* 1亩≈666.7 $m^2$

造良好的休息、活动、饲喂和挤奶环境，使人、畜及周围社会得到和谐发展。千头规模奶牛场的总平面规划图可参考图 1-1。

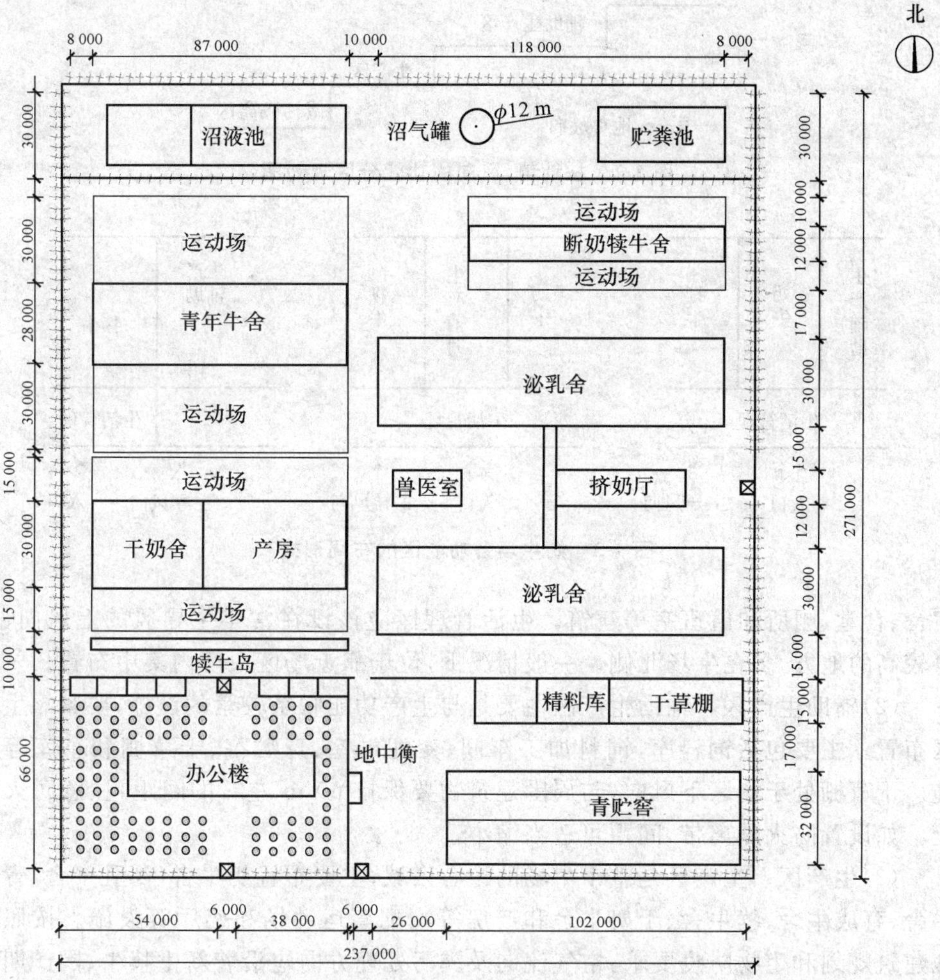


图 1-1 千头规模奶牛场的总平面规划图

1. 功能分区

根据生产功能，牛场通常分为生活管理区、辅助生产区、生产区和粪污隔离区。各功能区的位置见图 1-2 和图 1-3。当地势和主导风向不是同一方向，而按照防疫要求又不容易处理时，则应以主导风向为主。

(1)生活管理区 生活管理区主要包括办公室、接待室、资料室、财务室、职工

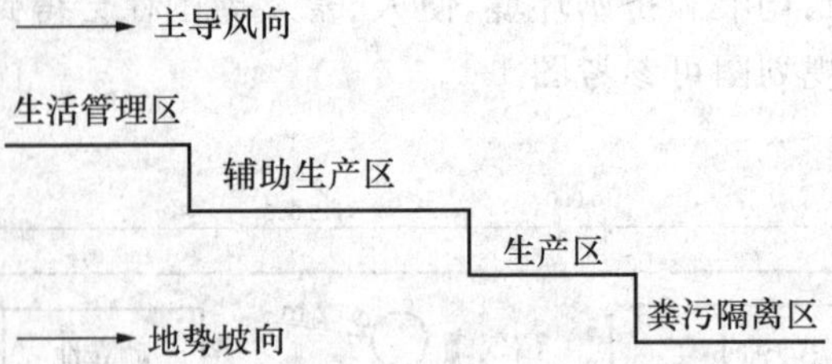


图 1-2 按地势、风向的功能分区规划图

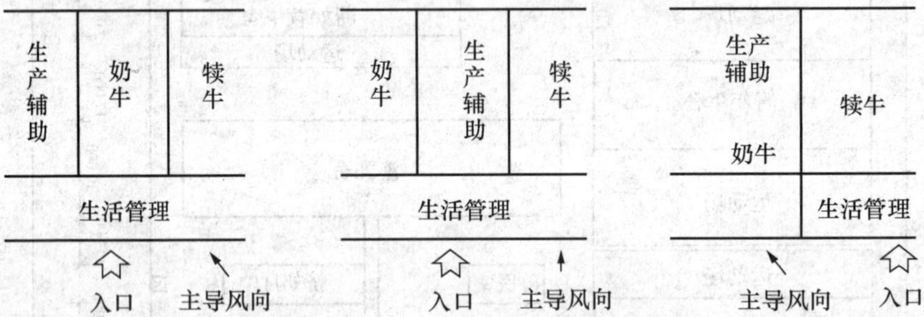


图 1-3 奶牛场各功能区的布局形式

宿舍、食堂、厕所和值班室等建筑。生活管理区应该设在常年主导风的上风向、地势较高的地方，多在牛场北侧。一般情况下，位于靠近场区大门内集中布置。

(2)辅助生产区 辅助生产区主要是与生产功能联系较紧的设施，要紧靠生产区布置。主要包括饲料库、饲料加工车间、变配电室、青贮窖、干草棚和车库等设施。干草棚处于场区下风向，与周围建筑物要保持 60 m 左右的间距，注意防火安全。如设置防火隔离带，间距可适当缩小。

(3)生产区 生产区是整个牛场的核心区域，主要布置奶牛舍(泌乳牛舍、青年牛舍、育成牛舍、犊牛舍、干奶牛舍和产房等)、配套运动场和奶厅等设施。按照场地建筑规划和生物防疫要求，空气流向及粪污处理方向应沿着新生犊牛、围产期奶牛、断奶犊牛与育成牛、青年牛、泌乳牛和干乳牛移动。另外，避免各区间互相干扰且保证防疫卫生和安全。生产区与生活管理区、辅助生产区之间应设置围墙或绿化带，既起到绿化作用，又起到隔离作用。

(4)粪污隔离区 粪污隔离区的位置要考虑粪污便于运出场外，同时应保证在堆放期间避免造成环境污染和蚊蝇的滋生，主要包括兽医室、病牛隔离舍、贮粪池及粪污处理设施。该区位于全场场区最低处、主导风的下风向，并应与生产区保持适当的卫生间距，多设在牛场西南侧，且该区周围必须有绿化隔离带。粪污隔离区的设施有专门的道路与生产区相连。

2. 场区规划

(1)牛舍排列　场区建筑物布局尽量做到合理、整齐、紧凑和美观。道路铺设面积的适当减少可提高场地利用率和降低投资成本。牛舍常用的排列方式主要有单列式、双列式和多列式(图 1-4),其中以双列式居多,不管使用哪种排列方式,应既避免净道和污道交叉,同时又方便使用。

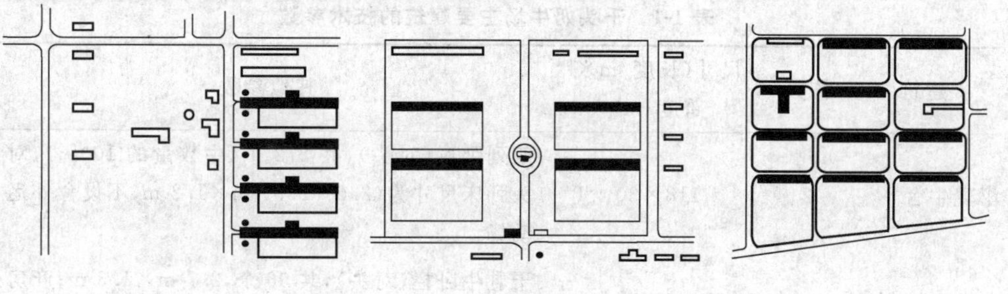

a. 单列式　b. 双列式　c. 多列式

**图 1-4　奶牛舍排列方式**

(2)布局规划　总体布局规划上要注意多利用现有道路,正门及运奶大门尽量靠近主路。此外,另选小路其开口设粪污处理口。挤奶厅应设在乳牛舍中间,双列布局时常呈"H"形,奶厅一般建在东侧,以防夏季温度过高。特殊处理区(治疗牛舍和配种兽医室)饲养的牛多为出乳慢的牛、正接受乳房炎治疗而牛奶不能出售的牛以及有严重肢蹄病的牛等,一般建在西侧,应尽量靠近挤奶厅,可建在挤奶厅对面,与挤奶厅平行。

(3)牛舍朝向　朝向选择与当地地理纬度、当地环境、局部气候及建筑用地条件等因素有关。适宜的朝向既要满足家畜对自然光照的需求,又要符合对通风的要求。一般情况下,牛舍多采用南向(长轴东西向),可以适当偏东或偏西 15°,以确保冬季获得更多的阳光和防止夏季太阳过分照射。

(4)牛舍间距　适当的牛舍间距应根据舍内的采光、通风、防疫和防火等几个方面综合确定,一般为牛舍檐高的 3～5 倍,相邻舍的间距一般不小于 30 m,成乳牛舍与产牛舍间距要求大于 60 m。场外运动场常设在牛舍南面,成乳牛 20～25 $m^2$/头,育成牛 12～18 $m^2$/头,犊牛 5～10 $m^2$/头。隔离舍应设在健康牛舍 50 m 以外、地势较低、场区下风向或侧风向处。

## 二、牛舍建筑

规模化奶牛场设计时，需要考虑主要的经济指标，如建筑系数(20%～25%)、绿化系数(30%～35%)、道路系数(8%～10%)、运动场及其他用地(35%～40%)。存栏千头奶牛场的建筑设计(各类奶牛舍、挤奶厅和青贮窖等)技术参数可参考表1-1。泌乳牛舍的平面图和剖面图可分别参考图1-5和图1-6。

表1-1 千头奶牛场主要建筑的技术参数

| 建筑 | 栋数 | 尺寸(长度/m×跨度/m) | 其他参数 |
|---|---|---|---|
| 泌乳牛舍 | 2 | 118×30 | 四列卧栏(对头)，共272个(牛数量的100%)，对头卧床尺寸为(2.6～2.8) m×1.2 m，不设舍外运动场 |
| 干奶牛舍、产房 | 1 | 87×30(其中产房49×30) | 干乳牛卧栏(对头)，共96个，2.7 m×1.3 m；产房中产前卧栏22个(1.3 m×2.7 m)，产后卧栏22个(1.2 m×2.7 m)，产栏6个(3.6 m×3.6 m) |
| 青年牛舍 | 1 | 87×28 | 青年牛卧栏共设256个(2.4 m×1.1 m) |
| 断奶犊牛、育成牛舍 | 1 | 87×12 | 不设卧栏，舍外设运动场 |
| 哺乳犊牛舍 | 2 | 65×4 | 单栏，共设50个(4.0 m×1.3 m) |
| 挤奶厅 | 1 | 44.6×12(待挤厅22.4×12) | 2×16位，并列式 |
| 青贮窖 | 4 | 100×8 | 地上青贮，并联 |
| 精料库 | 1 | 21×15 | 可贮3个月精料 |
| 草料棚 | 1 | 48×15 | 可贮1年干草 |

## 三、牛场主要设施与设备

目前我国奶牛主产区普遍采用散栏饲养模式，舍内的采食区、休息区和挤奶区独立分开。一般而言，不带运动场的散栏牛舍，每头牛需7.9～9.3 $m^2$ 的舍内空间。散栏牛舍内主要的设施包括自由卧栏、饲槽、饮水槽和通道等。

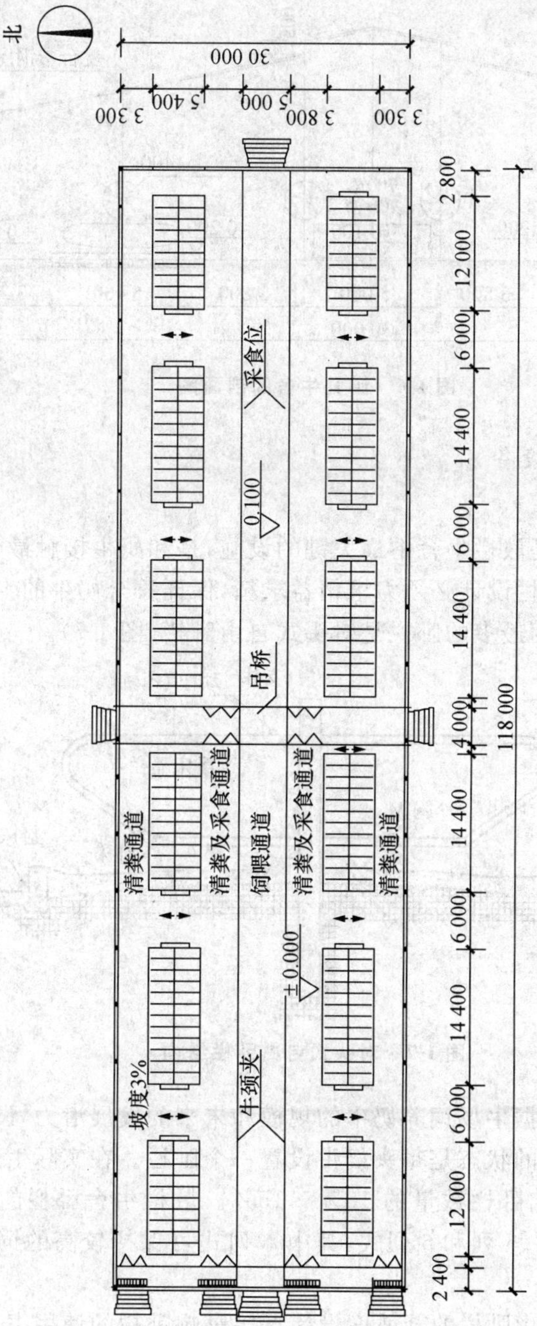


图1-5　泌乳牛舍的平面图

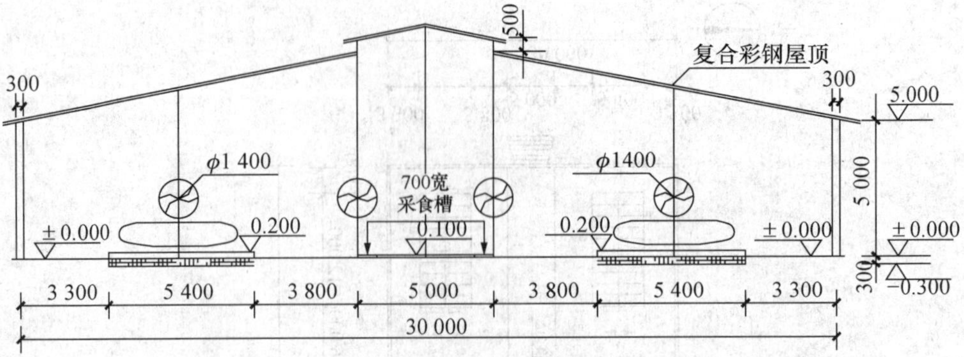


图 1-6 泌乳牛舍的剖面图

(一)牛舍设施与设备

1. 卧栏

自由卧栏(卧床)是散栏牛舍中最关键的设施,是和奶牛接触最密切、使用时间最长的设备。因此,卧栏设计必须力求精益求精,保证符合奶牛的生理需要和奶业的生产需要。目前应用最多的卧栏是对头式自由卧栏(图 1-7)。

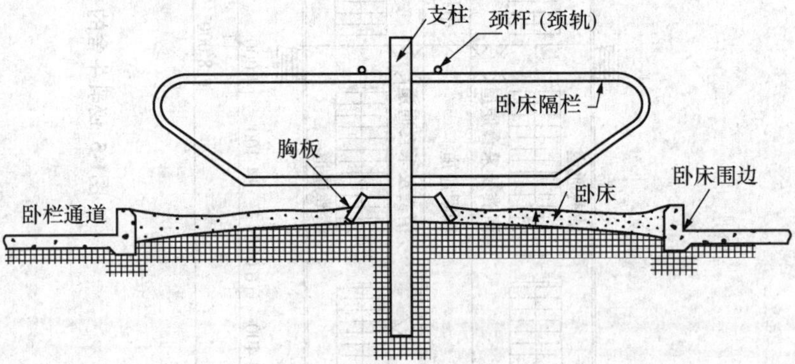


图 1-7 对头式自由卧栏结构

(1)卧栏数量 根据牛场饲养奶牛的规模和未来的发展潜力,设置合适的卧栏数量至关重要,最理想的状态是每头奶牛设置一个卧栏。在实际生产中,牛舍内饲养奶牛的数量允许超出卧栏数量的 10%～15%。散栏牛舍卧栏的布置形式主要有单列、2 列、3 列、4 列、5 列和 6 列式,其中 4 列式可保持较高的饲喂空间和饮水空间,效果最佳。

(2)卧栏尺寸 自由卧栏的舒适度设计直接影响卧栏的使用率,进而影响奶牛的产奶性能和健康程度,特别是对牛群跛行率的影响。自由卧栏主要由卧床、隔栏、颈轨、基础和垫料组成，每一部分设计的合理性都将影响奶牛的舒适性。卧栏上杆的作用是避免奶牛在卧栏内转身，上杆高度可根据奶牛体型而定，一般为 120 cm 左右，卧栏下杆的高度要高出卧床平面 28 cm 左右，过低容易使奶牛腿部和臀部受伤，过高会导致一些奶牛把腿或身体的其他部分伸到杆下面，导致身体部位的损伤。隔栏最后端到卧床后缘(卧床围边)的水平间距应保持为 36 cm 左右，以避免奶牛在卧床上呈斜线躺卧，同时避免在舍内通道中行走的奶牛不小心碰到而受伤。推荐的卧栏尺寸如表 1-2 所示。面对实体墙的单列自由卧栏应保持 3.0 m 左右的长度以保证体型较大奶牛的前冲需要，如果卧栏长度低于 2.3 m，迫使多数奶牛向邻近卧床侧冲，其起卧时身体必须处于斜向位置，要使奶牛侧冲顺利，隔栏下管上缘距卧床不能超过 28～30 cm，需配备大环形隔栏(卧栏上下杆均连接固定在卧床前侧墙壁或钢结构上)，方能使奶牛侧冲，忌讳短卧床配备小环形隔栏。

**表 1-2　自由卧栏的推荐尺寸**　　cm

| 卧栏各部位 | 奶牛类别 | | |
|---|---|---|---|
| | 一胎牛 | 成母牛 | 产前牛 |
| 墙侧自由卧栏总长 | 274 | 305 | 305 |
| 对头自由卧栏总长 | 520 | 540 | 540 |
| 卧床后沿至挡胸板长度 | 173～178 | 178～183 | 183 |
| 卧床宽度(隔栏中心距离) | 122 | 127 | 137 |
| 挡胸板高度 | 10～13 | 10～13 | 10～13 |
| 隔栏下横管高度 | 28～30 | 28～30 | 28～30 |
| 颈轨高度 | 122 | 127 | 127 |
| 颈轨至卧床后沿水平距离 | 173～178<br>(使用沙床时要去掉卧床后沿宽度) | 178～183<br>(使用沙床时要去掉卧床后沿宽度) | 183<br>(使用沙床时要去掉卧床后沿宽度) |
| 卧床后沿高度 | 20 | 20 | 20 |
| 使用垫料时卧床后沿宽度 | 15～20 | 15～20 | 15～20 |
| 隔栏最后端到卧床后沿的水平距离 | 36 | 36 | 36 |

(3)卧床基础和垫料　卧床基础和垫料是影响奶牛舒适性的重要因素。在选择卧床基础及垫料的类型时，要考虑到奶牛躺卧状态下对其膝盖、臀部、胸部及肩胛骨等突出部位的保护，减少肢体损伤；也需要因地制宜，根据牛场自身的气候条件、经济能力以及维护的人工成本来综合考量。卧床垫料主要有锯末、刨花、铡短的干草或稻草、稻壳、橡胶或塑料类产品或废旧轮胎等。选择卧床垫料材料时需要

考虑到奶牛躺卧状态下对其膝盖、臀部、胸部及肩胛骨等突出部位的保护，减少肢体损伤，也需要因地制宜，根据牛场自身的气候条件、经济能力以及维护的人工成本来综合考虑。最近国际上流行的最新型的卧床是在柔软的橡胶材料内部填充碎硬质海绵或橡胶屑，极大程度地满足了奶牛对舒适程度的需求。

①卧床基础　卧床基础应耐腐蚀、保护性好、使用期长。目前，常见的卧床基础做法有泥土夯实、混凝土、木板等。在国内，使用泥土夯实作卧床基础比较普遍。以上做法各有利弊，需要根据牛场实际特点条件合理选择。泥土填充床体来源广泛，价格便宜，弹性好，透气、透水、保温性能也很好，是比较理想的卧床基础材料；但在日常生产作业中，奶牛站起和卧躺动作容易使卧床表面的泥土松动和出现凹陷，需要维护较多。此外，若泥土中含有石子，被踢进通道后极易导致牛蹄受伤。水泥床面较为结实，建造成本与维护成本都比较低，不易出现凹陷，但不够舒适。由于热传导较快，隔热保温效果比较差，寒冷地区夜晚床面的低温容易使牛体热损失较多；此外过硬的床面容易使奶牛乳房受伤；长时间使用后，床面会因磨损变得光滑，为防止奶牛滑倒，应定期维护做好防滑处理。

②沙子垫料　沙子是较为理想、广泛使用的奶牛卧床垫料。沙子垫料的厚度不能小于15 cm，且形成4%坡度，每隔1周或2周需补充沙子，以保持卧床内的沙子不能低于卧床后沿高度，否则容易导致奶牛斜卧到卧床上。另外，以沙子为垫料的卧床基础一般采用素土夯实，素土夯实材料来源广泛，价格便宜，且弹性好、透水、透气、保温性能也好，是比较理性的卧床基础材料。卧床后沿也要设置一个高出卧床走道20 cm左右的混凝土围边，防止卧床垫料掉进粪道中。

③干燥牛粪或沼渣垫料　固液分离后的粪渣、沼渣或干燥后的粪便也是比较好的卧床垫料，以色列奶牛场将牛粪干燥后作为牛床垫料已经证明了其实效性，但由于受季节、气候和场地的限制，目前只有少数奶牛场使用这种牛粪或沼渣卧床垫料，而且作为卧床垫料的牛粪或沼渣含水量不能高于40%。粪渣或沼渣作为卧床垫料将有着广阔的前景。

④废旧轮胎　废旧轮胎用作卧床垫料已被证明是可行的。其优点是投入少，维护方便，耐久性好，轮胎特有的弹性就像床垫一样舒适。另外，随着汽车数量的不断增加，废旧轮胎的来源广泛且成本低廉。也有牛场采用“沙子＋轮胎”的方式作为垫料使用，但对中小型奶牛场来说，轮胎填充的办法不够经济，受限制较多。

⑤卧床垫　在混凝土或压实的卧床基础上铺设卧床垫效果也不错，卧床垫是在厚的聚丙烯材料中添加松软材料（如橡胶屑），做成类似“三明治”一样的复合体，保温性能较好，清理也较容易，且易保持牛体清洁，目前市场上有商品卧床垫可以购买，但相对沙子垫料，卧床垫成本较高，而且有研究证明，卧床垫较沙子卧床使牛

患跛行的概率大。另外，卧床表面要形成一定的坡度，坡度不能过大，否则奶牛后肢负重过大，容易导致奶牛子宫后垂或脱出。最适合的卧床坡度从前到后为 4% 左右，即前端比后端高出 7～10 cm，卧床左右也需设置 1%～2%的坡度，以引导奶牛向同一方向躺卧。

2. 颈枷

根据不同牛群，选择不同宽度的牛颈枷。散栏牛舍内常见的颈枷形式如图 1-8 所示。由于近几年散栏饲养模式的增加，牛颈枷的使用有减少的趋势，大部分成乳牛采食时使用横杠，只在牛舍的一端少量采用颈枷供妊娠检查，用于个别治疗等处置活动（但在治疗检疫频繁的情况下，使用自锁颈枷仍非常必要），在病牛舍、待配种牛群（13～15 月龄后备牛）全部采用牛颈枷。采用颈枷时，泌乳牛的采食位宽度通常为 75～80 cm，而采用横杠时泌乳牛的采食位宽度可降为 60～70 cm。小育成牛可采用斜杠栏枷，向采食道的倾斜角度为 20°左右。

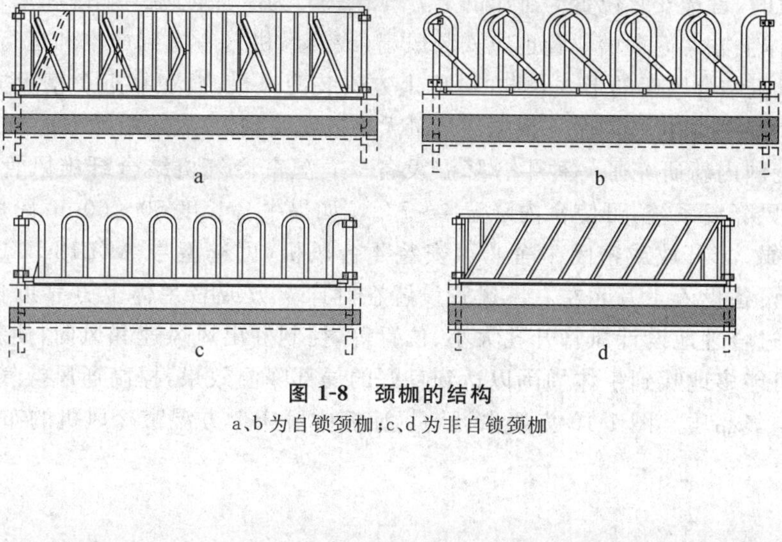


**图 1-8 颈枷的结构**

a、b 为自锁颈枷；c、d 为非自锁颈枷

3. 饲槽和饮水槽

散栏牛舍的饲槽多采用地面饲槽,其宽度通常为70～85 cm,饲槽一般比奶牛采食时前肢站立的位置高10～15 cm,且在奶牛站立的位置和饲槽之间设10～15 cm宽的挡料坎,以防奶牛蹄伸入饲槽。

散栏牛舍饮水池的布局和设计应保证任何时候都方便地满足奶牛的饮水需求,特别是高产奶牛。饮水池的设置需考虑牛的交通,奶牛距饮水点小于30 m最好,不能超过50 m。饮水池的形状直接影响到奶牛对饮水池有效面积的利用,一般圆形或椭圆形比方形的利用率要高。散栏牛舍奶牛平均饮水槽占有宽度为3.0～9.1 cm或每20～30头牛设置一个饮水池,成母牛饮水器高度约为94 cm。饮水池一般安装在牛舍横走道位置。考虑到冬季饮水结冰问题,目前很多奶牛场使用电加热饮水槽,保证饮水温度在5～10℃。

4. 降温设施

奶牛舍通风降温设备常见的是电动风机和电风扇。轴流式风机是牛舍常见的通风换气设备,电风扇也常用于小型牛舍的通风,比较经济实惠的降温设备是“风扇+喷淋”,吹风和喷淋可间歇进行。

奶牛舍降温也可采用喷雾设备,即舍内每隔6 m装一个喷头,每一喷头的有效水量为1.4～2 L/min时,降温效果较好。安装喷头时,喷头喷射的角度很关键,采用90°和180°时,喷射成淋雾状态;喷射半径1.8 m左右效果较好,且安装操作方便,并能有效合理地利用水资源。但如果舍内空气湿度较大,则不适合用这种降温方式。

目前,应用较多的一种降温设备是湿帘冷风机(空调),适合于开放、半开放和封闭舍,降温效果较好,冷风机出风口的温度可比舍外低5～12℃。当奶牛舍内安装湿帘冷风机时,首选安装位置为卧床的上方(图1-9),为了保证奶牛躺卧和采食的舒适环境,牛体上方靠近食槽位置也应安装风扇(或冷风机),考虑到成本和运行资金,可采取冷风机结合风扇的形式,即在卧床上方安装冷风机,而在靠近食槽上方安装风扇,相邻两个冷风机的间距可根据通风量大小适度调整,一般间距为10～18 m。

最近国内新研究了一种牛舍降温设备——湿帘冷气机结合纤维风管(或其他材料)通风降温系统,可使舍内降温4～7℃。如果牛舍长度50～60 m,跨度不超过30 m(开放、半开放或密闭牛舍),可安装4台风机(可选型号AZL18-ZX32B)和4条风管,设备投入4万元左右。风管设置在卧床上方或者牛体上方靠近食槽位置送风,通过合理地设计风管开孔大小、位置等,控制好出风风速和风向,使新鲜的冷空气尽可能多地吹到牛体周围以达到良好的局部降温效果,提高通风换气效率,改善舍内空气品质。图1-10为奶牛运动场凉棚中卧床上方湿帘冷风机的布置。

图 1-9　散栏牛舍的湿帘冷风机

图 1-10　运动场凉棚中的湿帘冷风机结合风管布置

（二）饲草饲料加工设备

1. 铡草机

铡草机主要用于青草和秸秆类的切短，也可用于铡短青贮料（图 1-11）。小型铡草机以滚筒式为多，大、中型为了便于抛送青贮饲料，一般圆盘式多见。铡草机的选择需特别注意：①通用性能好，可切割各种作物秸秆、牧草等；②切割段长度可以调整（3～100 mm）；③能把粗硬的秸秆压碎，切茬平整无斜茬；④抛送高度对于青贮塔不小于 10 m，并可任意调整；⑤结构简单，调整和磨刀方便。

选购铡草机时要根据其作业量而定。存栏千头奶牛的牧场每年需制作约 7 000 t 的青贮饲料。青贮秸秆切短时可以在田间地头进行，然后用翻斗车将秸秆运至青贮池，也可现场制作。青贮玉米的收获期一般 15 d 左右，所以在此期间必

图 1-11　青贮秸秆铡草机(右图为田间青贮玉米收割)

须将玉米秸秆全部切碎,千头奶牛场在制作青贮玉米时选用 10 t/h 的铡草机 4 台,即可满足需求。

2. 粉碎机

目前国内生产的粉碎机类型有锤片式、劲锤式、爪式和对辊式 4 种。锤片式粉碎机是一种利用高速旋转的锤片击碎饲料的机器,其生产率高,适应性广,粉碎粒度好,既能粉碎谷物类精饲料,又能粉碎含纤维、水分较多的青草类、秸秆类饲料;劲锤式粉碎机与锤片式类似,但其粉碎能力更强;爪式粉碎机是利用固定在转子上的齿爪将饲料击碎,这种粉碎机结构紧凑、体积小、重量轻,适合于粉碎含纤维较少的精饲料;对辊式粉碎机是由一对回转方向相反,转速不等的带有刀盘的齿辊进行粉碎,主要用于粉碎油料作物的饼粕、豆饼、花生饼等。

3. 揉搓机

揉搓机介于铡切与粉碎两种加工方法之间。其工作原理是将秸秆送入料槽,在锤片及空气流的作用下,秸秆进入揉搓室,受到锤片、定刀、斜齿板及抛送叶片的综合作用被切断、揉搓成丝状,经出料口被送出机外。

(三)饲喂设备

全混合日粮(TMR)技术已在我国规模化奶牛场普遍应用。TMR 搅拌饲喂机主要由自动抓取、自动称量、粉碎、搅拌、卸料和输送装置等组成。搅拌机按行走方式可分为自走式、牵引式和固定式 3 种型式(图 1-12)。自走式搅拌车可自行取料,进退灵活,运行效率高,配料操作所需场地面积小,但设备一次性投入大,适合现代化大型牛场使用。牵引式喂料车由拖拉机牵引,机动性较好,可分别到干草库、精料库和青贮窖取料(青贮取料机见图 1-13),目前在规模化奶牛场中使用较普遍,但需要设计好道路的转弯半径,保证 TMR 喂料车运行通畅。固定式搅拌机通常放在各种饲料储存相对集中、取运方便的位置,搅拌好的饲料由喂料车送到牛舍饲喂，该类机型适合 TMR 加工配送中心和牛舍通道狭窄的养牛场使用。一般 600 头奶牛以下的奶牛场选用搅拌容量为 7 $m^3$ 的搅拌设备较为合适，千头奶牛场可选用 1 台 12 $m^3$ 规格的 TMR 饲喂车。

a.固定式　　b.牵引式　　c.自走式

**图 1-12　TMR 搅拌机**

（四）挤奶厅

挤奶厅是用来挤奶、冷却和存贮牛奶的建筑，要求高的投资和严格的卫生条件，主要包括待挤区、挤奶台、奶牛出入通道、牛奶冷却和存储设备以及更衣间、锅炉房等辅助设施。

1. 挤奶厅类型

生产实践中常见的挤奶厅类型多为鱼骨式、并列式和转盘式。

**图 1-13　青贮取料机**

（1）鱼骨式　鱼骨式挤奶机是最常用的坑道式挤奶形式（图 1-14），一般设置 2×（4～24）个栏位，两排挤奶机与中央工作坑道成 30°～45°角，形似鱼骨。工作坑道一般深 0.8～1.0 m，宽 2.0～3.0 m。相邻两头奶牛乳房间的距离为 90～115 cm，该类挤奶机需奶牛按组进出，奶牛群的移动和周转效率较高，每个挤奶周期为 8～10 min。但每批挤奶牛中，如果有某一头出奶速度慢，就会影响所有该批其他奶牛的挤奶时间，所以应将出奶慢的牛集中起来单独挤奶。

（2）并列式　并列式挤奶厅一般设置 2×（6～50）个栏位，奶牛平行站立且与挤奶工站立的坑道垂直（图 1-15）。每个挤奶栏位宽 70～75 cm，可在较小的空间内为更多的奶牛挤奶。两侧返回通道各宽 1.5～3.5 m。为提高并列式挤奶厅的使用效率，挤奶厅一般采用快速的疏散式结构，奶牛群可同时离开挤奶位置，每个挤奶周期为 5～8 min。千头规模奶牛场的挤奶厅平面图如图 1-16 所示。

（3）转盘式　适于较大规模的奶牛场，每转一圈需要 7～10 min，转出出口处挤奶已经完成。这种挤奶模式对挤奶员的熟练程度要求较高，挤奶员的工作节奏

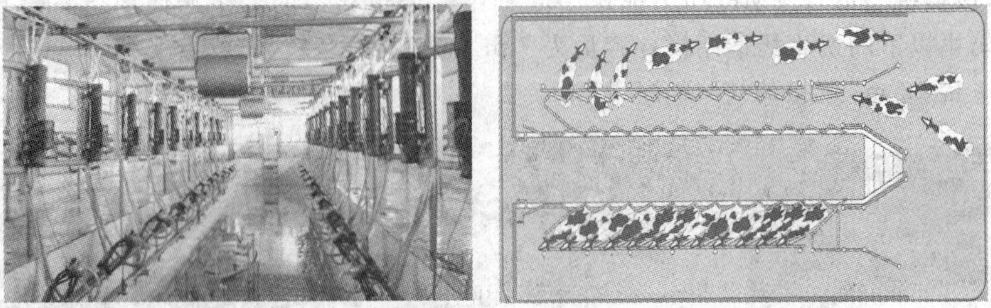

图 1-14 鱼骨式挤奶厅

图 1-15 并列式(平行)挤奶厅

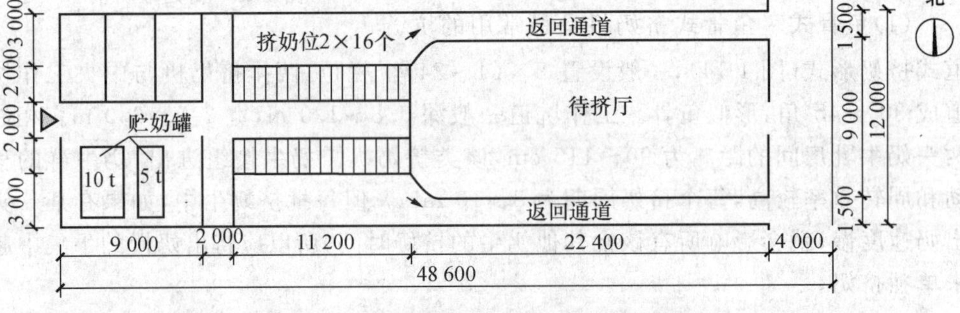


图 1-16 千头规模奶牛场挤奶厅的平面图

必须符合装盘的旋转速度。转盘式挤奶机相对鱼骨式和并列式，结构较为复杂，成本相对较高，不适合中小型规模的奶牛场(图 1-17)。

2. 待挤区

待挤区是进入挤奶厅前奶牛等候的区域，是奶牛流动最频繁的地方。待挤区面积按照每头牛 1.5～1.8 $m^2$ 计算，但对于要多批次挤奶的奶牛场，面积应在此基础上增加 25%。为了使奶牛在待挤区等候时间不超过 1 h，待挤的奶牛头数一般

图 1-17 转盘式挤奶厅

不超过挤奶栏位数的 4～5 倍。为了使奶牛依次进入挤奶厅，待挤区最好设计为长方形，且待挤区地面稍低于挤奶台，一般从待挤区到挤奶厅形成 2%～3%的坡度。

待挤厅内的光线要充足，使奶牛之间彼此清晰可见，并要有通风、排湿、降温、喷淋设备等。待挤厅最好采用自然通风，在屋顶开设天窗，屋檐下开口，以满足冬季通风，排除潮湿水汽和热量的要求，侧墙可采用卷帘。

3. 挤奶通道

挤奶通道是奶牛从牛舍到达挤奶厅的专门通道。通道宽度取决于挤奶牛群的大小，牛群小于 150 头时，通道宽度应大于 4.0 m；当牛群在 150～250 头时，通道宽度为 5.5 m；250～400 头时，宽度则为 6.0 m。挤奶通道一般不需要封闭，炎热地区可在上方搭建凉棚，另外，挤奶通道最好呈直线，且路线越短越好，如果必须设弯道，则应将转弯处设为圆角。

4. 返回通道

为了让挤完奶的奶牛尽快回到牛舍，从挤奶厅返回牛舍的通道应该足够宽，一般应为 82～90 cm；为避免奶牛在通道中转身，通道最好设置成直线形，以防奶牛受伤。返回通道栏杆可以用胶管或抛光的钢管制作。近几年来，为了增加挤奶效率以及奶牛退出奶厅的速度，常常采用单个牛门或者奶牛头部前方抬起的栏杆等使一组中所有的奶牛直接退出，当然这需要在挤奶厅的两边设置退出通道，并在挤奶厅的两侧都设置分群门。这种快速退出的挤奶牛栏常见于并列式挤奶厅。

5. 挤奶设备

挤奶设备包括并列或鱼骨式栅架系统、真空系统、牛奶收集系统、奶杯组系统、电子计量系统、计算机软件管理系统、全自动清洗系统、基础管路及牛只识别系统等，有的奶牛场还配有乳房自动清洗和奶杯自动摘卸装置。存栏千头规模的奶牛场，建议配置 2×16 位并列式挤奶机，可选用德国（基伊埃韦斯伐里亚牧业设备有限公司）进口设备，型号为 9JGD-BL-16（约 20 万元/套），挤奶次数 3 次/d，班次挤奶时间小于 6 h。另还需配备几部挤奶小推车，为患有乳房炎的奶牛单独挤奶。另外，还要考虑突发的停电事故，需为挤奶厅配备一套发电机组（约 5 万元），发电机容量为 200 kW。

6. 蹄浴池

为了减少奶牛的蹄病，通常在奶牛挤完奶后的返回通道上设置蹄浴池。蹄浴池宽度与返回通道同宽，深度约 15 cm，池内至少能装 10 cm 深的药液，池子长度不小于 220 cm，两端设置相应坡度。奶牛场可根据实际情况每周 1～2 次对蹄子进行药浴。由于奶牛通过蹄浴池要放慢返回牛舍的速度，所以蹄浴池的位置尽可能远离挤奶台以减少对其影响。

7. 储奶间

储奶间是对挤奶厅挤出的牛奶进行冷却、存放的地方，储奶间的大小取决于储奶罐的尺寸和摆放位置。选择储奶罐时要考虑牛群大小、运奶时间间隔以及投资等因素，还要考虑储奶罐维修时的方便。另外，储奶罐一定要有可靠的冷却系统和良好的清洁设备，这些在进行规划设计时都要考虑进去。建议存栏千头奶牛场需配套购置牛奶冷却罐 2 个，可选用国产 RZLG 封闭式牛奶冷却罐，规格 10 t 和 5 t 的冷却罐各 1 个。

此外，挤奶厅里要设置与挤奶厅相关的附属设施，一般设置办公室、工具间（存放真空泵、制冷压缩机、空压机等）、淋浴间和杂物间等设施。挤奶厅地面应采用混凝土硬化地面，设防滑槽，地面设多个排水口，确保排水效果良好。沿挤奶厅至待挤厅方向要有 1%～3%的坡度便于粪尿清理。建议挤奶大厅屋脊设风帽或安装通风设备。

（五）青贮窖

青贮窖应用较多的主要有 3 种形式：地下式、半地下式和地上式（图 1-18）。地上式青贮窖在规模化奶牛场用得较多。青贮窖一般设为条形，一端或两端开口，多个青贮窖可并联建筑。设计青贮窖容积时，根据每年奶牛实际消耗的青贮料加上 20%的损失青贮来计算。对于高产奶牛，一年应贮备的玉米青贮量为 10～12.5 t/头。青贮窖高度常采用 2.5～4.0 m，每天取料深度一般为 20 cm 以上，据此可以得出青贮窖宽度。地上青贮时，要求地面设计标高高于池外标高 30 cm 左右，利于排水。为防止雨水进入窖内，青贮窖地面向取料口应有一定坡度，0.5%～1.0%为宜。窖中央沿纵轴向设一条排水沟，或在青贮窖内的 2 条纵墙内侧设置 2

条排水沟。一般排水沟宽为 0.35～0.40 m，起点深 0.1～0.15 m，沟底坡向青贮窖外方向，坡度不宜小于 0.5%。

a.地上青贮

b.地下青贮

**图 1-18　地上和地下青贮窖**

（六）其他设施

1. 清粪设备

规模奶牛场粪污收集方式主要有铲车、机械刮板、水冲、漏粪地板以及人工清粪。目前应用较多的是铲车清粪、机械刮板和水冲清粪（图 1-19），尤其是机械刮板清粪近几年呈增加趋势。事实也证明，机械刮板清粪工艺将成为我国规模化奶牛场中粪便收集的主要发展方式。

a.铲车清粪

b.机械刮粪板清粪

c.水冲清粪

**图 1-19　牛舍清粪方式**

机械刮板清粪是将粪污直接刮到牛舍端头或中间的粪坑里，最终粪坑里的粪被输送到集污池里（图 1-20）。当牛舍长度小于 120 m 时，粪坑一般设在牛舍的一端；牛舍长度超过 120 m 时，需要在牛舍的两端分别设两个粪坑或在牛舍中间设粪坑。机械刮板清粪可以一天 24 h 清粪，时刻保持牛舍的清洁，刮板的高度及运行速度适中，且机械刮粪板不需要专门的安装基础，除了设置集粪池外，设备的安装都非常方便。设备动力的耗电量最大为每天 18 kW・h，维护费用除了每 2～3

周润滑转角轮外，基本没有其他费用。但这种设备初期的投资较大，牛舍长度不大于 60 m 时，每栋牛舍需两套环路，集粪池设在一端即可，购买设备费用约 10 万元。当牛舍长度大于 120 m 时，设备购买费用约 30 万元。当牛舍长度接近 120 m 时，设备购买费用约 16 万元，所以牛舍长度为 100～120 m 时，该设备利用率最高。

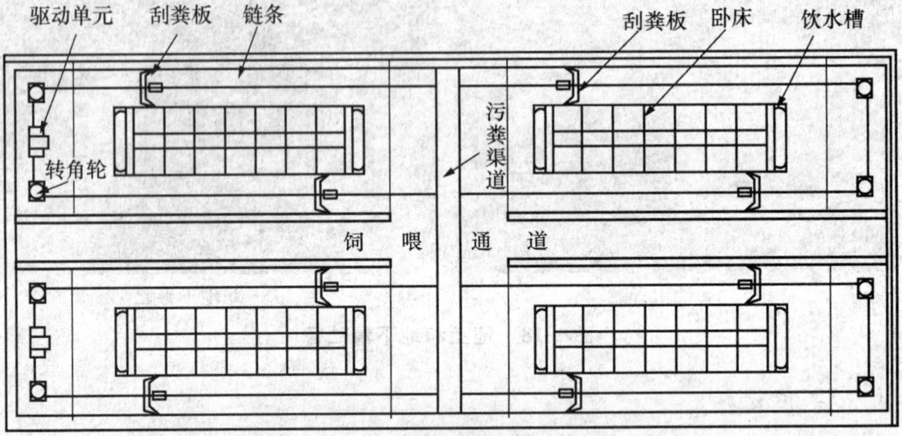

图 1-20 机械刮板清粪运行示意图

2. 粪污处理设施

千头规模的奶牛场每天产生粪污可高达 100 t 左右，可见，规模奶牛场的粪污处理是一项较大、较棘手的工程。不同处理方式涉及的设施也不同，主要处理方式包括沼气处理、固液分离、直接还田以及其他的处理方法。

(1)直接还田系统 指粪便在堆粪场的储粪池自然堆腐熟化，作为肥料供农作物吸收消化的处理方式。该处理方式简单、成本低，但劳动效率低，卫生条件差，适用于远离城市、有足够消纳粪便污水的能力的养殖场。一般按每头牛配套 3 亩农田方能消化其产生的粪污。

(2)固液分离及水冲系统 牛场粪污中常混有长草、秸秆、垫料、饲料残渣等杂物，容易堵塞排污管道和泵，因此，粪污预处理时进行固液分离很有必要。固液分离设备主要由潜水切割泵、潜水搅拌机和挤压式固液分离机组成，固液分离系统示意如图 1-21 所示。经过固液分离后的固体粪便部分含水率低（从 88%降低到 70%），运输方便，可加工生产有机肥，也可在晾晒、消毒后将其作为牛床垫料；而液体部分（污水池中水自然沉淀后的上清液）可循环用于回冲牛舍。由于舍内清理出的粪污黏稠度较高，须在粪沟的起始端或中间配备气动冲洗阀，通过气动冲洗阀的瞬时开启形成的水压和水流来推动粪沟内粪污输送至集污池。集污池容积在设计时需考虑整个牛舍一次冲洗产生的回冲水量，并兼顾回冲泵的流量，且应满足所选配搅拌机对池体最低有效池深的要求。

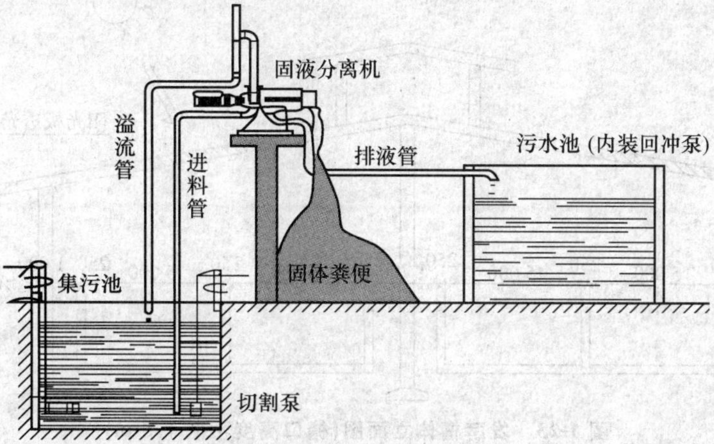


图 1-21　固液分离系统

(3)生产有机肥系统　目前配套的商品化有机肥生产机械主要包括搅拌机、抛翻机、粉碎机、筛分机和制粒设备等。图 1-22 为奶牛场粪便有机肥生产的工艺流程图。

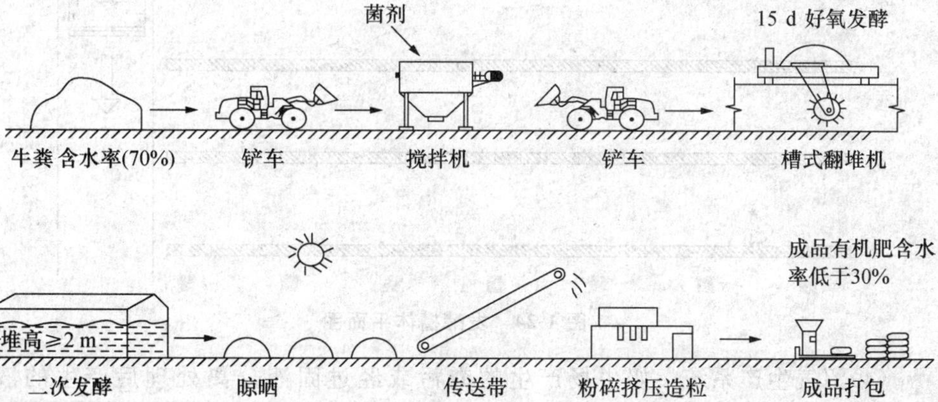


图 1-22　有机肥生产工艺简图

发酵区是有机肥生产的核心工段,牛粪等发酵原料通过好氧微生物作用,实现无害化并转化为有机肥半成品。发酵区内设有发酵槽,槽体侧墙上设轻轨,供翻堆机行走作业。槽体两侧敞开,一侧连通预处理区,另一侧连通出料区。连通预处理区地面附设两根轻轨,供驳运车使翻堆机在槽体间移位。发酵槽体立面图和平面图见图 1-23 和图 1-24。

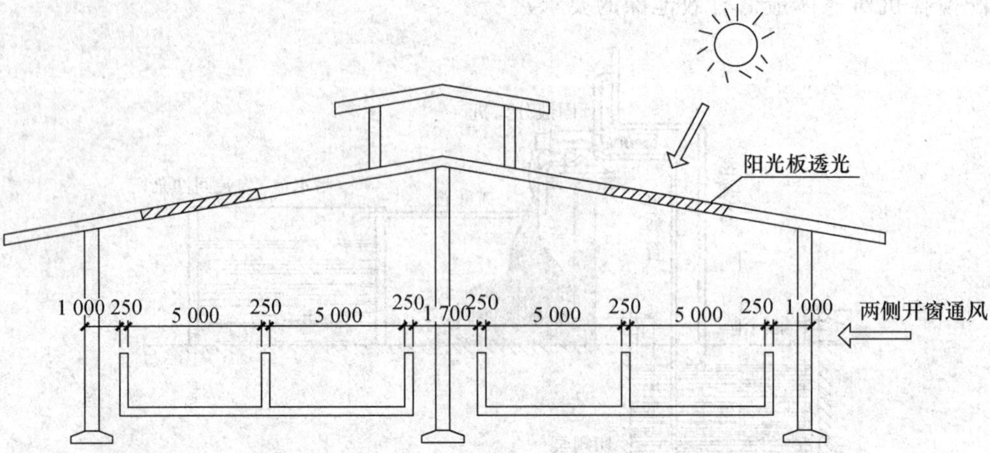


图 1-23 发酵槽体立面图(檐口高度不低于 5 m)

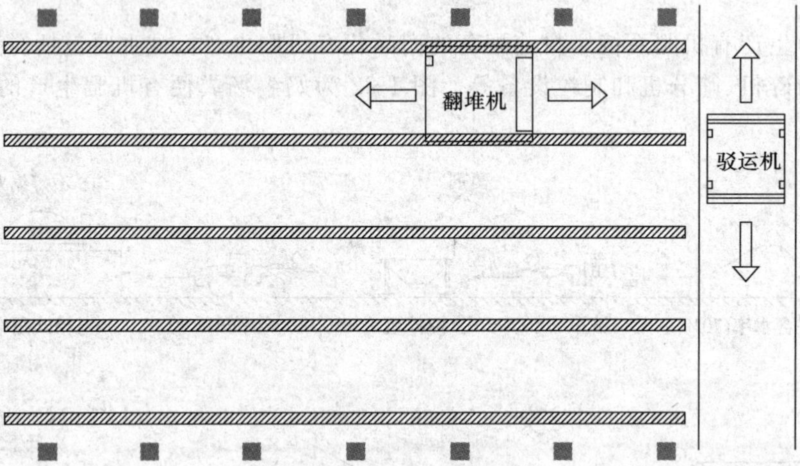


图 1-24 发酵槽体平面图

(4)沼气生产系统 奶牛场产生的粪污或经过固液分离处理后产生的液体可用于沼气工程,产生的沼气可直接供居民炊事或转化为电能,沼液或沼渣可用于生产有机肥。用于沼气工程的设备主要包括发酵设备、贮气和净化设备、输配设备以及沼气沼渣利用设备等。千头规模的奶牛场可建约 1 000 $m^3$ 的沼气池,日产沼气 800～1 000 $m^3$,按平均 900 $m^3$ 计,可供应 800 户居民炊事用,或转化电能 1 620 kW·h,需配备 1 套 130 kW 的发电机组。

# 第二章　奶牛的遗传改良和生产性能测定

奶牛的遗传改良（遗传育种）就是通过提高种畜品质，增加生产牛群中良种数量以及改进奶牛质量和提高牛只产量的工作；也是不断扩大和改良现有奶牛品种和创造新的品系以及利用杂种优势等工作。

## 一、奶牛育种在发展畜牧业中的意义

奶牛育种在畜牧业生产上的意义是多方面的。它能提供优良种畜，以保证奶牛生产力的提高。在实际生产中，奶牛的生产性能变异范围很大。例如，黑白花奶牛，年产一般在 5 000～6000 kg，但也有年产在 8 000～9 000 kg 的。在奶牛群体中不断选择优良奶牛作为种用和淘汰品质低劣的牛只，就有可能将牛群质量逐步提高。其次，国内外在奶牛遗传进展工作中已取得了很大成就，大大提高了奶牛品质。第三，通过育种可以改变奶牛生产性能的类型。由于各地自然条件和育种工作的不同，所培育的产品类型也有很大差距。例如，在奶牛生产中有的是蛋白高的，有的是体细胞低的。而这种类型是可以根据人们生活的需要，通过育种工作加以改变的。第四，通过育种工作可以为奶牛场提供合乎要求的奶牛。

## 二、奶牛育种工作特点

(1)奶牛世代间隔长（一般为 5 年或 5.5 年）、繁殖率低。

(2)奶牛不能也没必要不断培育新品种。

(3)奶牛难以利用杂种优势提高产量。

(4)公牛不表现主要生产性能（通过系谱、母亲、本身和女儿）。

(5)绝大部分母牛需留作种用（女儿越多，选择公牛的可靠性越精确）。

(6)各种因素对奶业贡献率，详见图 2-1。

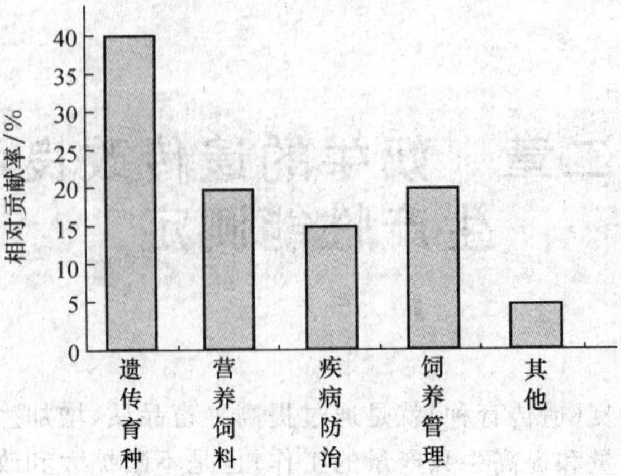


**图 2-1 各种因素的相对贡献率**

## 三、奶牛的品种登记

1. 品种登记内容

父亲、母亲、外祖父、出生日期、左右侧照片等。

2. 品种登记意义

(1)保证奶牛个体的可识别性和可追溯性。

(2)保证荷斯坦奶牛品种的一致性和稳定性。

(3)促使生产者饲养优质良种奶牛。

(4)为实施 DHI 和遗传评定奠定基础。

(5)为政府决策提供依据。

## 四、DHI 技术及其应用

(一)DHI(奶牛生产性能测定)简介

1. 什么是奶牛生产性能测定

奶牛生产性能测定，是对泌乳牛的泌乳性能及乳成分的测定，国际通常用英文 dairy herd improvement 三个单词首字母 DHI 来简称，其含义是奶牛群改良，具有一套完整的奶牛生产性能记录体系。

首先需要收集奶牛系谱、胎次、产犊日期、干奶日期、淘汰日期等牛群饲养管理基础数据，然后每月采集一次泌乳牛的奶样，记录其当天产奶量，通过生产性能测定中心的检测，获得牛奶的乳成分、体细胞数等数据，最后将这些数据统一整理分析,形成生产性能测定报告。生产性能测定报告反映了牛群配种繁殖、生产性能、饲养管理、乳房保健及疾病防治等方面的准确信息。牛场管理人员利用生产性能测定报告,能够科学有效地对牛群加强管理,充分发挥牛群的生产潜力,进而提高经济效益。同时,政府主管部门利用收集的大量准确数据,组织开展全国奶牛良种登记、种公牛后裔测定、遗传评定及奶牛的选种选配等工作,达到提高奶牛整体种质遗传水平,提高奶牛产量,增加农牧民养殖经济效益的目的。

2. 国外奶牛生产性能测定发展与现状

奶牛生产性能测定自 1907 年诞生以来,经过 110 年的发展,已经逐渐发展演变为综合的牛场管理方案,旨在向奶农提供全面的牛场管理的信息。1953 年,美国、加拿大两国正式启动了“牛群遗传改良计划”,即奶牛生产性能测定。目前加拿大已有 70%的牛群参加生产性能测定,美国有 45%的牛群参加生产性能测定,奶牛单产水平最高的以色列参加生产性能测定的牛群高达 90%。几十年的发展证实,美国、法国、荷兰等奶业发达国家通过应用奶牛生产性能测定这一先进体系来为奶农提供指导服务,产生了巨大的经济效益,奶牛的单产水平均值已经达到 9 000~10 000 kg。

3. 国内开展奶牛生产性能测定的情况

奶牛生产性能测定在我国起步较晚,1992 年在“中日奶业技术合作项目”的扶持下,天津启动了奶牛生产性能测定工作;1995 年随着中国-加拿大奶牛综合育种项目的实施,先后在上海、北京、西安、杭州等地逐步开展奶牛生产性能测定。截至 2016 年 6 月底,全国每月平均测定奶牛 40.8 万头,2016 年 1—6 月参加生产性能测定的奶牛达到 75.5 万头,累计完成 212.5 万头奶牛的测定工作,其中河北省每月参测奶牛达到 8 万多头,累计完成测定奶牛 240 555 头,参测场达到 353 个,示范带动作用逐日显现,社会效益逐年增加,DHI 技术正逐渐成为奶牛场饲养管理不可或缺的管理工具。

4. 奶牛生产性能测定意义

(1)完善奶牛生产记录体系。

(2)提高原料奶质量。

(3)指导牛场兽医防治。

(4)提高饲料利用效率。

(5)推进牛群遗传改良。

(6)科学制定管理计划。

5. 奶牛生产性能测定的应用方向

奶牛生产性能测定的应用方向如图 2-2 所示。

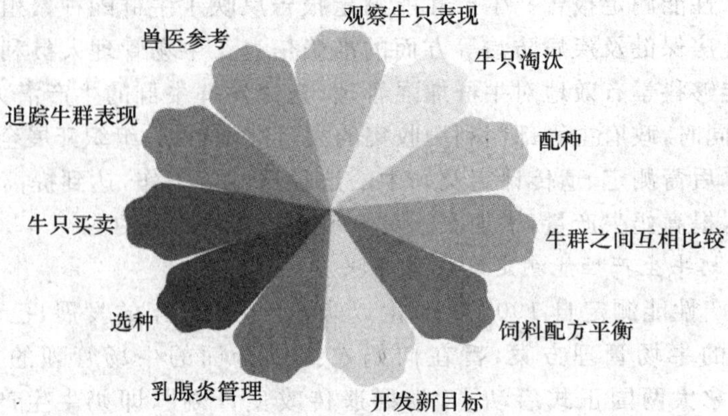


**图 2-2　奶牛生产性能测定的应用**

（二）奶牛场如何参加奶牛生产性能测定（前期准备工作——软硬件材料准备）

1. 人员准备

必备人员——资料员 1 名（具体负责牛场记录信息的汇总与整理，同时组织本场采样）；

辅助人员——配种员 1 名，兽医 1 名，奶厅负责人 1 名。

2. 硬件材料准备

宽带接入、电脑（未安装大型游戏和应用软件）1 台、流量计或取样器若干（与奶厅挤奶台相配套）。

3. 信息准备

填写两个表格。表 2-1 为奶牛品种登记表（奶牛个体基本信息），包括标准牛号、场内管理号、日产奶、本次产犊日期、胎次、干奶日期、淘汰日期、流产日期、父亲、外祖父、母亲（包括标准牛号和场内管理号）以及出生日期；表 2-2 为奶牛场基本信息登记，包括牛场负责人、手机、地址、邮编、电话、传真、牛场邮箱，联系人列表主要有场长、技术场长、育种员、兽医和资料员的姓名、工作职责和联系方式，其中联系方式要提供手机号码、座机号码和个人邮箱，以便于及时联系。

同时完善牛场基本信息日常记录表格[表 2-3，共 7 个表，包括干奶记录、流产（小产）记录、分娩记录、犊牛档案明细、配种记录、妊娠记录、淘汰（出售）记录]。在 163 网站上使用牛场名称注册 163 邮箱，密码使用老板的手机号码或牛场固定电话号码。

**表 2-1 奶牛生产性能测定个体基本信息表**

登记场编号： 由 DHI 中心填写 登记日期：

| 序号 | 标准六位牛号 | 场内管理号 | 日产奶/kg | 本次产犊日期 | 胎次 | 干奶日期 | 淘汰日期 | 流产日期 | 父亲 | 外祖父 | 母亲 | | |
|---|---|---|---|---|---|---|---|---|---|---|---|---|---|
| | | | | | | | | | | | 标准六位牛号 | 场内管理号 | 出生日期 |
| 1 | 150206 | 0206 | 25.0 | 2015-02-01 | 1 | | | | 13101408 | 131951807 | 090136 | 0136 | 2009-12-01 |
| 2 | | | | | | | | | | | | | |
| 3 | | | | | | | | | | | | | |
| ⋮ | | | | | | | | | | | | | |
| 注释 | 前两位为该牛的出生年的后两位，后四位可随意选数字组合 | 牛只个体的实际使用牛号 | 登记日当天的产奶量（kg），青年牛和犊牛无此项 | 最近一次的产犊日期，青年牛和犊牛无此项 | 最新的胎次，青年牛和犊牛胎次为0 | 仅限干奶牛只填写 | 初次登记牛场无此项 | 最近发生流产的牛只填写，初次登记牛无此项 | 该母牛的父亲国内公牛为八位公牛号，国外公牛需注明国别如：CAN 13010256 等。该项目如无法查找可不填写 | 国内公牛为标准八位，国外公牛需注明国别如USACAN等。该项目如无法查找可不填写 | 前两位为该牛的出生年的后两位，后四位可随意选数字组合。注意：母亲的出生日期和女儿相差两年半以上，如果为进口牛写实际牛号 | 牛只个体的实际使用牛号，进口牛可无此项 | 年-月-日的格式 |

**表 2-2　参加生产性能测定奶牛场基本信息登记表**

市　　县　　奶牛场/奶牛专业合作社

| | | | | |
|---|---|---|---|---|
| 负责人 | | | 手机 | |
| 地址 | | | 邮编 | |
| 电话 | | | 传真 | |
| 牛场邮箱 | | | 以奶牛场名称命名的工作邮箱，严禁填写个人邮箱。邮箱密码可以设置为老板手机号或固定电话号码 | |
| 联系人列表 | | | | |
| 负责内容 | 姓名 | 联系方式 | | 工作职责 |
| 场长 | | 手机 | | 主持牛场全面工作 |
| | | 座机 | | |
| | | 邮箱 | | |
| 技术场长 | | 手机 | | 负责饲料调配、技术指导等技术性工作，是牛场技术核心和骨干 |
| | | 座机 | | |
| | | 邮箱 | | |

续表 2-2

| 负责内容 | 姓名 | 联系方式 | | 工作职责 |
|---|---|---|---|---|
| 育种员 | | 手机 | | 负责育种，包括奶牛发情管理、配种、定胎、妊娠、接产、奶牛的选种选配工作 |
| | | 座机 | | |
| | | 邮箱 | | |
| 兽医 | | 手机 | | 负责牛场的疾病防治、诊疗、疫病监控等工作 |
| | | 座机 | | |
| | | 邮箱 | | |
| 资料员 | | 手机 | | 负责奶牛场生产信息搜集（要求能熟练操作 Word、Excel、收发邮件等办公软件。）整理、汇总等工作，具体为奶量记录，系谱档案管理等 |
| | | 座机 | | |
| | | 邮箱 | | |

备注：

1. 奶牛场的生产性能测定工作具体由场长负总则，技术场长带领育种员、兽医、资料员和奶厅厅长安装流量计，采集牛奶样品，然后由场长采集当日的大罐奶样，和个体奶样一起发送给 DHI 中心。DHI 报告由技术场长、兽医、育种员一起解读，找出牛场牛只个体和群体存在问题，并进行改进，场长根据 DHI 报告所反映出的生产指标情况，制定各部门岗位工资标准，并严格审核执行。

当参加生产性能测定后，由资料员负责填写送样登记表，将表格准确无误地填写完整后，于采样结束的当天发送给 DHI 中心生产性能测定专用邮箱，并与 DHI 中心数据处理人员联系。在当月的 20 号与 DHI 中心联系下月所需采样瓶数量。

2. 奶牛品种登记工作由场长负总则，技术场长和育种员负责登记牛只信息，兽医负责检查牛只个体耳标，保证牛耳标的完整性，资料员负责收集牛场牛只个体信息变动情况，如产犊记录、配种记录、产奶记录等，并及时更新品种登记表，如产犊后母牛胎次的更改、犊牛耳号的编写，并将更改信息记录并通知给兽医和育种员，如通知兽医新生犊牛的耳号，由兽医打耳标，最后由资料员整理好牛场的品种登记表格，发送至品种登记专用邮箱后，及时和品种登记员联系接收、审核。

表 2-3 奶牛场日常记录表格

(1)干奶记录

牛场　　年　　月　　第　　页

| 序号 | 场内管理号 | 标准耳号 | 干奶日期 | 操作人 | 使用药物 |
|---|---|---|---|---|---|
| 1 | 6056 | 066056 | 2015-12-24 | 张三 | 澳龙泌乳康 |
| | | | | | |

(2)流产(小产)记录

牛场　　年　　月　　第　　页

| 序号 | 标准耳号 | 场内管理号 | 日期 | 流产/小产 | 胎次 | 配种日期 | 怀孕天数 |
|---|---|---|---|---|---|---|---|
| 1 | 055041 | 5041 | 2016-01-11 | 流产 | 5 | 2015-06-02 | 7 个月+9 d |
| | | | | | | | |

(3)分娩记录

牛场　　年　　月　　第　　页

| 序号 | 标准耳号 | 场内管理号 | 分娩日期 | 产犊难易 | 胎次 | 出生犊牛 | 犊牛耳号 | 出生重/kg |
|---|---|---|---|---|---|---|---|---|
| 1 | 055041 | 5041 | 2016-01-11 | 难产 | 5 | 公 | 淘汰 | 35 |
| | | | | | | | | |

(4) 犊牛档案明细

牛场　　年　　月　　第　　页

| 序号 | 标准耳号 | 场内管理号 | 舍号 | 胎次 | 出生日期 | 父亲 | 母亲 | 外祖父 | 外祖母 |
|---|---|---|---|---|---|---|---|---|---|
| 1 | 120101 | 120101 | 1 | 0 | 2016-01-09 | 13103522 | 001029 | 13101408 | 950125 |
| | | | | | | | | | |

(5)配种记录

牛场　　年　　月　　第　　页

| 序号 | 母牛标注耳号 | 场内管理号 | 与配公牛 | 配种日期 | 配种员 | 冻精剂数 |
|---|---|---|---|---|---|---|
| 1 | 055041 | 5041 | 13103522 | 2016-01-01 | 张三 | 1 |
| | | | | | | |

(6)妊娠记录

牛场　　年　　月　　第　　页

| 序号 | 母牛标注耳号 | 场内管理号 | 与配公牛 | 配种日期 | 配种员 | 冻精剂数 | 鉴定妊娠日期 |
|---|---|---|---|---|---|---|---|
| 1 | 055041 | 5041 | 13103522 | 2016-01-01 | 张三 | 1 | 2016-02-27 |
| | | | | | | | |

(7)淘汰(出售)记录

牛场　　年　　月　　第　　页

| 序号 | 标准耳号 | 场内管理号 | 离场日期 | 淘汰/出售 | 牛只状态 | 原因 |
|---|---|---|---|---|---|---|
| 1 | 055041 | 5041 | 2016-01-11 | 出售 | 犊牛 | 发育缺陷 |
| | | | | | | |

(三)参加流程

第一,根据表 2-1,统一编排牛号,编制六位的标准牛号,标准牛号要求前两位为该牛出生年的后两位,后四位为数字。牛号编好后,将完整的如表 2-1 的 Excel 文档以牛场名称为文件名命名后,使用牛场邮箱发送到 DHI 中心邮箱,在备注中注明某某牛场品种登记信息,同时电话通知品种登记负责人,进行奶牛品种登记。

第二,待品种登记信息通过 DHI 中心的审核后,根据 DHI 中心反馈回的品种登记信息,根据每头奶牛对应的标准牛号和场内管理号,为每头奶牛定制耳标,将牛号统一印制到耳标上,并为每头奶牛打上耳标。注意,定制耳标时,需预先订制出未来 2～3 年内需要增加牛的耳标(可以先印上四位数字,出生年可以手写填加),以保证未来牛只信息的连贯性。

第三,在 DHI 中心负责采样的技术人员指导下,由设备厂商在奶厅中安装流量计或取样器,流量计或取样器的数量必须和挤奶台挤奶牛位相匹配。

第四,根据 DHI 中心的通知,确定采样日期,DHI 中心将采样瓶通过大巴车或班车发给奶牛场,同时安排技术人员到牛场指导采样。牛场资料员负责组织本场技术人员(可以是牛场的兽医、技术场长、配种员、奶厅负责人等)进行采样。为了工作方便,保证采样效率,要求采样员数量和挤奶员数量相一致。具体操作严格执行采样操作规程。

第五,样品运输。采集好的样品由牛场就近通过大巴车(班车)发往 DHI 中心所在地,并付清运费。同时电话通知 DHI 中心接样员,该车次到达目的地的接货地点、到达时间等。

第六，按照 DHI 中心采样负责人的要求，整理“计算数据准备”（见表 2-4，包括 7 个表格），将采样牛只的产奶量、干奶日期、淘汰日期、流产日期、分娩日期等信息填写好后，使用牛场公共邮箱发送到 DHI 中心邮箱，邮件主题为某某牛场某月送样登记表。

**表 2-4 计算数据准备表**

**(1)牛只产奶明细表**

测定场编号： 采样日期：

| 序号 | 耳号 | 胎次 | 日产奶 | 备注 |
|---|---|---|---|---|
| | | | | |
| | | | | |

**(2)乳成分分析结果**

测定场编号： 采样日期：

| 序号 | 耳号 | 胎次 | 乳脂率 | 蛋白率 | 乳糖率 | 总固体 | 体细胞数 | 尿素氮 | 非蛋白氮 | 体膘 | 备注 |
|---|---|---|---|---|---|---|---|---|---|---|---|
| | | | | | | | | | | | |
| | | | | | | | | | | | |

**(3)牧场参测头胎牛明细**

测定场编号： 采样日期：

| 序号 | 标准耳号 | 场内管理号 | 初配日期 | 配妊日期 | 配种次数 | 与配公牛 | 产犊日期 | 出生日期 | 父亲 | 母亲 | 备注 |
|---|---|---|---|---|---|---|---|---|---|---|---|
| | | | | | | | | | | | |
| | | | | | | | | | | | |

**(4)牧场参测经产牛明细**

测定场编号： 采样日期：

| 序号 | 耳号 | 胎次 | 初配日期 | 配妊日期 | 配种次数 | 与配公牛 | 产犊日期 | 产犊类型 | 备注 |
|---|---|---|---|---|---|---|---|---|---|
| | | | | | | | | | |
| | | | | | | | | | |

**(5)牧场参测干奶牛明细**

测定场编号：　　　　　　　　采样日期：

| 序号 | 耳号 | 胎次 | 干奶日期 | 备注 |
| --- | --- | --- | --- | --- |
| | | | | |
| | | | | |

**(6)牧场参测牛只转舍明细**

测定场编号：　　　　　　　　采样日期：

| 序号 | 耳号 | 转入舍 | 转舍日期 | 备注 |
| --- | --- | --- | --- | --- |
| | | | | |
| | | | | |

**(7)牧场参测淘汰牛明细**

测定场编号：　　　　　　　　采样日期：

| 序号 | 耳号 | 离场日期 | 备注 |
| --- | --- | --- | --- |
| | | | |
| | | | |

第七，接收DHI报告，DHI中心在接到样品和送样登记表后3个工作日内，将生成的DHI报告通过邮件反馈给奶牛场，如果送样牛只信息有错误时，DHI中心的数据处理人员将和牛场资料员联系核对信息，请资料员的手机保持畅通。

(四)参测牛只基本要求

1. 测定牛群要求

参加生产性能测定的牛场，应具有一定生产规模，采用机械挤奶，并配有流量计或带搅拌和计量功能(图2-3，图2-4)的采样装置。生产性能测定采样前必须搅拌，因为乳脂密度较小，一般分布在牛奶的上层，不经过搅拌采集的奶样会导致测出的乳成分偏高或偏低，最终导致生产性能测定报告不准确。

2. 测定奶牛条件

测定奶牛应是产后第6天至干乳前6 d的泌乳牛。牛场、小区或农户应具备完好的牛只标识(牛籍图和耳号)、系谱和繁殖记录，并保存有牛只的出生日期、父号、母号、外祖父号、外祖母号、近期分娩日期和留犊情况(若留养的还需填写犊牛号，性别，初生重)等信息，在测定前需随样品同时送达测定中心。

图 2-3 流量计采样

图 2-4 转盘采样

3. 采样

对每头泌乳牛一年测定 10 次，测试奶牛为产后 6 d 至干乳前 6 d 这一阶段的泌乳牛，因为奶牛基本上一年 1 胎，连续泌乳 10 个月，最后两个月是干奶期。每头牛每个泌乳月测定 1 次，两次测定间隔一般为 26～33 d。每次测定需对所有泌乳牛逐头取奶样，每头牛的采样量为 40 mL，一天 3 次挤奶一般按 4∶3∶3（早∶中∶晚）比例取样，两次挤奶则早、晚按 6∶4 的比例取样。测试中心配有专用采样瓶（图 2-5），瓶上有 3 次取样刻度标记。正常总采样量为 25～40 mL（图 2-6），最高不得超过 45 mL，最低不低于 25 mL。取样量超过 45 mL，会影响样品测定前搅拌不均匀和样品丢失；取样量低于 25 mL(图 2-7)，会造成测定设备无法吸取奶样，造成无测定数据。采样后要及时充分混合奶样，以便于采样瓶中防腐剂充分溶解于奶样中，以免造成奶样发生腐败(坏奶，见图 2-8)。采样结束后，及时检查奶样中是否混有牛粪、沙子和牛毛等杂物(不合格奶样，见图 2-9)，必要时进行 4 层纱布过滤。采样筐和采集的牛奶样品如图 2-10、图 2-11 所示。

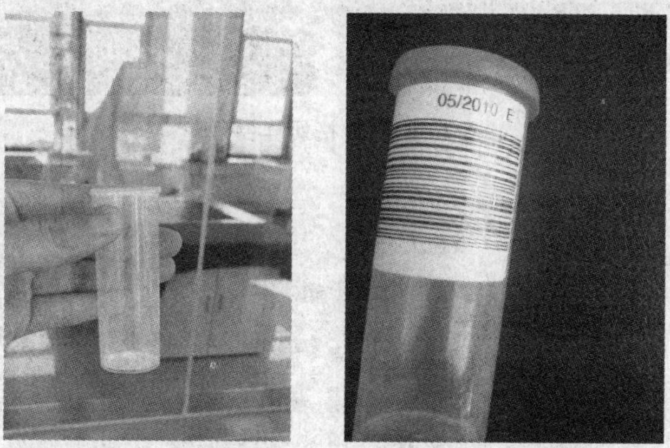


**图 2-5　采样瓶**

**图 2-6　正常采样量**

**图 2-7　异常采样量**

4. 样品保存与运输

为防止奶样腐败变质，在每份样品中需加入重酪酸钾 0.03 g，在 15℃的条件下可保持 4 d，在 2～7℃冷藏条件下可保持 1 周。

采样结束后，样品应尽快安全送达测定实验室，运输途中需尽量保持低温，不能过度摇晃。

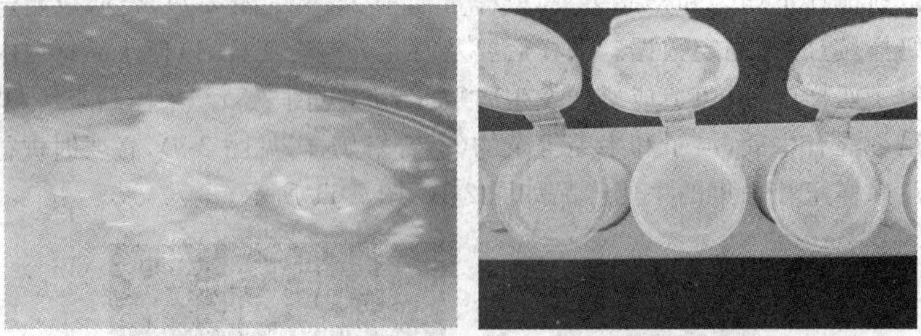

图 2-8 不合格奶样(坏奶)

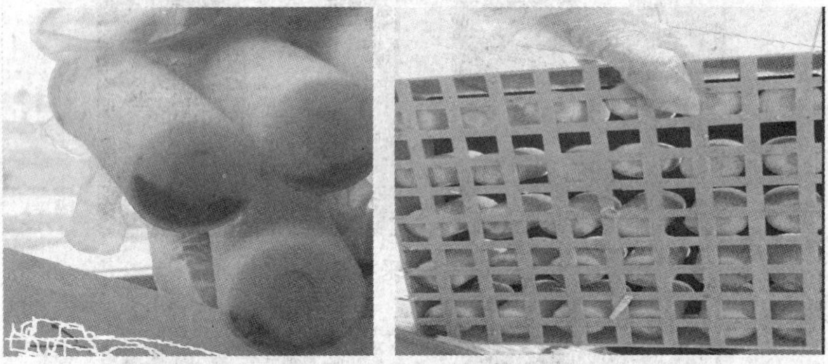

图 2-9 不合格奶样(奶样中含沙子、牛粪)

图 2-10 采样筐

(1)实验室内码放的奶样运输箱,见图 2-12。

(2)实验室正在检测的奶样,见图 2-13。

图 2-11　采集的牛奶样品

图 2-12　奶样运输箱

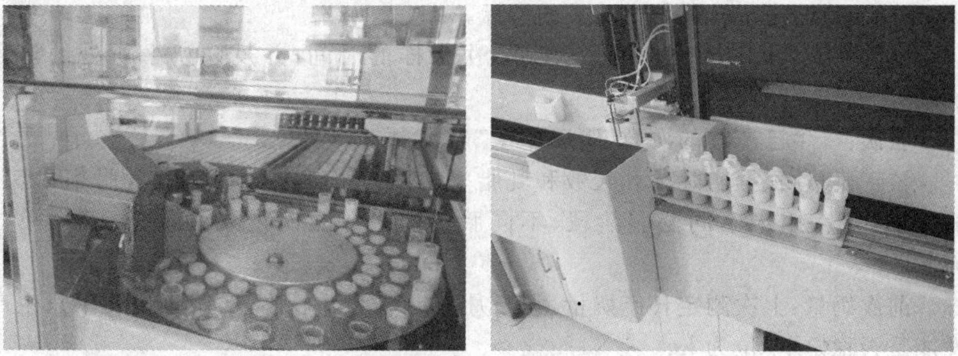

图 2-13　检测中的奶样

（五）应用 DHI 报告

DHI 中心反馈的报告文件夹名称为 13 **** 某某牛场，下面有两个文件夹和 3 个 Excel 文件，其中 3 个文件分别为下月填写的牛场信息表格和本月所有牛场送样样品的测定值。提供的报告主要有产奶量低的牛只明细表、产奶量高的牛只明细表、产奶量下降超过 5 kg 的牛只明细表、个体泌乳曲线、管理号重复牛只表、泌乳天数分组报告、尿素氮较高的牛只明细表、牛群分布报告、牛群管理报告、全群泌乳曲线、体细胞上升比上月大于 50 万的牛只明细表、体细胞分组报告、体细胞跟踪报告、体细胞趋势分析报告、体细胞数大于 50 万的牛只明细表、体细胞数小于 50 万的牛只明细表、体细胞引起的牛只奶损失明细表、（统计范围内产犊牛间隔天数、样品丢失报告）、脂蛋比低的牛只明细表、脂蛋比高的牛只明细表、综合测定结果表、综合损失报告、最近一年奶样分析报告对照，共计 24 个报告。

在此基础上，DHI 中心“业务管理办公室”（简称“业办室”）技术人员结合 DHI 数据常用衡量指标（后述）撰写“DHI 评估报告”，从牛场日常管理的实际出发，重点提出 14 个方面的具体生产问题，供牛场参照执行。

其中综合测定结果表提供的是该牛场全面的牛只基本信息，奶牛生产性能测定（DHI）报告的项目指标如下。

日产奶量：泌乳牛测试日当天的总产奶量。日产奶量能反映牛只、牛群当前实际产奶水平，单位为 kg。

乳脂率：牛奶所含脂肪的百分比，单位为％。

乳蛋白率：牛奶所含蛋白的百分比，单位为％。

乳糖：牛奶乳糖含量的百分比，单位为％。

全乳固体：测定日奶样中干物质含量的百分比，单位为％。

分娩日期：用于计算与之相关的指标。

泌乳天数：计算从分娩第一天到本次采样的时间，并反映奶牛所处的泌乳阶段。

胎次：母牛已产犊的次数，用于计算 305 d 预计产奶量。

校正奶量：根据实际泌乳天数和乳脂率校正为泌乳天数 150 d、乳脂率 3.5％ 的日产奶量，用于不同泌乳阶段、不同胎次的牛只之间产奶性能的比较，单位为 kg。

前次奶量：上次测定日产奶量，和当月测定结果进行比较，用于说明牛只生产性能是否稳定，单位为 kg。

泌乳持续力：当个体牛只本次测定日奶量与上次测定日奶量综合考虑时，形成一个新数据，称之为泌乳持续力，该数据可用于比较个体的生产持续能力。

脂蛋白比：衡量测定日奶样的乳脂率与乳蛋白率的比值。

前次体细胞数：上次测定日测得的体细胞数，与本次体细胞数相比较后，反映奶牛场采取的预防管理措施是否得当，治疗手段是否有效。

体细胞数(SCC)：记录每毫升牛奶中体细胞数量，体细胞包括嗜中性白细胞、淋巴细胞、巨噬细胞及乳腺组织脱落的上皮细胞等，单位为 1 000 个/mL。

体细胞分：将体细胞数线性化而产生的数据。利用体细胞分评估奶损失比较直观明了。

牛奶损失：因乳房受细菌感染而造成的牛奶损失，单位为 kg(据统计奶损失约占总经济损失的 64%)。

奶款差：奶损失乘以当前奶价，即损失掉的那部分牛奶的价格。单位为元。

经济损失：因乳腺炎所造成的总损失，其中包括奶损失和乳腺炎引起的其他损失，即奶款差除以 64%，单位为元。

总产奶量：从分娩之日起到本次测定日时，牛只的泌乳总量；对于已完成胎次泌乳的奶牛而言则代表胎次产奶量。单位为 kg。

总乳脂量：计算从分娩之日起到本次测定日时，牛只的乳脂总产量，单位为 kg。

总蛋白量：计算从分娩之日起到本次测定日时，牛只的乳蛋白总产量，单位为 kg。

高峰奶量：泌乳奶牛本胎次测定中，最高的日产奶量，单位为 kg。

高峰日：在泌乳奶牛本胎次的测定中，奶量最高时的泌乳天数，单位为 d。

90 d 产奶量：泌乳 90 d 的总产奶量，单位为 kg。

305 d 预计产奶量：泌乳天数不足 305 d 的奶量，则为预计产奶量，如果达到或者超过 305 d 奶量的，为实际产奶量，单位为 kg。

预产期：根据配种日期与妊娠检查推算的日期。

繁殖状况：奶牛所处的生理状况(配种、怀孕、产犊、空怀)。

群内级别指数(WHI)：个体牛只或每一胎次牛在整个牛群中的生产性能等级评分，是牛只之间生产性能的相互比较，反映牛只生产潜能的高低。

成年当量：各胎次产量校正到第五胎时的 305 d 产奶量。一般在第五胎时，母牛的身体各部位发育成熟，生产性能达到最高峰。利用成年当量可以比较不同胎次的母牛在整个泌乳期间生产性能的高低。

DHI 数据常用衡量指标：

(1)高峰期过后，泌乳牛平均正常逐日降低 0.07 kg/d(每月下降小于 2.1 kg 为正常)；

(2)根据平均泌乳和正常每月平均奶量变化，可比较各月平均头日产来反映生产情况；

(3)全群成乳牛平均泌乳天数处于150～170 d为正常，否则繁殖存在问题；

(4)泌乳早期乳脂率较高(>4.5%)，则应该检查该牛是否发生酮病；

(5)产奶高峰应在产后40～60 d，平均头胎牛高峰奶与成年牛高峰奶的比值应处于0.76～0.79；

(6)平均乳蛋白如果小于3.15%，则说明饲料能量不足；

(7)低蛋白高脂肪即乳脂率－乳蛋白率>0.4%，表明干物质采食不足或微生物合成受阻出现代谢紊乱；

(8)各胎次泌乳牛在泌乳各阶段的泌乳持续性，有特定规律，计算实际值与理论值比较，可反映出饲养管理问题；

(9)当体细胞数大于15万时，就可造成奶损失，并呈现一定规律。全细胞数越高，奶损失越大。

1. 乳房炎防控。

涉及报告：体细胞上升比上月大于50万的牛只明细表、体细胞分组报告、体细胞跟踪报告、体细胞趋势分析报告、体细胞数大于50万的牛只明细表、体细胞数小于50万的牛只明细表、体细胞引起的牛只奶损失明细表，用于查找隐性感染和临床型乳房炎，并结合个体信息确定治疗方案和原则，结合牛场实际，找出造成乳房炎发病率高或低的管理因素(奶厅挤奶过程控制、乳头药浴液浓度、药浴时间和责任落实情况)、营养因素(饲料中微量元素和维生素的缺乏)。

解读：

(1)牛奶体细胞的组成　牛奶体细胞通常由巨噬细胞、淋巴细胞和多形核嗜中性白细胞(PMN)等组成。正常情况下，牛奶中的体细胞数一般在(20～30)万个/mL。当乳房受到外伤或者发生疾病(如乳房炎等)时体细胞数就会迅速增加。如果体细胞数超过50万个/mL，就导致产奶量下降。测量牛奶体细胞数的变化有助于及早发现乳房损伤或感染、预防治疗乳腺炎，同时还可降低治疗费用，减少牛只的淘汰，增加产奶能力。因此，体细胞数反映了牛奶产量、质量以及牛只的健康状况，也是奶牛乳房健康水平的重要标志。

奶牛理想的体细胞数：

第1胎≤15万个/mL

第2胎≤25万个/mL

第3胎≤30万个/mL

影响体细胞数变化的主要因素有：病原微生物对乳腺组织感染、应激、环境、气候、泌乳天数、遗传、胎次等，其中致病菌影响最大。

(2)体细胞数与泌乳天数的关系　正常情况下，体细胞数在泌乳早期较低，而后逐渐上升。

泌乳早期体细胞数偏高，预示干奶牛治疗、临产及产后环境等存在问题，改善后则体细胞数就会相应下降。

泌乳中期体细胞数高，可能是乳头药浴无效、挤奶设备不配套、环境肮脏、饲喂时间不当等原因所致，这时应进行隐性乳腺炎检测(CMT)，以便及早治疗和预防。

对于泌乳后期体细胞数高、胎龄大的牛只，则应及早利用干奶药物进行治疗。

(3)如何有效应用体细胞数　体细胞数能反映乳房的健康状况，通过阅读测定报告，总结月、季、年度的体细胞数，分析变化趋势和牛场管理措施，制订乳腺炎防治计划，降低体细胞数，最终达到提高产奶量的目的。

采取措施后各胎次牛只的体细胞数如果都在下降，则说明治疗是正确的。

如连续两次体细胞数都持续很高，说明奶牛有可能是感染隐性乳腺炎(如葡萄球菌或链球菌等)。若因挤奶方法不当会导致隐性乳腺炎相互传染，一般治愈时间较长。

体细胞数忽高忽低，则多为环境性乳腺炎，一般与牛舍、牛只体躯及挤奶员卫生问题有关。这种情况治愈时间较短，且容易治愈。

注意：预防体细胞数过高要比治疗乳腺炎花费少，而且获得的回报高得多。

(4)降低奶牛体细胞数的方法

①落实各部门在防治乳腺炎过程中的责任；

②治疗干奶牛的全部乳区；

③维护环境的清洁、干燥；

④正确使用和维护挤奶设备；

⑤采用正确的挤奶程序；

⑥正确治疗泌乳期的临床乳腺炎；

⑦定期监测乳房健康，检测隐性乳腺炎(CMT)；

⑧淘汰慢性感染牛；

⑨保存好体细胞数原始记录和治疗记录，定期检查；

⑩补充微量元素和矿物质，如：硒、维生素 E 等；

⑪预防苍蝇等寄生性昆虫滋生。

(5)奶牛乳腺炎难以治愈的原因分析　乳腺炎，按中医来讲，为胃脉受阻。奶牛感染细菌或病毒后，最常见的和发病率最高的疾病就是乳腺炎。造成的原因如下：

一是防控意识错误。个别老板、奶牛小区或合作社的奶户，为了交奶（患病牛的奶），当奶牛得病后，首选药物为一些不影响奶发酵和牛奶无药物残留的肾上腺皮质激素类药物，消除的是临床肿痛的症状，而不能起到抗菌消炎的作用，无法控制由于感染细菌或病毒带来的细菌的继发感染，造成细菌在乳腺组织内的繁殖和集聚。当疾病的临床症状消失后，由于细菌的感染而引起乳房腺体内部的炎症，并造成腺泡内牛乳的积聚，继而牛乳发酵形成局部的肿块。由于治疗不当，造成乳腺组织的坏死和萎缩。

二是细菌或病毒在乳腺组织内的积聚，造成乳腺细胞的不可逆性损伤。

三是奶牛感染细菌或病毒后，造成机体细胞免疫和体液免疫机能的下降，而致病菌乘虚而入。

四是挤奶程序控制不当。尤其是药浴执行操作不规范，无法保证挤前充分药浴和挤后及时药浴，造成细菌和病毒顺着乳头而进入腺泡。

五是药浴失败。最主要的是药浴液的浓度不够，要想起到最佳的药浴效果，药浴液的有效浓度必须达到0.2%的有效碘液。浓度不足、效果不佳不仅造成药浴失败，而且造成细菌和病毒在牛群中的很快传播。该问题在奶牛合作社中表现最为突出，往往是疫情过后，患病奶牛的淘汰率在50%～80%，其中绝大多数奶牛的淘汰原因为乳腺炎，并且越是在使用药浴的牛场越是明显，不进行药浴的牛场其奶牛交叉感染的发病率反而更低。

六是奶牛的维生素和矿物质缺乏。在这一点上，规模牧场要远远好于奶牛合作社，经常放置舔砖的牛场好于没有舔砖的牛场，饲喂有机微量元素的牛场好于饲喂无机微量元素的牛场。

七是奶牛瘤胃菌群失调。饲喂优质有益菌的牛群较不饲喂的牛群，无论是感染后的痊愈时间和表现症状均好于不饲喂优质有益菌的牛群，饲喂有益菌的质量越好，奶牛乳房炎的发病率越低。

2. 牛只分群管理

牛只分群管理是规模牧场每月的必修课，如何科学合理分群，达到最优化设计，DHI报告为数字化管理牛群提供了数字参考。应用报告：产奶量低的牛只明细表、产奶量高的牛只明细表、产奶量下降超过5 kg的牛只明细表、泌乳天数分组报告、尿素氮较高的牛只明细表、牛群分布报告、牛群管理报告、全群泌乳曲线、体细胞上升比上月大于50万的牛只明细表。分群参考主要性能指标是产奶量和泌乳天数，原则按照高、中、低产分群，重点考虑泌乳前期牛只分配到高营养浓度牛群，泌乳中后期执行产奶量分组的原则，有条件的牛场将一胎牛单独分群。如果乳房炎高发的季节和牛场，特别划定乳房炎控制群，按照体细胞数的高低安排挤奶顺序。

3. 繁殖管理——平均泌乳天数

应用报告:统计范围内产犊牛、间隔天数、样品丢失报告、综合测定结果表。如果牛群为全年均衡产犊,那么牛群平均的泌乳天数应该处于150～170 d,这一指标可显示牛群繁殖性能及产犊间隔。牛场管理者可以根据该项指标来检测牛群繁殖状况,而后再查找影响繁殖的因素。如果测定报告获得的数据高于正常的平均泌乳天数,就表明牛群的繁殖状况存在问题,导致产犊间隔延长,将会影响下一胎次的正常泌乳。

4. TMR 配方调配

应用报告:产奶量低的牛只明细表、产奶量高的牛只明细表、产奶量下降超过5 kg的牛只明细表、尿素氮较高的牛只明细表、牛群分布报告、牛群管理报告、全群泌乳曲线、体细胞上升比上月大于50万的牛只明细表、体细胞分组报告、体细胞跟踪报告、体细胞趋势分析报告、体细胞数大于50万的牛只明细表、体细胞引起的牛只奶损失明细表、脂蛋比低的牛只明细表、脂蛋比高的牛只明细表、综合测定结果表、综合损失报告,根据现有群体的生产性能表现,调整牛群,调整TMR配方。

——主要参考指标一:测定日产奶量

该指标是精确衡量每头牛产奶能力的指标。通过计量每头牛的产奶量,区分高产与低产牛,进行分群饲养,即按照产奶量的高低给予不同的营养需要。这样不仅可以避免因饲养水平高于产奶需要而造成的浪费和可能导致的疾病,也可避免因饲养水平低于产奶需要而造成的低产,从而给牛场带来更大的经济效益。

当泌乳牛的饲养水平低于产奶需要时,直接的影响就是产奶量下降,间接的影响是不易受孕。若饲养水平高于产奶需要时,直接的影响就是增加了生产成本,间接的影响是牛只膘情过肥,同样会引起繁殖问题,如:胎儿过大造成难产、难于受孕而引起空怀天数的增加等。

测定日产奶量主要应用在以下几方面:

(1)反映牛只当月产奶量高低,可评价上一阶段的管理水平。

(2)按照产奶水平,结合胎次、泌乳阶段、膘情等进行合理分群管理。

(3)为配合经济日粮提供依据。

(4)测定日平均产奶量及产奶头数可用于衡量牛场盈利水平。

(5)可将305 d预计产奶量与实际产奶量综合分析,用于本月及长期的预算。

——主要参考指标二:奶产量的应用

前次个体产奶量的作用:通过比较本月和上月奶量的变化情况,可以检验饲养管理是否得到改进,饲料配方是否合理。如果管理有改进、配方合理,本月奶量就会比上月奶量增加，否则就会下降；若两次的奶量波动较大，可从以下方面查找原因。

(1)饲料配方过渡时，是否给予牛只足够的适应时间(应为1～2周)？这可能会发生在干奶配方到产奶配方过渡或变更牛群的过程中。

(2)母牛产犊时膘情是否过肥？如果牛只过肥产后食欲时好时坏，会造成产奶量剧烈波动。

(3)是否长期饲喂高精料日粮？若长期饲喂会造成酸中毒及蹄病，产奶量会受到影响。

(4)是否有充足的槽位？如果槽位不充足，牛只之间相互争抢槽位，也会影响产奶量。

5. 奶牛实际采食干物质饲料营养分析与调配

主要应用报告：产奶量低的牛只明细表、产奶量高的牛只明细表、产奶量下降超过5 kg的牛只明细表、尿素氮较高的牛只明细表、全群泌乳曲线、体细胞上升比上月大于50万的牛只明细表、体细胞分组报告、体细胞跟踪报告、体细胞趋势分析报告、体细胞数大于50万的牛只明细表、体细胞引起的牛只奶损失明细表、脂蛋比低的牛只明细表、脂蛋比高的牛只明细表、综合测定结果表、综合损失报告。

参考指标：乳脂率、乳蛋白率、尿素氮、高峰奶量和高峰日。

主要应用方法如下：

(1)乳脂率、乳蛋白率的应用　乳脂率($F$)和乳蛋白率($P$)能反映奶牛营养状况，乳脂率低可能是瘤胃功能不佳，代谢紊乱，饲料组成或饲料大小、长短等有问题。如果产后100 d蛋白率很低(3%)，其原因为干奶牛日粮差，产犊时膘情差，泌乳早期碳水化合物缺乏，饲料蛋白含量低等。

目前，我国原料奶收购对乳脂率的要求有一些差别，因而乳脂率也越来越显得重要。根据测定报告提供牛只的乳脂率和乳蛋白率，可用于选择生产理想型乳脂率和乳蛋白率的奶牛。

有些地区牛奶中乳脂率($F$)和乳蛋白率($P$)的高低直接影响到奶价，例如，上海市目前奶价标准：$W\times(F\times0.39+P\times0.336)$

注：$W$为牛奶收购量，单位为kg；$F$为乳脂率，$P$为乳蛋白率，不同季节$F$和$P$所乘的系数也不同，此标准为特级牛场5—6月份的计价标准。

同样1 kg牛奶会因乳蛋白率($P$)和乳脂率($F$)的不同而收益不一样。如果没有测定报告提供每头牛的信息，就无法知道哪些牛的贡献率高，哪些牛效益低。有了测定报告就能很容易地发现牛场潜在的问题，并及时采取有效措施解决问题。

(2)乳脂率和乳蛋白率之间的关系

脂蛋白比：荷斯坦牛乳脂率与乳蛋白率的比值，正常情况下应在1.12～1.30。

这一数据可用于检查个体牛只、不同饲喂组别和不同泌乳阶段牛只的状况。高产牛的脂蛋白比偏小，特别是处于泌乳 30～60 d 的牛只。如：3%的乳脂和 2.9%的蛋白比值仅为 1.03。高脂低蛋白会引起比值过高，可能是日粮中添加了脂肪，或日粮中蛋白和非降解蛋白不足；而低比值则相反，可能是日粮中太多的谷物精料，或者日粮中缺乏有效纤维素。

脂蛋白差：泌乳早期，牛奶样品中的乳脂率如果特别高，则意味着奶牛在快速利用体脂，则应检查奶牛是否发生酮病。如果是泌乳中后期，大部分的牛只乳脂率与乳蛋白率之差小于 0.4%，则可能发生了慢性瘤胃酸中毒。

注：北美洲荷斯坦牛的平均乳脂率为 3.65%，平均乳蛋白率为 3.15%。

乳脂率较低的牛只特征：

①牛只体重增加；

②过量采食精料；

③乳脂率测定值小于 2.8%；

④乳蛋白率高于乳脂率。

牛群中多数牛只乳脂率过低，主要原因是牛瘤胃功能异常，可采取的减缓措施如下：

①减少精料喂量，精料不要太细；

②避免在泌乳早期喂饲太多的精料；

③先饲喂 0.5～1 h 长度适中的优质干草后再饲喂精料；

④提高粗纤维水平，改变粗饲料的长短或大小；

⑤日粮中添加缓冲液；

⑥补充蛋白质；

⑦取消日粮中多余的油脂；

⑧精粗比例≤42∶58；

⑨避免饲喂发酵不正常的青贮草；

⑩增加饲喂次数。

乳蛋白率过低可采取以下措施：

①避免过多使用脂肪或油类等能量饲料；

②增加非降解蛋白质的供给，保证氨基酸摄入平衡；

③减少热应激，增加通风量；

④增加干物质饲喂量。

(3)尿素氮(MUN)的应用

牛奶尿素氮的正常范围：研究报告表明，牛奶尿素氮的平均值大多数在 10～

18 mg/dL 范围内。

牛奶尿素氮的测定意义：在养牛成本中饲料约占 60%，而蛋白料是饲料中最贵的一种。因此，测定牛奶尿素氮能反映奶牛瘤胃中蛋白代谢的有效性，具有以下优势。

①平衡日粮，最大效率地利用饲料蛋白质，降低成本；

②牛奶尿素氮过高会降低奶牛的繁殖率；

③保证饲料蛋白的有效利用，发挥产奶潜能；

④利用牛奶尿素氮的测定值可选择物美价廉的蛋白饲料。

一般而言，牛奶尿素氮数值过高直接反映饲料中蛋白没有有效利用，可引发奶牛的繁殖、饲料成本、生产性能的发挥等一系列问题。

研究表明，牛奶尿素氮过高与繁殖率低下有很大的关系。据报道，夏季产犊母牛在产后第一次配种前 30 d 的尿素氮大于 16 mg/dL 时，其不孕率是冬季产犊且尿素氮值低的母牛的 10 倍以上。

(4)高峰奶量、高峰日的应用　高峰产奶量是指个体牛只在某一胎次中最高的日产奶量。例如：成母牛泌乳高峰时产奶量为 30 kg，则头胎牛在泌乳高峰时产量应为 22.5 kg，即 75%，若比例小于 75%，说明没有达到应有的泌乳高峰；相反，则表明头胎泌乳牛或成母牛的潜力没有得到充分发挥。高峰产奶量较高的牛只，305 d 奶量也高。

高峰日是指产后高峰奶量出现的那一天。一般在产后 4～6 周达到产奶高峰，若每月测定 1 次，其峰值日应出现在第二个测定日，即应低于平均值 70 d；若大于 70 d，表明有潜在的奶损失。要检查下列情况：产犊时膘情、干奶牛日粮、产犊管理、干奶牛日粮向产奶牛日粮过渡的时间、泌乳早期日粮是否合理等。

影响高峰产奶量的因素如下。

体况：理想的体况是获得高峰产奶量的前提，膘情从前一胎产奶后期开始恢复，在分娩时理想体况评分应为 3.5 分。

育成牛饲养：育成牛发育良好，头胎分娩时体重应达到 550 kg。

围产期护理：围产期奶牛护理不当将影响其高峰产奶量的发挥，应保持产犊环境干净，避免子宫及乳房感染，注意产后护理、测量体温及饲料变化过程。

泌乳早期营养：泌乳早期营养直接影响能否达到高峰产奶量。日粮改变需循序渐进，牛只产后视食欲情况先粗后精，快速加料。

遗传：遗传水平可直接关系到奶牛高峰产奶量的高低。

乳腺炎：避免在产奶高峰时发生乳腺炎，注意干奶后两周及产前两周的乳头药浴和干奶牛乳腺炎检查。

产后疾病与并发症：若母牛产后受到应激或细菌感染，将不能达到理想的峰值水平。

产后并发症的起因：由于奶牛营养饲喂不当、产犊环境不清洁及助产太多等导致并发症可影响高峰产奶量。

不完全挤奶：使用劣质挤奶设备、挤奶设备维护不当或不正确的挤奶程序等，均能降低高峰产奶量。

干奶牛管理：这是校正牛只膘情的最后环节，这一时期瘤胃修复因泌乳期高精料日粮引起的损伤，乳房也对上次泌乳所引起的损伤进行自我修复。

6. 指导牛群遗传改良及选种选配

生产性能测定数据是进行种公牛个体遗传评定的重要依据，只有准确可靠的性能记录，才能保证不断选育出真正遗传素质高的优秀种公牛用于牛群遗传改良。对于奶牛场而言，可以根据奶牛个体（或群体）各经济性状的表现，本着保留优点、改进缺陷的原则，选择配种公牛，并做好选配工作，从而提高育种工作的成效。例如，根据奶牛个体产奶量、乳脂率、乳蛋白率的高低，选用不同的种公牛进行配种。对那些乳脂率、乳蛋白率高，但产奶量低的母牛，可选用产奶性能好的种公牛配种；乳脂率低的，可选用乳脂率高的种公牛；乳蛋白率低的，选用乳蛋白率高的种公牛等等。如果不参照生产性能测定准确而全面的生产性能记录，就不可能实现针对个体牛进行科学的选种选配。通过对个体牛的选种选配，能提高后代的质量，不断提高整个牛群的遗传水平。

7. 制订牛群管理和生产计划

在正常饲养的情况下，为保持和提高牛群的整体生产水平，降低饲养成本，提高经济效益，需要对牛群进行分群管理及淘汰，其可靠的依据是生产性能测定报告。由于生产性能测定报告不仅可以适时反映个体的生产表现，还可以追溯牛只的历史表现，我们可以依据牛只生产表现及所处生理阶段实现科学分群饲养管理；依据计算饲养投入及生产回报，对那些已经无利可图的牛只尽早淘汰；还可根据牛群生产性能情况编制各月产奶计划，并制订相应的管理措施。

## 五、奶牛的体型外貌鉴定

### （一）体型外貌鉴定概念

体型鉴定是针对奶牛体型外貌进行数量化处理的一种鉴定方法，并针对每个性状，按生物学特性的变异范围，定出性状的最大值和最小值，然后以线性的尺度进行评分。

(二)体型外貌鉴定意义

外貌是奶牛生产性能的表征,不同生产性能的牛都具有与其相适应的外貌。产奶性能高的奶牛不但有良好的泌乳系统,也应具有优良的体型外貌。而在实践养殖过程中我们有更深刻的体会,外貌的作用不仅如此,还与奶牛健康、经济类型及种用价值等密切相关,它的一些缺陷不但影响本身,还会遗传给后代,一旦遗传下去,带来的损失无法挽回。通过对体型外貌评定(奶牛线性评定),选种选配技术的学习,为科学制订奶牛养殖场的选种选配计划,推进良繁体系的建设,充分发挥种公牛(奶牛冻精)和母牛的遗传潜力,进一步挖掘其生产潜能,提供了可靠的保障和有力的依据。

(三)体型外貌鉴定标准

1. 范围

本标准规定了荷斯坦奶牛 4 个部位(图 2-14)共计 24 个线性性状度量尺度和评分值。

本标准应用于产犊后 30～180 d 第 1 胎次健康无疾病、没有明显缺陷的荷斯坦奶牛。

本标准采用 1～9 分制评分标准。

2. 鉴定标准

(1)结构与容量

①体高(图 2-15)测定部位为十字部到地面的垂直高度(单位:cm)。

图 2-14 奶牛体型外貌鉴定

| 评分 | 1 | 2 | 3 | 4 | 5 | 6 | 7 | 8 | 9 |
|---|---|---|---|---|---|---|---|---|---|
| 体高 | ≤130 | 132 | 135 | 137 | 140 | 142 | 145 | 147 | ≥150 |

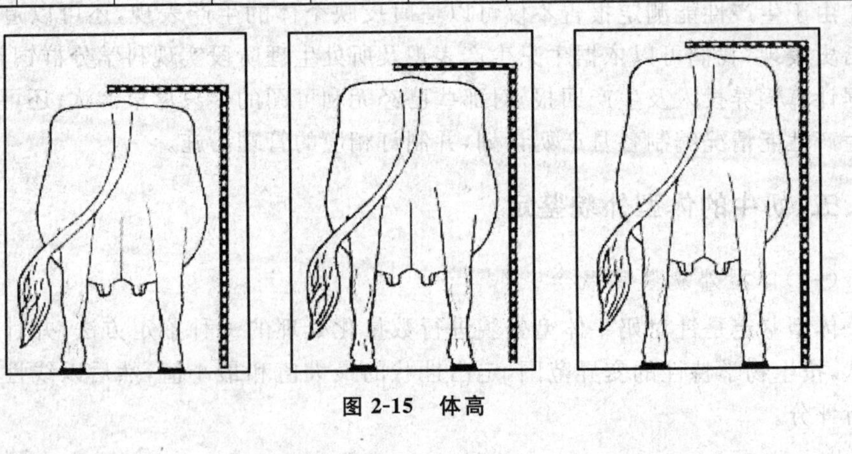
图 2-15 体高

②前段(图 2-16)观察部位为奶牛的鬐甲部相对十字部的高度差(单位：cm)。

| 评分 | 1 | 2 | 3 | 4 | 5 | 6 | 7 | 8 | 9 |
|---|---|---|---|---|---|---|---|---|---|
| 前段 | －5 | －4.5 | －3 | －1.5 | 0 | ＋1.5 | ＋3 | ＋4.5 | ＋5 |

图 2-16　前段

③体躯大小(图 2-17)即被鉴定奶牛的体重，可依据被鉴定牛的胸围估计体重(单位：kg)。

| 评分 | 1 | 2 | 3 | 4 | 5 | 6 | 7 | 8 | 9 |
|---|---|---|---|---|---|---|---|---|---|
| 体重 | 410 | 434 | 456 | 478 | 500 | 522 | 544 | 566 | 590 |

图 2-17　体躯大小

④胸宽(图 2-18)以奶牛两前肢内侧的胸底宽度为指标，一般不进行度量(单位：cm)。

| 评分 | 1 | 2 | 3 | 4 | 5 | 6 | 7 | 8 | 9 |
|---|---|---|---|---|---|---|---|---|---|
| 胸宽 | 13 | 16 | 19 | 22 | 25 | 28 | 31 | 34 | 37 |

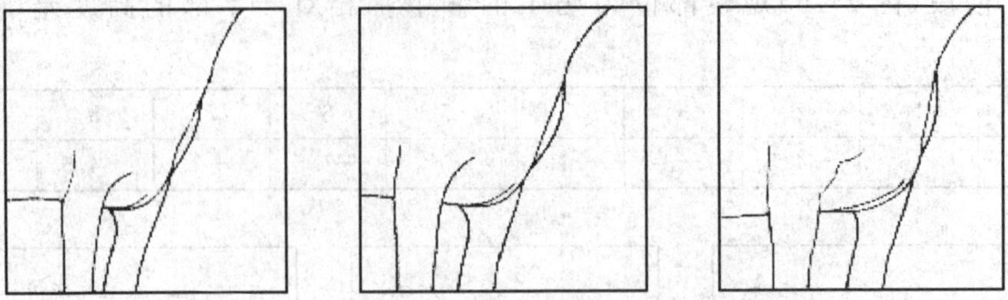

图 2-18 胸宽

⑤体深(图 2-19)为奶牛体躯最后一根肋骨处腹下沿的深度,主要依据鉴定员观察判断。

| 评分 | 1 | 2 | 3 | 4 | 5 | 6 | 7 | 8 | 9 |
|---|---|---|---|---|---|---|---|---|---|
| 体深 | 极浅 | | 浅 | | 中等 | | 深 | | 极深 |

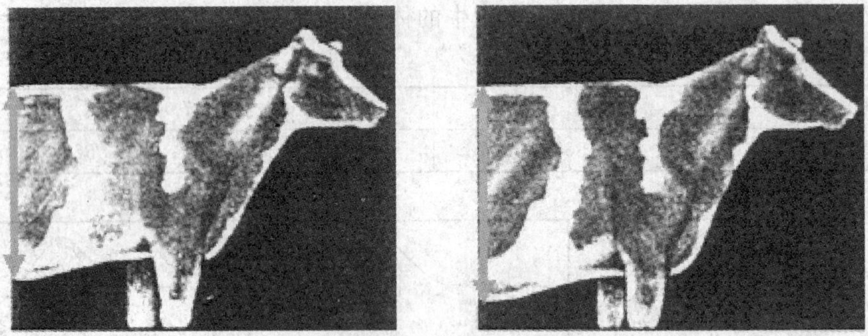

图 2-19 体深

⑥腰强度(图 2-20)主要观察被鉴定奶牛的臀(十字部)与背之间腰椎骨的连接强度及腰椎两侧之短骨发育状态。

| 评分 | 1 | 2 | 3 | 4 | 5 | 6 | 7 | 8 | 9 |
|---|---|---|---|---|---|---|---|---|---|
| 标准 | 极弱 | | 弱 | | 中等 | | 强 | | 极强 |

⑦体躯结构/容量之缺陷性状。

a. 面部歪:弯曲的下颌,扭曲的鼻梁骨,影响咀嚼和呼吸,扣 2 分。

b. 头部不理想:缺少品种特征,如:头短、口笼窄,两眼太近或太远,扣 1 分。

c. 肩峰:鬐甲和肩后相连呈凹形,扣 1 分。

d. 背腰不平:扣 1 分。

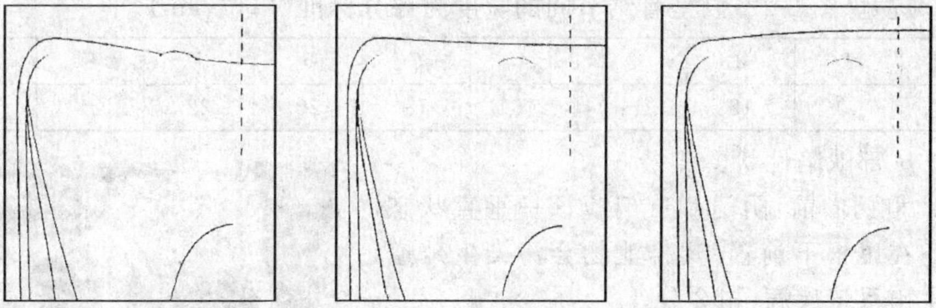

图 2-20 腰强度

e. 整体结合不匀称：一个部分与另一个部分连接不紧凑，整体结合不好，扣 1 分。

f. 肋骨不开张：从奶牛的后面观察，其肋骨应该呈长、平、弧形开张，而不开张个体无弧形态，扣 1 分。

g. 凹腰：腰椎骨和髋骨之连接点应是高的，宽的；连接点不好的个体呈下凹状态，此缺陷应与腰强度评分区别，扣 1 分。

h. 窄胸：胸应该大而深；在肘部有很好的开张前肋，并平滑地充满肩部。而窄胸则在肘部很窄，扣 1 分。

i. 体弱：奶牛缺乏强壮感，缺乏支持高产性能应变能力，扣 1 分。

(2)尻部

①尻角度(图 2-21)指腰角至坐骨结节连线与水平线的夹角。评定时以腰角对坐骨结节的相对高度为指标(单位：cm)。

| 评分 | 1 | 2 | 3 | 4 | 5 | 6 | 7 | 8 | 9 |
|---|---|---|---|---|---|---|---|---|---|
| 尻角度 | −4 | −2 | 0 | 2 | +4 | +5.5 | +7 | +8.5 | +10 |

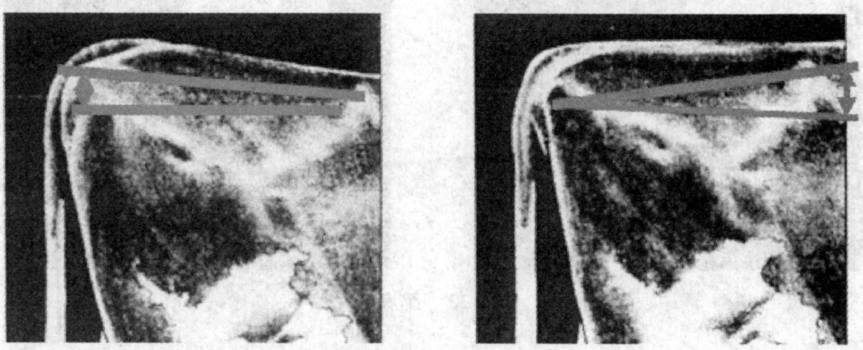

图 2-21 尻角度

②尻宽(图 2-22)以坐骨结节间的宽度为评分标准(单位:cm)。

| 评分 | 1 | 2 | 3 | 4 | 5 | 6 | 7 | 8 | 9 |
|---|---|---|---|---|---|---|---|---|---|
| 尻宽 | 10 | 12 | 14 | 16 | 18 | 20 | 22 | 24 | 26 |

③尻部缺陷性状。

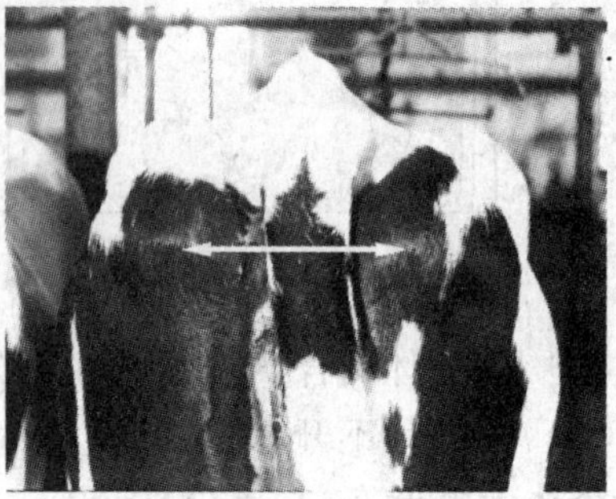

图 2-22 尻宽度

a. 肛门向前:阴门和肛门应该呈垂直状态,若肛门在尾根下前置,其排泄物会污染生殖道,引起生殖系统疾病,扣 2 分。

b. 尾根凹:尾根在臀骨间陷入,扣 1 分。

c. 尾根高:尾根位于臀骨的顶上,扣 0.5 分。

d. 尾根向前:尾根的起始点应是在离臀角 2.5 cm 处,如果它的距离超过 2.5 cm 即为尾根向前,扣 1 分。

e. 尾歪:尾应和背线成一条直线,如果与背线弯曲则为尾歪,扣 1 分。

f. 髋部偏后:髋部应是高和宽的,位于腰角和臀角之间,髋部偏后则会影响臀端的位置和后肢结构,扣 1.5 分。

(3)肢蹄

①蹄角度(图 2-23)指后蹄外侧壁与地面所形成的夹角。

| 评分 | 1 | 2 | 3 | 4 | 5 | 6 | 7 | 8 | 9 |
|---|---|---|---|---|---|---|---|---|---|
| 蹄角度 | 25° | 30° | 35° | 40° | 45° | 50° | 55° | 60° | 70° |

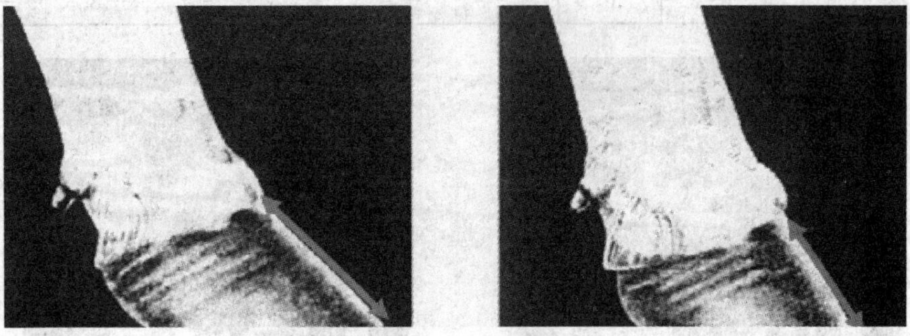

图 2-23 蹄角度

②蹄踵深度(图 2-24)主要观察鉴定奶牛的后蹄之蹄踵上沿与地面之间的深度(单位:cm)。

| 评分 | 1 | 2 | 3 | 4 | 5 | 6 | 7 | 8 | 9 |
|---|---|---|---|---|---|---|---|---|---|
| 蹄踵深度 | 0.5 | 1 | 1.5 | 2 | 2.5 | 3 | 3.5 | 4 | 4.5 |

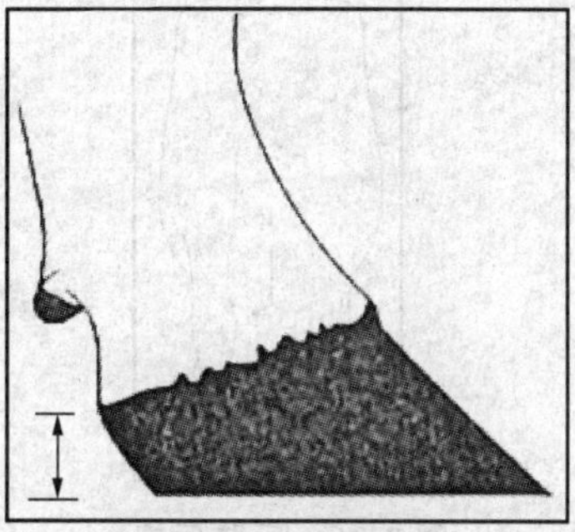

图 2-24　蹄踵深度

③骨质地主要观察奶牛的后肢骨骼的细致程度与结实程度。

| 评分 | 1 | 2 | 3 | 4 | 5 | 6 | 7 | 8 | 9 |
|---|---|---|---|---|---|---|---|---|---|
| 骨质地 | 极粗、圆、疏松 | | 粗、圆、疏松 | | 中等 | | 宽、扁平、细致 | | 极宽、扁平、细致 |

④后肢侧视(图 2-25)从侧面观察被鉴定奶牛后肢飞节的弯曲程度。

| 评分 | 1 | 2 | 3 | 4 | 5 | 6 | 7 | 8 | 9 |
|---|---|---|---|---|---|---|---|---|---|
| 后肢侧视 | 165° | 160° | 155° | 150° | 145° | 140° | 135° | 130° | 125° |

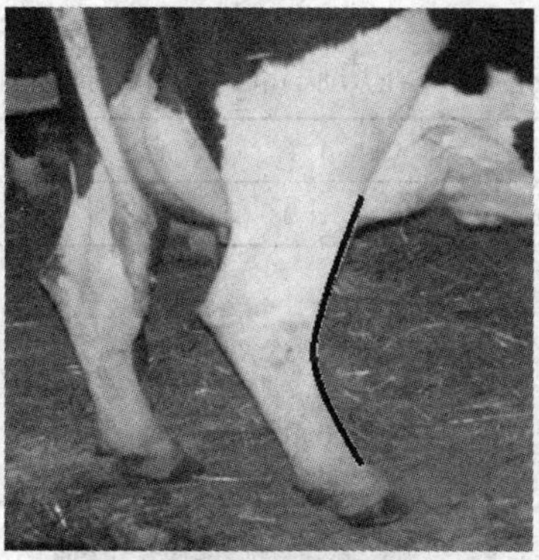

图 2-25　后肢侧视

⑤后肢后视(图 2-26)从后面观察后肢飞节的内向程度进行评分。

| 评分 | 1 | 2 | 3 | 4 | 5 | 6 | 7 | 8 | 9 |
|---|---|---|---|---|---|---|---|---|---|
| 后肢后视 | 飞节内向 | | | | 中等 | | | | 飞节间宽 |

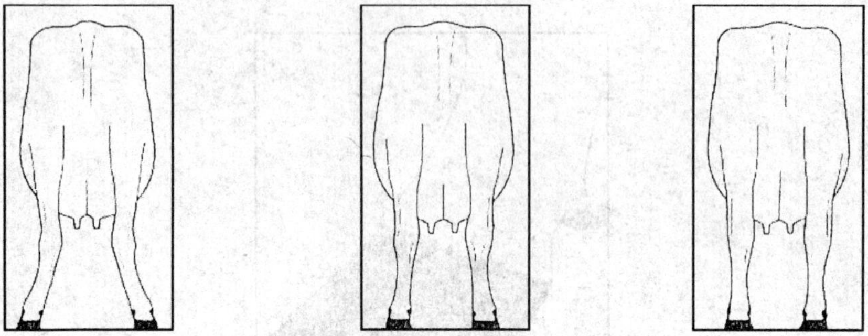

图 2-26 后肢后视

⑥肢蹄缺陷性状。

a. 卧系：系部软，悬蹄接近地面，扣 1 分。

b. 后肢抖：有关节炎症状，后肢在站立或走动时，有痉挛或发抖现象，扣 3 分。

c. 飞节粗大：扣 1 分。

d. 蹄叉张开：蹄两趾间的间隙较大，扣 0.5 分。

e. 后肢前踏或后踏，扣 1.5 分。

f. 过于纤细：后腿骨骼纤细，扣 1 分。

g. 前蹄外向：扣 1 分。

h. 蹄瓣不均衡：扣 1 分。

(4)乳房结构

①乳房深度(图 2-27)指牛只乳房底部到飞节的距离(单位：cm)。

| 评分 | 1 | 2 | 3 | 4 | 5 | 6 | 7 | 8 | 9 |
|---|---|---|---|---|---|---|---|---|---|
| 乳房深度 | 0 | －4 | －7 | ＋10 | ＋12 | ＋14 | ＋16 | ＋18 | 飞节下 |

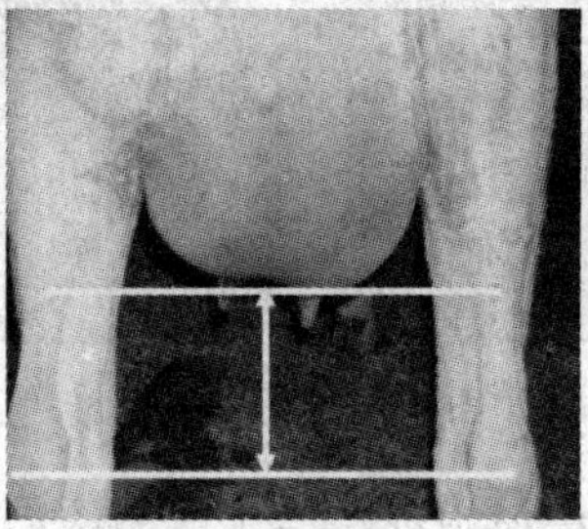

图 2-27 乳房深度

②乳房质地(图 2-28)通过观察和触摸奶牛的乳房组织是以腺体组织或结缔组织构成进行评分。

| 评分 | 1 | 2 | 3 | 4 | 5 | 6 | 7 | 8 | 9 |
|---|---|---|---|---|---|---|---|---|---|
| 乳房质地 | | | | 半腺体组织 | | | | 全腺体组织 | 结缔组织 |

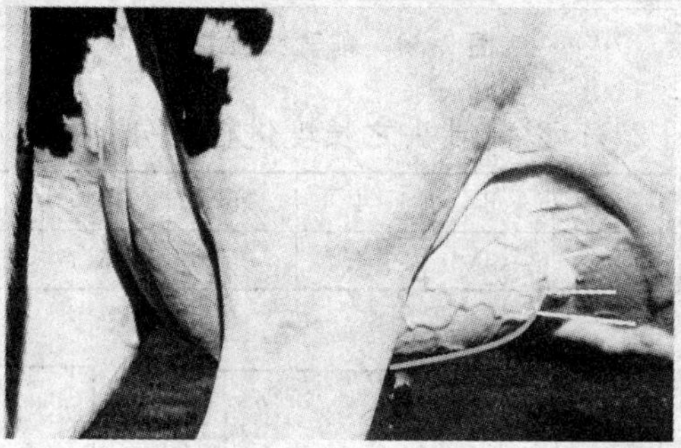

图 2-28　乳房质地

③中央悬韧带(图 2-29)以乳房底部中隔纵沟的深度为衡量标准(单位:cm)。

| 评分 | 1 | 2 | 3 | 4 | 5 | 6 | 7 | 8 | 9 |
|---|---|---|---|---|---|---|---|---|---|
| 中央悬韧带 | 乳中沟极浅 | 0.5 | 1.5 | 2 | 3 | 4 | 5 | 6 | 乳中沟极深 |

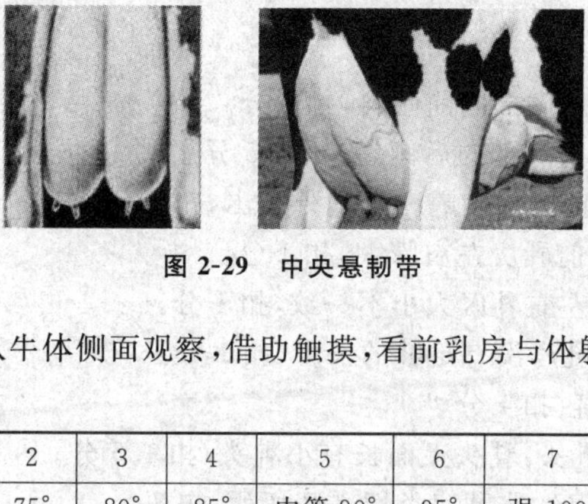

图 2-29　中央悬韧带

④前乳房附着从牛体侧面观察,借助触摸,看前乳房与体躯腹壁连接附着程度进行评分。

| 评分 | 1 | 2 | 3 | 4 | 5 | 6 | 7 | 8 | 9 |
|---|---|---|---|---|---|---|---|---|---|
| 前乳房附着 | 极弱 | 75° | 80° | 85° | 中等 90° | 95° | 强 100° | 105° | 极强 110° |

⑤前乳头位置(图 2-30)以前乳头基部的生长位置进行评分。

| 评分 | 1 | 2 | 3 | 4 | 5 | 6 | 7 | 8 | 9 |
|---|---|---|---|---|---|---|---|---|---|
| 前乳头位置 | 极外 | | 偏外 | | 中间 | | 偏内 | | 极内 |

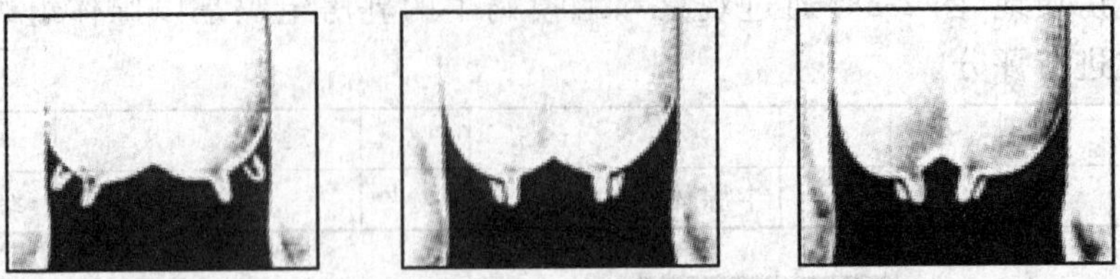

图 2-30　前乳头位置

⑥前乳头长度(图 2-31)以前乳头之长度进行评分(单位:cm)。

| 评分 | 1 | 2 | 3 | 4 | 5 | 6 | 7 | 8 | 9 |
|---|---|---|---|---|---|---|---|---|---|
| 前乳头长度 | 2.5 | 3.5 | 4 | 4.5 | 5 | 6 | 7.5 | 8.5 | 10 |

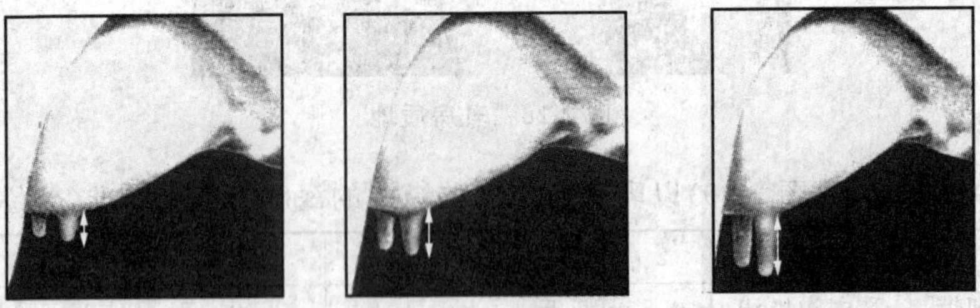

图 2-31　前乳头长度

⑦缺陷性状。

a. 乳房前吊:乳房底部向前倾斜,扣 1 分。

b. 乳房后吊:乳房底部向后倾斜,扣 0.5 分。

c. 前乳房膨大:前乳房附着松懈向外凸出,扣 1 分。

d. 前乳房肥赘:前乳房左右膨大,扣 1 分。

e. 左右不均衡:左右乳区大小不一致,扣 1 分。

f. 前乳房短:前乳房没有足够的长度,扣 1 分。

g. 前乳头不垂直:扣 1 分。

h. 前乳头有附乳头:乳头上面长有小乳头,扣 1.5 分。

i. 前乳房有瞎乳区:非乳房炎性乳区坏死,扣 3 分。

⑧后乳房附着高度(图 2-32)即后乳房乳腺之最上缘与阴门基底部之间的距离(单位:cm)。

| 评分 | 1 | 2 | 3 | 4 | 5 | 6 | 7 | 8 | 9 |
|---|---|---|---|---|---|---|---|---|---|
| 后乳房高 | 32 | 30 | 28 | 26 | 24 | 22 | 20 | 18 | 16 |

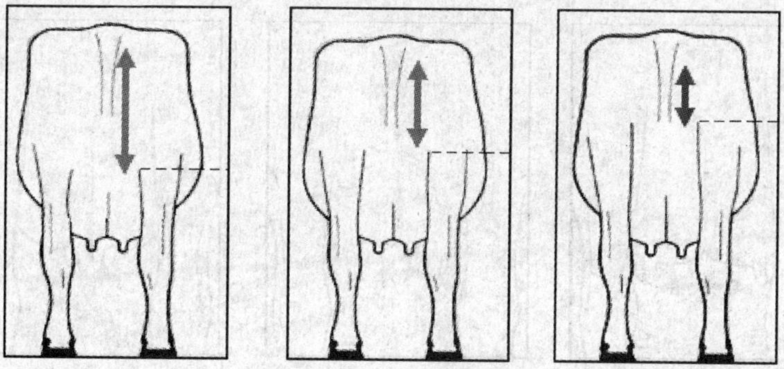

图 2-32　后乳房附着高度

⑨后乳房附着宽度(图 2-33)即后乳房乳腺组织的最上缘在后裆间的附着宽度(单位:cm)。

| 评分 | 1 | 2 | 3 | 4 | 5 | 6 | 7 | 8 | 9 |
|---|---|---|---|---|---|---|---|---|---|
| 后乳房宽 | 8 | 9.5 | 11 | 12.5 | 14 | 15.5 | 17 | 18.5 | 20 |

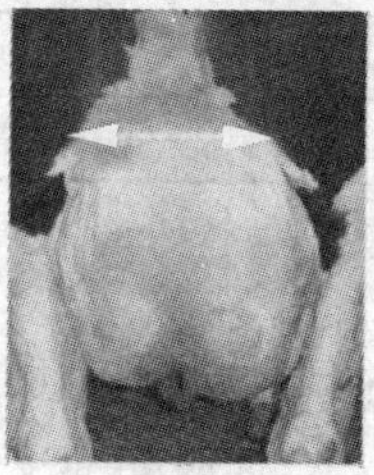

图 2-33　后乳房宽度

⑩后乳头位置(图 2-34)以后乳头在乳房基部的生长位置进行评分。

| 评分 | 1 | 2 | 3 | 4 | 5 | 6 | 7 | 8 | 9 |
|---|---|---|---|---|---|---|---|---|---|
| 后乳头位置 | 极外 | | 偏外 | | 中间 | | 偏内 | | 极内 |

⑪缺陷性状。

a. 乳房形状差:后乳房形状不匀称,扣 1 分。

b. 后乳房左右不匀称:两个乳区大小不匀称,扣 1 分。

c. 后乳房短,扣 1 分。

d. 后乳头不垂直,扣 1 分。

e. 乳头位置向后:后乳头生长位置靠后,扣 1 分。

f. 后乳头上有附乳头:后乳头上生长有小乳头,扣 1.5 分。

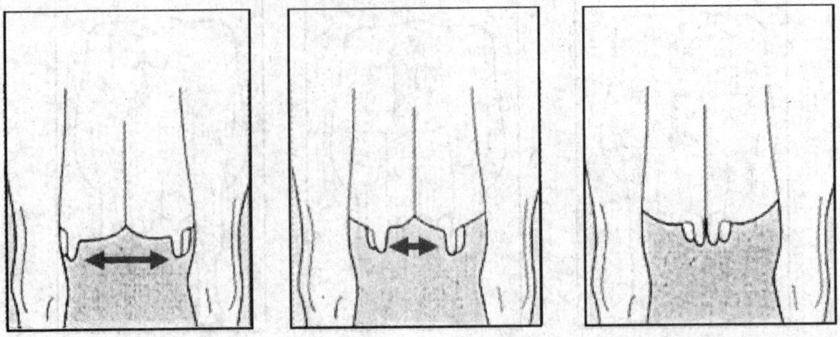

图 2-34 后乳头位置

g. 后乳房有瞎乳区：非乳房炎引起的乳区坏死，扣 3 分。

(5)乳用特征

①棱角性(乳用性、清秀度)主要观察奶牛整体的 3 个三角形是否明显，骨骼的轮廓是否清晰，肋骨开张程度和肋间距之大小，股部大腿肌肉的凸凹程度以及鬐甲棘突的高低等。

| 评分 | 1 | 2 | 3 | 4 | 5 | 6 | 7 | 8 | 9 |
|---|---|---|---|---|---|---|---|---|---|
| 标准 | 极差 | | 差 | | 中等 | | 明显 | | 极明显 |

②缺陷性状。

肋间近：如果肋骨间的间隔小于 1 指，则为肋间近，扣 1 分。

3. 计算方法与公式

(1)各部位评分的计算方法

$$部位评分 = \sum 1(功能分 \times 加权系数) - \sum 2(缺陷性状扣分)$$

式中：$\sum 1$ 为该部位评定的若干个鉴定性状和参与计分的性状求和。功能分为鉴定性状的线性评分之功能分。加权系数为所鉴定性状在该部位评分中之权重。$\sum 2$(缺陷性状扣分)为本部位缺陷性状扣分之总和。

(2)体型外貌总分计算办法

$$体型外貌总分 = \sum(部位评分 \times 加权系数)$$

式中：$\sum$ 为外貌鉴定的若干个分类大部位求和。部位评分为该分类部位的评分得分。加权系数为该分类部位的评分在外貌总分之权重。

功能分及加权系数详见表 2-5。

**表 2-5　功能分和加权系数表**

| | | | | | | | | | | | |
|---|---|---|---|---|---|---|---|---|---|---|---|
| 体型结构/容量 | 体高 | 评　分 | 1 | 2 | 3 | 4 | 5 | 6 | 7 | 8 | 9 |
| | | 功能分 | 57 | 64 | 70 | 75 | 85 | 90 | 95 | 100 | 95 |
| | | 加权分 | 8.55 | 9.6 | 10.5 | 11.3 | 12.75 | 13.5 | 14.25 | 15 | 14.25 |
| | 前段 | 评　分 | 1 | 2 | 3 | 4 | 5 | 6 | 7 | 8 | 9 |
| | | 功能分 | 56 | 64 | 68 | 76 | 80 | 90 | 100 | 90 | 85 |
| | | 加权分 | 4.48 | 5.12 | 5.44 | 5.68 | 6.4 | 7.2 | 8 | 7.2 | 6.8 |
| | 体躯大小 | 评　分 | 1 | 2 | 3 | 4 | 5 | 6 | 7 | 8 | 9 |
| | | 功能分 | 55 | 60 | 65 | 75 | 80 | 85 | 90 | 95 | 100 |
| | | 加权分 | 11 | 12 | 13 | 15 | 16 | 17 | 18 | 19 | 20 |
| | 胸宽 | 评　分 | 1 | 2 | 3 | 4 | 5 | 6 | 7 | 8 | 9 |
| | | 功能分 | 55 | 60 | 65 | 70 | 75 | 80 | 85 | 90 | 95 |
| | | 加权分 | 15.95 | 17.4 | 18.85 | 20.3 | 21.75 | 23.2 | 24.65 | 26.14 | 27.55 |
| | 体深 | 评　分 | 1 | 2 | 3 | 4 | 5 | 6 | 7 | 8 | 9 |
| | | 功能分 | 56 | 64 | 68 | 75 | 80 | 90 | 95 | 90 | 85 |
| | | 加权分 | 11.2 | 12.8 | 13.6 | 15 | 16 | 18 | 19 | 18 | 17 |
| | 腰强度 | 评　分 | 1 | 2 | 3 | 4 | 5 | 6 | 7 | 8 | 9 |
| | | 功能分 | 55 | 60 | 65 | 70 | 75 | 80 | 85 | 90 | 95 |
| | | 加权分 | 4.4 | 4.8 | 5.2 | 5.6 | 6 | 6.4 | 6.8 | 7.2 | 7.6 |
| 尻部 | 尻角度 | 评　分 | 1 | 2 | 3 | 4 | 5 | 6 | 7 | 8 | 9 |
| | | 功能分 | 55 | 62 | 70 | 80 | 90 | 80 | 75 | 70 | 65 |
| | | 加权分 | 19.8 | 22.32 | 25.2 | 28.8 | 32.4 | 28.8 | 27 | 25.2 | 23.4 |
| | 尻宽 | 评　分 | 1 | 2 | 3 | 4 | 5 | 6 | 7 | 8 | 9 |
| | | 功能分 | 55 | 60 | 65 | 70 | 75 | 79 | 82 | 90 | 95 |
| | | 加权分 | 23.1 | 25.2 | 27.3 | 29.4 | 31.5 | 33.18 | 34.44 | 37.8 | 39.9 |
| | 腰强度 | 评　分 | 1 | 2 | 3 | 4 | 5 | 6 | 7 | 8 | 9 |
| | | 功能分 | 55 | 60 | 65 | 70 | 75 | 80 | 85 | 90 | 95 |
| | | 加权分 | 12.1 | 13.2 | 14.3 | 15.4 | 16.5 | 17.6 | 18.7 | 19.8 | 20.9 |
| 肢蹄 | 蹄角度 | 评　分 | 1 | 2 | 3 | 4 | 5 | 6 | 7 | 8 | 9 |
| | | 功能分 | 56 | 64 | 70 | 76 | 81 | 90 | 100 | 95 | 85 |
| | | 加权分 | 11.2 | 12.8 | 14 | 15.2 | 16.2 | 18 | 20 | 19 | 17 |
| | 蹄踵深度 | 评　分 | 1 | 2 | 3 | 4 | 5 | 6 | 7 | 8 | 9 |
| | | 功能分 | 57 | 64 | 69 | 75 | 80 | 85 | 90 | 95 | 100 |
| | | 加权分 | 11.4 | 12.8 | 13.8 | 15 | 16 | 17 | 18 | 19 | 20 |
| | 骨质地 | 评　分 | 1 | 2 | 3 | 4 | 5 | 6 | 7 | 8 | 9 |
| | | 功能分 | 57 | 64 | 69 | 75 | 80 | 85 | 90 | 95 | 100 |
| | | 加权分 | 11.4 | 12.8 | 13.8 | 15 | 16 | 17 | 18 | 19 | 20 |
| | 后肢侧视 | 评　分 | 1 | 2 | 3 | 4 | 5 | 6 | 7 | 8 | 9 |
| | | 功能分 | 55 | 65 | 75 | 80 | 95 | 80 | 75 | 65 | 55 |
| | | 加权分 | 11 | 13 | 15 | 16 | 19 | 16 | 15 | 13 | 11 |
| | 后肢后视 | 评　分 | 1 | 2 | 3 | 4 | 5 | 6 | 7 | 8 | 9 |
| | | 功能分 | 57 | 64 | 69 | 74 | 78 | 81 | 85 | 90 | 100 |
| | | 加权分 | 11.4 | 12.8 | 13.8 | 14.8 | 15.6 | 16.2 | 17 | 18 | 20 |

续表 2-5

| | | | | | | | | | | | |
|---|---|---|---|---|---|---|---|---|---|---|---|
| 泌乳系统 | 乳房深度 | 评　分 | 1 | 2 | 3 | 4 | 5 | 6 | 7 | 8 | 9 |
| | | 功能分 | 55 | 65 | 75 | 85 | 95 | 85 | 75 | 65 | 55 |
| | | 加权分 | 13.75 | 16.25 | 18.75 | 21.25 | 23.75 | 21.25 | 18.75 | 16.25 | 13.75 |
| | 乳房质地 | 评　分 | 1 | 2 | 3 | 4 | 5 | 6 | 7 | 8 | 9 |
| | | 功能分 | 55 | 60 | 65 | 70 | 75 | 80 | 85 | 90 | 95 |
| | | 加权分 | 27.5 | 30 | 32.5 | 35 | 37.5 | 40 | 42.5 | 45 | 47.5 |
| | 中央悬韧带 | 评　分 | 1 | 2 | 3 | 4 | 5 | 6 | 7 | 8 | 9 |
| | | 功能分 | 55 | 60 | 65 | 70 | 75 | 80 | 85 | 90 | 95 |
| | | 加权分 | 13.75 | 15 | 16.25 | 17.5 | 18.75 | 20 | 21.25 | 22.5 | 23.75 |
| 前乳房 | 前乳房附着 | 评　分 | 1 | 2 | 3 | 4 | 5 | 6 | 7 | 8 | 9 |
| | | 功能分 | 55 | 60 | 65 | 70 | 75 | 80 | 85 | 90 | 95 |
| | | 加权分 | 24.75 | 27 | 29.25 | 31.5 | 33.75 | 36 | 38.25 | 40.25 | 42.75 |
| | 前乳头位置 | 评　分 | 1 | 2 | 3 | 4 | 5 | 6 | 7 | 8 | 9 |
| | | 功能分 | 57 | 65 | 75 | 80 | 85 | 90 | 85 | 80 | 75 |
| | | 加权分 | 11.4 | 13 | 15 | 16 | 17 | 18 | 17 | 16 | 15 |
| | 前乳头长度 | 评　分 | 1 | 2 | 3 | 4 | 5 | 6 | 7 | 8 | 9 |
| | | 功能分 | 55 | 60 | 65 | 75 | 80 | 75 | 70 | 65 | 55 |
| | | 加权分 | 2.75 | 3 | 3.25 | 3.75 | 4.5 | 3.75 | 3.5 | 3.25 | 2.75 |
| | 乳房深度 | 评　分 | 1 | 2 | 3 | 4 | 5 | 6 | 7 | 8 | 9 |
| | | 功能分 | 55 | 60 | 65 | 70 | 75 | 80 | 85 | 90 | 95 |
| | | 加权分 | 4.4 | 5.2 | 6 | 6.8 | 7.6 | 6.8 | 6 | 5.2 | 4.4 |
| | 乳房质地 | 评　分 | 1 | 2 | 3 | 4 | 5 | 6 | 7 | 8 | 9 |
| | | 功能分 | 55 | 60 | 65 | 70 | 75 | 80 | 85 | 90 | 95 |
| | | 加权分 | 6.6 | 7.2 | 7.8 | 8.4 | 9 | 9.6 | 10.2 | 10.8 | 11.4 |
| | 中央悬韧带 | 评　分 | 1 | 2 | 3 | 4 | 5 | 6 | 7 | 8 | 9 |
| | | 功能分 | 55 | 60 | 65 | 70 | 75 | 80 | 85 | 90 | 95 |
| | | 加权分 | 5.5 | 6 | 6.5 | 7 | 7.5 | 8 | 8.5 | 9 | 9.5 |
| 后乳房 | 后乳房附着高度 | 评　分 | 1 | 2 | 3 | 4 | 5 | 6 | 7 | 8 | 9 |
| | | 功能分 | 58 | 65 | 68 | 70 | 75 | 80 | 85 | 90 | 95 |
| | | 加权分 | 13.34 | 14.95 | 15.64 | 16.1 | 17.25 | 18.4 | 19.55 | 20.7 | 21.85 |
| | 后乳房附着宽度 | 评　分 | 1 | 2 | 3 | 4 | 5 | 6 | 7 | 8 | 9 |
| | | 功能分 | 58 | 65 | 68 | 70 | 75 | 80 | 85 | 90 | 95 |
| | | 加权分 | 13.34 | 14.95 | 15.64 | 16.1 | 17.25 | 18.4 | 19.55 | 20.7 | 21.85 |
| | 后乳头位置 | 评　分 | 1 | 2 | 3 | 4 | 5 | 6 | 7 | 8 | 9 |
| | | 功能分 | 55 | 60 | 65 | 75 | 90 | 75 | 70 | 65 | 55 |
| | | 加权分 | 7.7 | 8.4 | 9.1 | 10.5 | 12.6 | 10.5 | 9.8 | 9.1 | 7.7 |
| | 乳房深度 | 评　分 | 1 | 2 | 3 | 4 | 5 | 6 | 7 | 8 | 9 |
| | | 功能分 | 55 | 60 | 65 | 70 | 75 | 80 | 85 | 90 | 95 |
| | | 加权分 | 6.6 | 7.8 | 9 | 10.2 | 11.4 | 10.2 | 9 | 7.8 | 6.6 |
| | 乳房质地 | 评　分 | 1 | 2 | 3 | 4 | 5 | 6 | 7 | 8 | 9 |
| | | 功能分 | 55 | 60 | 65 | 70 | 75 | 80 | 85 | 90 | 95 |
| | | 加权分 | 7.7 | 8.4 | 9.1 | 9.8 | 10.5 | 11.2 | 11.9 | 12.6 | 13.3 |
| | 中央悬韧带 | 评　分 | 1 | 2 | 3 | 4 | 5 | 6 | 7 | 8 | 9 |
| | | 功能分 | 55 | 60 | 65 | 70 | 75 | 80 | 85 | 90 | 95 |
| | | 加权分 | 7.7 | 8.4 | 9.1 | 9.8 | 10.5 | 11.2 | 11.9 | 12.6 | 13.3 |

续表 2-5

| | | | | | | | | | | | |
|---|---|---|---|---|---|---|---|---|---|---|---|
| 乳用特征 | 棱角性 | 评　分 | 1 | 2 | 3 | 4 | 5 | 6 | 7 | 8 | 9 |
| | | 功能分 | 57 | 64 | 69 | 74 | 78 | 81 | 85 | 90 | 95 |
| | | 加权分 | 34.2 | 38.4 | 41.4 | 44.4 | 46.8 | 48.6 | 51 | 54 | 57 |
| | 骨质地 | 评　分 | 1 | 2 | 3 | 4 | 5 | 6 | 7 | 8 | 9 |
| | | 功能分 | 57 | 64 | 69 | 75 | 80 | 85 | 90 | 95 | 100 |
| | | 加权分 | 5.7 | 6.4 | 6.9 | 7.4 | 7.8 | 8.1 | 8.5 | 9 | 9.5 |
| | 乳房质地 | 评　分 | 1 | 2 | 3 | 4 | 5 | 6 | 7 | 8 | 9 |
| | | 功能分 | 55 | 60 | 65 | 70 | 75 | 80 | 85 | 90 | 95 |
| | | 加权分 | 8.25 | 9 | 9.75 | 10.5 | 11.25 | 12 | 12.75 | 13.5 | 14.25 |
| | 胸宽 | 评　分 | 1 | 2 | 3 | 4 | 5 | 6 | 7 | 8 | 9 |
| | | 功能分 | 55 | 60 | 65 | 70 | 75 | 80 | 85 | 90 | 95 |
| | | 加权分 | 8.25 | 9 | 9.75 | 10.5 | 11.25 | 12 | 12.75 | 13.5 | 14.25 |

4. 外貌评分等级划分及权重

(1)外貌评分等级划分

| 等级 | 评分 |
|---|---|
| 优秀(Ex) | 90～100 分 |
| 很好(VG) | 85～89 分 |
| 好+(GP) | 80～84 分 |
| 好(G) | 75～79 分 |
| 一般(F) | 65～74 分 |
| 差(P) | 65 分以下 |

(2)各分类部位在体型外貌总分中之权重

| 分类部位 | 结构/容量 | 尻部 | 肢蹄 | 乳房 | 乳用特征 |
|---|---|---|---|---|---|
| 权重 | 18% | 10% | 20% | 40% | 12% |

## 六、奶牛遗传育种学基础知识——选配

### (一)选配的概念和意义

选配即是有明确目的决定公母畜的配对，它是有意识地组合后代的遗传基础，以达到培育和利用良种目的。换句话说，选配就是对畜群的交配进行人工干预，为了要按一定的育种目标培育出最好的后代，就需要有意识地组织优良的种用母畜进行配种。

通过选种，可以选出比较优秀的公母种畜。但它们交配所生的后代，不一定是

优良的，还会有很大的品质差异。其原因很可能是种畜本身的遗传性不稳定；或是部分后代没有得到相应的生长发育条件；再一个可能就是，公母畜双方的精、卵细胞，在受精结合中，基因组合不同或缺乏足够合适的亲和力。

亲和力，亦称基因巧合能力，主要来自公母畜互作效应。子代的基因型构成合适与否，一部分由于理想基因和非理想基因比例的改变，一部分由于基因结合方法的好坏。因此，种畜的育种值，有时可超过它的预测育种值，这主要依靠与它配种的母畜而定。

家畜育种的成效大小与进度快慢，很大程度是取决于种畜的改良方法和利用方法。前者即为选种的科学性和准确性，后者则为选配的合理性和有效性。选种和选配，是相互联系而又彼此促进的，利用选种以改变畜群的各种基因比例，利用选配以有意识地组合后代的遗传基础。这是可以经常利用的两大育种手段。其具体关系是：

1. 选种和选配二者是互为基础的

选种是选配的基础，因为有了种畜才好选配。然而，选配也是选种的基础，因为可以根据选配的需要而选择种畜，还可以根据选配所得优良后代选择下次配种所需种畜。亦即二者能互为基础。

2. 选种为选配、选配验证选种

选种时要考虑下一步的选配，配后所得后代是否优良，足以证明选种选配是否合宜。

3. 选配巩固选种、选种加强选配

它们都是为培育。没有合理的选配，选种成果是不可能得到巩固的，因为要使所选优良品质，能在后代中得到保持和加强，就必须同时也选择具有相应品质的家畜成为配偶，这才能达到目的。此外从程序上看，它们是交替进行的，先选种而后选配，选配后又要选种。但有时也很难明确划分，譬如后裔测定，无疑是属于选种范畴，而要取得好的后裔，则必须通过选配。

(二)选配的作用

通过选配，对家畜的配对加以人为控制，使优秀个体获得更多的交配机会，使优良基因更好地重新组合，在此基础上就可促使畜群不断得到改进和提高。具体来说，选配在家畜育种工作中的作用，有以下几个方面。

1. 选配能创造必要的变异

如上所述，选配就是要研究相配家畜间的关系。而相配家畜彼此间的品质对比、亲缘关系以及所属种群特性等方面的情况，无疑是极其复杂多样的。也就是说，交配双方的遗传基础不可能完全相同，有时甚至相差很大。这样交配的结果，所生后代当然也就不可能与父母任何一方完全相同,发生变异是显而易见的。所以为了某种目的,利用一定的公畜和母畜进行交配,将会产生必要的变异,从而为培育新的理想型创造条件。这是早已被杂交培育新品种的工作所证实了的。

2. 选配能加快遗传性稳定

家畜的遗传基础是由其双亲得来的,如果公母双方遗传基础相近,那么所生后代的遗传基础就很可能与其父母出入不大。这样,经过若干代选择性状特征相近的公母畜相配,该性状的遗传基础即可逐渐趋于纯合,性状特征也就相应被固定下来。这也是被培育新品种和新品系的无数实践所证实了的。

3. 选配能把握变异的方向

当畜群中出现某种有益的变异时,可以通过选种将具有该变异的优良公母畜选出,然后通过选配以求进一步强化固定。如此,经过长期继代选育之后,有益变异不但在畜群中能得到保持,而且还会更加突出地表现出来,形成该畜群所独具的特点。有些品种和品系就是通过这样培育出来的。由上可知,选配在家畜育种工作中是一项非常重要的措施,它与选种和培育,同样是改良现有家畜种群和创造新种群的有力手段。

(三)选配的分类

选配按其着眼对象的不同,可大体分为个体选配与种群选配 2 类(图 2-35)。而在个体选配中按交配双方品质的不同,可细分为同质选配和异质选配;按交配双方亲缘关系的不同,可区分为近交和远交。而在种群选配中,按交配双方所属种群特性的不同,可分为纯种繁育和杂交繁育 2 种。杂交繁育中如果按种群关系远近、杂交目的和杂交方式等的不同,尚可进一步分出若干种不同类别。

- 选配
  - 个体选配
    - 品质选配
      - 同质选配
      - 异质选配
    - 亲缘选配
      - 近交
      - 远交(非亲缘交配)
  - 群体选配
    - 纯种繁育(本品种选育)
    - 杂交繁育

**图 2-35　选配示意图**

## 七、近交在育种中的应用

(一)近交的用途

近交有害,这是人所共知的事实。因此,无论是繁殖场还是生产性牧场,一般都应避免近交而采用远交。但是近交又有其特殊用途，在育种工作中，有时为了达到某种目的，又往往需要这种选配方式。近交主要有以下几个用途：

(1)固定优良性状　近交的基本效应是使基因纯合，进而可以利用这种方法来固定优良性状。

(2)揭露有害基因　由于有害性状大多数是隐性的，在非近交情况下它们隐蔽不显，较少出现。而在近交时，由于基因的隐性纯合，有害性状就得以暴露，给生产带来损失。但是可借此时机，淘汰那些带有隐性性状的个体。

(3)保持优良个体的血统　按照遗传学原理，任何一个祖先的血统，在非近交情况下，都有可能因世代的半化作用而逐渐冲淡，直至消失。只有借助近交，才可使优良祖先的血统，长期保持较高水平而不严重下降。

(4)提高畜禽的同质性　近交使基因纯合的另一结果是，造成畜禽的分化。$n$ 对基因的杂合体，就会分化出 $2n$ 种纯合体，此时结合选择，即可得到比较同质的畜群，从而达到畜群提纯的目的。

(二)近交程度分析与常见近交类型

1. 近交系数

根据系谱计算近交系数(美国要求低于 6.25%，国内要求低于 4.00%)，挑选合适公牛进行配种。

近交系数计算公式：

$$F_X = 0.5^{(a+b+1)}$$

举例如图 2-36 所示。

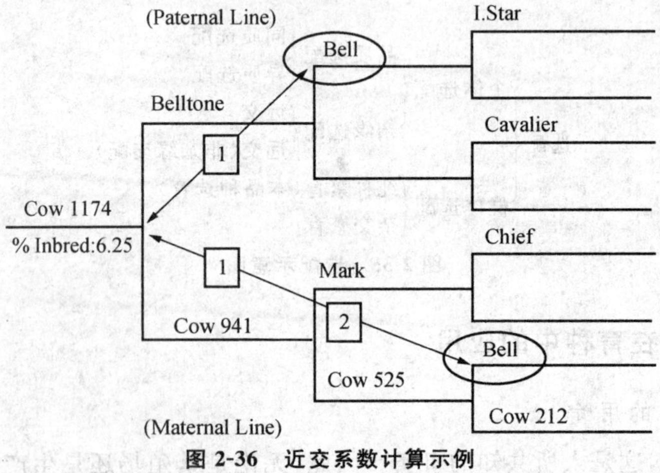


图 2-36　近交系数计算示例

以上 1174(牛只编号)近交系数为：$F=0.5^{(1+2+1)}=0.0625$

2. 近交系数大于 4%对奶牛生产造成的损失

近交系数大于 4%对奶牛生产造成的损失如表 2-6 所示。

表 2-6　近交系数大于 4%对奶牛生产造成的损失表

| 项目 | 近交系数/% | | |
| --- | --- | --- | --- |
| | 6.25 | 12.5 | 25 |
| 产奶量/kg | −136 | −272 | −544 |
| 乳脂量/kg | −4.50 | −9.10 | −18.10 |
| 乳脂率/% | +0.02 | +0.04 | +0.12 |
| 出生重/kg | −0.70 | −1.40 | −2.70 |
| 一岁体高/cm | −0.60 | −1.12 | −2.40 |
| 胸围/cm | −1.00 | −2.20 | −4.00 |
| 死亡率/% | 112 | 125 | 150 |

3. 奶牛场普遍存在的近交类型分析

奶牛场近交类型分析如表 2-7 所示。

表 2-7　奶牛场近交类型分析表

| 禁止与母牛交配的亲属 | 血缘关系 | 近交系数/% |
| --- | --- | --- |
| 父亲 | 父亲-女儿 | 25 |
| 其父亲的任何儿子 | 半同胞兄弟-姐妹 | 12.50 |
| | 全同胞兄弟-姐妹 | 25 |
| 其祖父或外祖父 | 祖父(外)-孙女(外) | 12.50 |
| 其祖父的任何儿子(同胞兄弟互配女儿) | 伯父-侄女 | 6.25 |
| | 全同胞兄弟互配女儿 | 12.50 |
| 其父亲的任何孙子 | 侄子-姑姑 | 6.25 |

## 八、种公牛的选择

公牛本身不产奶，因此，对公牛的评估都是基于公牛女儿的生产成绩。目前，遗传评定采用的动物模型，能充分利用公牛准确识别所有的亲属信息，俗话说："公牛好，好一坡；母牛好，好一窝"，对公牛的选择是非常关键的。一头优秀公牛对群体改进的贡献率可达90%,甚至更高。

在选择公牛时,奶牛场还需要考虑使用验证公牛还是青年公牛。青年公牛指还没有女儿生产性能记录的公牛,而验证公牛是已经有了多个后代性能记录的公牛。选择公牛的关键是保证奶牛群的遗传改进。奶牛群的育种规划要想取得最大遗传进展,最可靠的途径是使用那些有大量性状记录且准确评估的公牛,评估性状包括产奶量、体型外貌和产犊难易度。

(一)公牛概要(系谱解读)

总性能指数(TPI):将乳蛋白量、乳脂量、体型外貌性状和乳房结构整体评分的PTA值根据相对经济重要性加权构成的一个综合指数。

预期传递力(PTA):公牛的育种值,通过PTA对公牛的生产性能进行排队。PTA在最大程度上反映了某公牛女儿每年平均预期比同群平均水平多实现的生产水平。PTA需先设定基础零值,公牛PTA是与该零值相比较的差。

乳蛋白量(LBP)、乳蛋白率(P%)、产奶量(LBM)、乳脂量(LBF)、乳脂率(F%)的PTA:通过与女儿群体表型的平均水平比较,得到某公牛在乳蛋白量、乳蛋白率、产奶量、乳脂量和乳脂率上高于或低于平均水平的程度。

体型预期传递力(PTAT):公牛女儿体型总分与群体平均值之间的预期差值。

可靠性:随着女儿数和分布群数的增加,公牛PTA的数值也相应会发生改变。可靠性是一个百分数,是衡量PTA估计准确度的指标。可靠性数值的变化范围为16%~99%,并且随着公牛女儿头数、女儿分布群数以及每个女儿产奶记录次数的增加而变大。可靠性大小越接近100%,PTA估值的准确性就越高。

产犊难易度(%DBH):对头胎产犊时难产比例的估值,为青年母牛选择与配公牛时的参考指标。DBH的取值范围一般是5%~20%,中值是9%。

利用年限(PL):母牛在群寿命的估计值。成母牛每一个305 d泌乳期的生产寿命都可以累积10个月,干奶期和超过305 d泌乳天数不累计。这一指数中还包含其他相关的信息,例如体型、产奶量、体细胞评分估值。

体细胞评分(SCS):体细胞评分的估计传递力。

(二)青年公牛

理论上讲,使用青年公牛可使遗传进展速度达到最快。验证公牛的年龄通常都在7~8岁,最多也只再有2~3年的使用年限。相反地,在开始分发精液时青年公牛仅仅一两岁,因此,作为一个育种群体,比那些5~7年前开始测定的验证公牛具有更大的遗传潜力。

育种规划理论上的优势能否转化为现实取决于公牛选择的准确性。通常是根据系谱信息或基因组测定成绩选择青年公牛。选择时，使用一组系谱指数或基因组测定数值高的青年公牛要比只使用一头青年公牛更可靠。同样，使用成绩优秀但可靠性较低的公牛时也要注意这一点。尽管公牛个体间差异很大，但是一组公牛的平均值变化很小，通过选择使用一群优秀的待测青年公牛，可以把对整群牛遗传水平产生影响的风险降到最低。一般建议，一个奶牛场使用几头青年公牛配种，并且限制每头青年公牛的与配母牛数，与青年公牛配种的母牛数占所有与配母牛的比例不超过25%。不同的种公牛评定方法所对应的准确度见表2-8。

**表2-8 不同的种公牛评定方法所对应的准确度**

| 遗传评定方法 | 选择的准确度 |
|---|---|
| 系谱信息(双亲+4祖亲) | 0.448 |
| 同胞信息(50个半同胞姊妹) | 0.434 |
| 后裔测定(50个女儿) | 0.896 |
| 后裔测定(>100个女儿) | >0.95 |

## 九、选种选配技术(群体改良)在奶牛场的应用

选种选配是奶牛场的基础性工作，是获得优质、健康、长寿奶牛的前提和基础。只有抓好牛群改良，才能不断地提高牛群质量、发挥其生产性能，增加奶农的经济效益。做好选种选配应注意以下几方面。

(一)制定选种选配计划，确定其最终实现的目标

培育产奶量高、繁殖力好、疾病问题少、体型结构合理、利用年限长、效益高的后备母牛。

(二)抓好两个选择

1. 母牛的选择

实现优质选配的前提是牛场管理者真正了解母牛本身的优缺点。为准确掌握母牛的基本情况建议牛场在对母牛选择时注重以下几项工作。

(1)查阅牛只养殖档案，查找奶牛系谱记录(最好三代记录完整)和生产资料的

记录(305 d产奶量、乳脂率、蛋白率、体细胞等)。

(2)根据奶牛生产性能测定报告,分析牛群管理和生产情况,找出群体及个体生产性能优缺点。

(3)查看奶牛的体型外貌线性鉴定报告,找出各性状的优缺点,对缺陷性状明显的部位给予改良。

2. 公牛挑选

(1)有后裔测定成绩公牛的选择:根据牛群存在的普遍缺陷,选择改良效果突出的优秀种公牛,在选择公牛时要认真阅读、分析种公牛的资料,最好能观察到其女儿的状况。

(2)青年公牛的选择:青年公牛后裔测定结果还未出来,在使用青年公牛时,一定要认真分析其系谱资料,首先是其父亲和外祖父的改良效果,再看其母亲的表现。

(3)通过后裔测定公牛女儿表现状态的分析,从中发现比较优秀的基因组合,进一步扩大优秀基因组合群体,加快改良牛群品质的速度,从而取得更大经济效益。

(4)奶牛场的后裔测定:无论选择的是有后裔测定成绩的公牛还是青年公牛,引进后,均先进行试配,待其后裔产生后,观察其后代有无重大缺陷,再决定是否在本场大量使用,以防止公牛所携带的缺陷隐性遗传基因同本场牛群中所携带的隐性遗传基因发生重合,而成为表现型显性遗传基因,造成不必要的损失。

(三)选配方式方法

1. 选配原则

(1)优秀公母牛采用同质选配,品质较差母牛采用异质选配。

(2)公牛生产性能和体型遗传成绩要高于母牛。

(3)一次选配,考虑改良的性状不多于3个。

(4)避免相同或不同缺陷的选配组合。

(5)公牛不是遗传病隐性携带者。

(6)后代近交系数控制在4%以下。

2. 选配方法

(1)对每头母牛建立系谱档案。

(2)查清母牛个体优缺点,一一列出,并进行分类,以做群体选配。

(3)查清种公牛个体优缺点,一一列出。

(4)根据公母牛不低于三代的系谱,计算后代近交系数。

3. 基本步骤

选配基本步骤如图 2-37 所示。

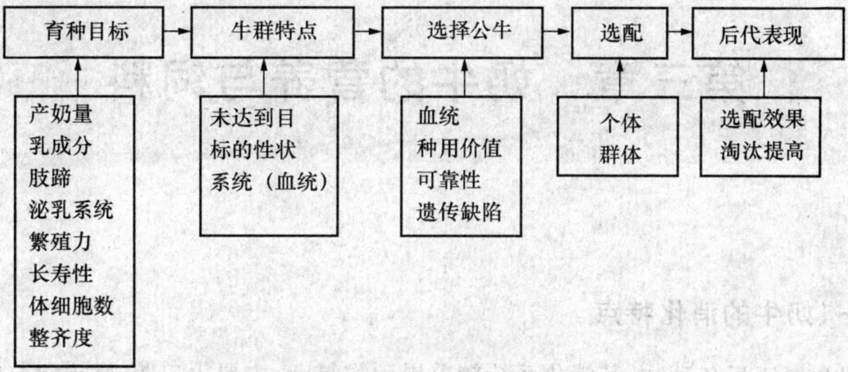


图 2-37　选配基本步骤

# 第三章　奶牛的营养与饲料

## 一、奶牛的消化特点

奶牛属于反刍动物，其消化系统较单胃动物复杂，主要由口腔、食道、胃（瘤胃、网胃、瓣胃和皱胃）、小肠、大肠、肛门和唾液腺、肝脏、胰腺、胆囊及肾脏等器官及附属消化腺组成。

1. 口腔

奶牛口腔中的唇、齿和舌是主要的摄食器官。奶牛没有上切齿，其功能被坚韧的齿板所代替。奶牛舌长灵活，舌面粗糙，适于卷食草料，并配合切齿和齿板的咀嚼动作完成采食过程。奶牛的唇相对来说不很灵活，然而当采食鲜嫩的青草或小颗粒饲料（如谷物、面粉、颗粒饲料等）时，唇就成为重要的摄食器官。奶牛具有发达的唾液腺，其包括腮腺、颌下腺、臼齿腺、舌下腺、颊腺等 5 个成对腺体以及腭腺、咽腺和唇腺等 3 个单一腺体。唾液就是上述腺体所分泌的混合液体，唾液对维持瘤胃内环境和内源性氮的重新利用起着重要作用。为适应消化粗饲料的需要，牛分泌大量富含缓冲盐类的腮腺唾液。成年母牛每日腮腺可分泌唾液 100～200 L，高产奶牛每日分泌唾液可达 250 L。其唾液中不含淀粉酶，但含有大量的碳酸氢盐和磷酸盐，可中和瘤胃发酵产生的有机酸，以维持瘤胃内的酸碱平衡。此外，牛唾液中还含有较高浓度的黏蛋白、尿素、矿物质，可以为瘤胃微生物连续提供易被吸收的营养物质。

2. 食道

食道系自咽部至瘤胃之间的管道，成年奶牛食道长约 1.1 m，草料与唾液在口腔内混合后通过食道进入瘤胃，瘤胃食糜又有规律地通过逆呕经食道回到口腔，经细嚼后再行咽下。

食管沟从贲门起始到重瓣胃止，由两片肌肉褶构成。当肌肉褶关闭时，形成一个管沟，可使饲料直接由食道进入真胃，避开瘤胃发酵。食管沟是犊牛吮吸奶时把奶直接送到皱胃的通道，它可使吮吸的乳中营养物质避开瘤胃发酵，直接进入皱胃和小肠，被机体利用。这种功能随犊牛年龄的增长而减退，到成年时只留下一痕迹，闭合不全。

3. 复胃

奶牛胃为复胃，包括瘤胃、网胃、瓣胃和皱胃4个室。前3个室的黏膜没有腺体分布，相当于单胃的无腺区，总称为前胃。皱胃黏膜内分布有消化腺，机能与单胃相同，所以又称之为真胃。4个胃室的相对容积和机能随牛的年龄变化而发生很大变化。初生犊牛的皱胃约占整个胃容积的80%或以上，前两胃很小，而且结构很不完善，瘤胃黏膜乳头短小而软，微生物区系还未建立，此时瘤胃还没有消化作用，乳汁的消化靠皱胃和小肠。随着日龄的增长，犊牛开始采食部分饲料，瘤胃和网胃迅速发育，瘤胃黏膜乳头也逐渐增长变硬，并建立起较完善的微生物区系，3～6月龄时已能较好地消化植物饲料。而皱胃生长较慢。

(1)瘤胃　奶牛胃的容积很大，成年牛胃总容积为151～227 L，瘤胃最大，占4个胃总容积的80%左右，瘤胃容积可容纳100～120 kg的饲料，占据整个腹部左半侧和右侧下半部。瘤胃是一个左右稍扁，前后伸长的大囊袋，柱状肌肉带将瘤胃分成上、下两部分，即背囊和腹囊。在柱状肌肉强而有力的收缩与松弛作用下，瘤胃进行节律性蠕动。同时，瘤胃黏膜上有许多乳头状突起，尤其是背囊部“黏膜乳头”特别发达，其有助于营养物质的吸收。瘤胃内有大量微生物生长繁殖，是微生物发酵饲料的主要场所，有“发酵罐”之称，食入的纤维类饲料通常在瘤胃滞留20～48 h，并在此消化。瘤胃发酵及嗳气是反刍动物特有的现象。瘤胃内的饲料发酵和唾液流入产生的大量气体，大部分必须通过嗳气排出体外。嗳气是一种反射动作。当瘤胃气体增多、胃壁张力增加时，就兴奋瘤胃背盲囊和贲门括约肌处的牵张感受器，经过迷走神经传到延髓嗳气中枢。中枢兴奋就引起背盲囊收缩，开始瘤胃第二次收缩，由后向前推进，压迫气体移向瘤胃前庭，同时前肉柱与瘤胃、网胃肉褶收缩，阻挡液状食糜前涌，贲门区的液面下降，贲门口舒张，于是气体即被驱入食管。

(2)网胃　位于膈顶后方，由网-瘤胃褶将其与瘤胃隔开。因网胃壁形状似蜂巢，故也称作蜂巢胃。瘤胃与网胃的内容物可自由混杂，功能相似，因而瘤胃与网胃亦合称为瘤网胃。同时，网胃还控制食糜颗粒流出瘤胃，只有当食糜颗粒小于1～2 mm，且密度大于1.2 g/mL时，才能流入瓣胃。网胃占4个胃总容积的5%，其功能如同筛子，将随饲料吃进去的重物如钉子、铁丝等存留其中。

(3)瓣胃　呈圆形，其体积大约为10 L，占4个胃总容积的7%。瓣胃是一个连接瘤网胃与皱胃的过滤器官，其胃黏膜形成10多片瓣叶。其功能是磨碎较大食糜颗粒，进一步发酵纤维素(约20%纤维素在瓣胃发酵)，吸收有机酸、水分及部分矿物质(如钠和磷)。

(4)皱胃　是奶牛等反刍动物的真胃,分为胃底和幽门两部。胃底腺分泌盐酸、胃蛋白酶及凝乳酶,幽门腺分泌黏液及少量胃蛋白酶原。同时,皱胃黏膜折叠成许多纵向皱褶,其有助于防止皱胃内容物流回瓣胃。

4. 肠道

奶牛的肠道包括小肠、大肠、盲肠及直肠。小肠特别发达,成年牛小肠长35～40 m,盲肠为0.75 m,结肠为10～11 m,肠长与体长比例约为27∶1。

小肠是营养物质消化吸收的主要器官。胰腺分泌的胰液由导管进入十二指肠,其中含有的胰蛋白分解酶、胰脂肪酶和胰淀粉酶分解食物中的蛋白质、脂肪和糖,分解产物经小肠黏膜的上皮细胞吸收进入血液或淋巴系统。

由于复胃和肠道长的缘故,食物在牛消化道内存留时间长,一般需7～8 d甚至10 d以上的时间,才能将饲料残余物排尽。因此,牛对食物的消化吸收比较充分。

## 二、奶牛的营养需要

奶牛为了维持生命、生长发育、泌乳和繁衍后代,需要从外界摄取各种营养物质。奶牛的品种不同、生产目的与水平不同,对营养物质的需要量也不同。奶牛对各种营养物质的需要量是由动物营养学家通过大量的科学研究而得出的具有规律性的成果,是合理配制日粮的依据,也是奶生产实践的科学指南。

### (一)干物质采食量

干物质采食量(DMI)是配制奶牛日粮的一个重要指标。预测干物质采食量可以有效防止奶牛营养的过剩或不足,提高营养物的利用率。如果奶牛的营养摄入不足,不仅影响生产水平的发挥,而且也影响奶牛的健康;相反,营养过剩增加饲养成本、影响健康、导致过多的营养物排泄到环境,甚至引起中毒。因此干物质采食量的确定是配制TMR的重中之重,是确定日粮营养浓度的基础。奶牛干物质采食量与奶牛体重、产奶量、泌乳阶段、环境条件、日粮的精粗比例、饲料类型与品质以及粗饲料的质量都有很大关系。高产奶牛一般要比普通牛高40%以上,在高产奶牛盛期,能量往往不能满足其营养需要。在制定TMR时首先必须确定奶牛的干物质采食量。

1. 产奶牛的干物质采食量

我国奶牛饲养标准中,泌乳牛DMI计算公式为:

DMI(kg/d)$=0.062\ W^{0.75}+0.40\ Y$(适用于精粗料比约60∶40日粮)

DMI(kg/d)$=0.062\ W^{0.75}+0.45\ Y$(适用于精粗料比约45∶55日粮)

式中：$W$ 为牛体重，kg；$Y$ 为含脂 4%标准乳量，kg。

卢德勋(2001)对高产奶牛提出如表 3-1 所示的 DMI 方案。

表 3-1　奶牛干物质采食量

| 泌乳阶段 | | DMI 占体重的比例/% |
|---|---|---|
| 泌乳盛期 | 日产乳＞30 kg | 3.0～3.5 |
| | 日产乳＜30 kg | 2.7～3.3 |
| 泌乳中期 | | 3.0～3.2 |
| 泌乳后期 | | 3.0～3.2 |
| 干乳期 | | 1.8～2.2 |
| 围产期 | | 2.0～2.5 |

在 NRC(2001)标准中：产奶荷斯坦母牛干物质采食量的预测公式如下：

$$\mathrm{DMI(kg/d)}=(0.372\times \mathrm{FCM}+0.0968\times \mathrm{BW}^{0.75})\times\{1-e^{[-0.192\times(\mathrm{WOL}+3.67)]}\}$$

式中：FCM 为 4%乳脂率校正乳产量，kg/d；BW 为体重，kg；WOL 为泌乳周龄；$1-e^{[-0.192\times(\mathrm{WOL}+3.67)]}$为调节泌乳早期干物质进食量降低的校正值。

成年泌乳牛体重 680 kg、泌乳早期日产奶 30 kg、乳脂率 3.5%、乳蛋白率 3.0%，日进食干物质量为 14.5 kg，占体重的 2.1%。泌乳中期日产奶 35 kg、乳脂率 3.5%、乳蛋白率 3.0%，日进食干物质量为 23.6 kg，占体重的 3.5%。

Eastridge 等(1998)建议当环境温度超过等热区时，奶牛干物质采食量作如下调整：

当温度超过 20℃时

$$\mathrm{DMI}\times\{1-[(t-20)\times 0.005922]\}$$

而环境温度低于 5℃时

$$\mathrm{DMI}/\{1-[(5-t)\times 0.004644]\}$$

式中：$t$ 为测定日环境温度。

2. 生长母牛的干物质采食量

我国奶牛饲养标准提出的生长母牛干物质采食量的计算公式为：

$$\mathrm{DMI(kg/d)}=0.062\,W^{0.75}(\mathrm{kg})+[1.5296+0.00371\times 体重(\mathrm{kg})]\times 日增重(\mathrm{kg})$$

NRC(2001)提出荷斯坦后备母牛干物质采食量的计算公式：

$$DMI(kg/d)=BW^{0.75}\times(0.2435\times NE_m-0.0466\times NE_m^2-0.1128)/NE_m$$

式中：BW为体重，kg；$NE_m$为维持净能，Mcal/kg*。

生长母牛干物质采食量见表3-2。

表3-2 生长母牛干物质采食量(NRC,2001) kg

| 体重 | 日增重 | 干物质采食量 |
|---|---|---|
| 150 | 0.5～1.1 | 4.1～4.2 |
| 200 | 0.5～1.1 | 5.1～5.2 |
| 250 | 0.5～1.1 | 6.0～6.2 |
| 300 | 0.5～1.1 | 6.9～7.1 |
| 350 | 0.5～1.1 | 7.7～8.0 |

3. 妊娠后期母牛的干物质采食量

我国奶牛饲养标准提出的妊娠后期母牛干物质采食量为：

$$DMI(kg/d)=0.062\,W^{0.75}+(0.790+0.005587\times t)$$

式中：$W$为体重，kg；$t$为妊娠天数，d。

妊娠干奶牛干物质采食量见表3-3。

表3-3 妊娠干奶牛干物质采食量(NRC,2001)

| 妊娠天数/d | 体重/kg | 干物质采食量/kg | 占体重的比例/% |
|---|---|---|---|
| 240 | 730 | 14.4 | 2.00 |
| 270 | 751 | 13.7 | 1.80 |
| 279 | 757 | 10.1 | 1.35 |

4. 乳用种公牛的干物质采食量

我国奶牛饲养标准提出的种公牛的干物质采食量为：DMI(kg/d)＝NND×0.6(NND为奶牛能量单位)

(二)能量

1. 能量的来源和营养作用

奶牛生命的全过程和机体活动，如维持体温、消化吸收、营养物质的代谢，以及

* 1 Mcal/kg＝4.186 MJ/kg

生长、繁殖、泌乳等均需消耗能量才能完成。牛体所需的能量来源于碳水化合物、脂肪和蛋白质三大类营养物质。最重要的能源是从饲料中的碳水化合物(粗纤维、淀粉等)在瘤胃的发酵产物——挥发性脂肪酸中取得的。脂肪的能量虽然比其他养分高两倍以上,但作为饲料中的能源来说并不占主要的地位。蛋白质也可以产生能量,但是从资源的合理利用及经济效益考虑,用蛋白质供能是不适宜的,在配制日粮时尽可能以碳水化合物提供能量是经济的。

泌乳牛能量营养不足时,生产力下降,健康状况恶化,饲料能量的利用率降低(维持比重增大),泌乳高峰迅速消失。在动用体贮备合成乳时,造成物质的分解、再合成过程耗能增大,利用效率下降。生长期牛能量不足,则生长停滞。动物能量营养水平过高对生产和健康同样不利。能量营养过剩,可造成机体能量大量沉积(过肥),繁殖力下降。饲喂奶牛需要量160%能量水平时,血液中酮体含量增加,导致酮血症。高产奶牛产前能量过多,可使产后瘫痪及乳房炎发病率增高。由此不难看出,合理的能量营养水平对提高牛能量利用效率,保证牛的健康,提高生产力具有重要的实践意义。

2. 饲料能量在奶牛体内的转化

饲料能量并不能全部被奶牛所利用,在体内转化过程中有相当一部分被损失掉(图3-1)。

3. 饲料能值的计算

总能(GE,MJ/kg干物质)=(粗蛋白%×5.7+粗脂肪%×9.4+粗纤维%×4.2+无氮浸出物%×4.2)×0.041 84。

消化能(DE,MJ/kg干物质)=GE(MJ/kg干物质)×总能消化率。

消化能(DE,MJ/kg干物质)=(粗蛋白%×5.7×粗蛋白消化率+粗脂肪%×9.4×粗脂肪消化率+粗纤维%×4.2×粗纤维消化率+无氮浸出物%×4.2×无氮浸出物消化率)×0.041 84。

代谢能(ME)=DE×0.82。

产奶净能($NE_1$,MJ/kg干物质)=0.550 1×DE-0.395 8。

4. 能量的需要量

我国奶牛饲养标准(2004)将奶牛能量的需要分为维持、生长、妊娠和泌乳几个部分,统一用产奶净能($NE_1$)表示,并且采用相当于1 kg含脂率为4%的标准乳所含的能量,即3.138 MJ产奶净能作为一个“奶牛能量单位”,缩写为NND,(汉语拼音字首),英文缩写为DCEU(dairy cattle energy unit)。也可用下式表示:

$$NND=\frac{产奶净能(MJ)}{3.138}$$

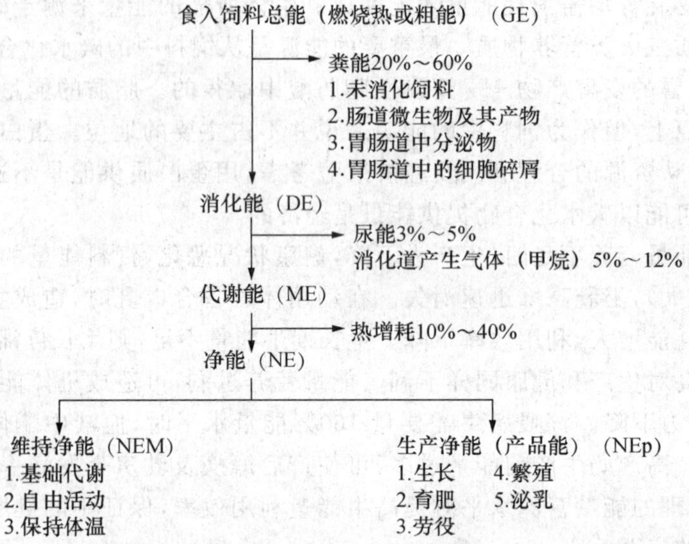


**图 3-1　饲料能量在牛体内的利用与消耗**

饲料产奶净能的测算：产奶净能（MJ/kg 干物质）＝0.550 1×消化能（MJ/kg 干物质）－0.395 8。

(1)成年泌乳奶牛的能量需要

——成年母牛的维持需要

维持能量需要是根据奶牛在一定日粮和环境条件下的热平衡而计算的。该维持需要受奶牛的品种、年龄、性别、生理状况、活动量、前期营养状况、环境温度等多种因素的影响。

在中立温度区拴系饲养条件下，奶牛维持需要（MJ）＝0.293 $W^{0.75}$；对逍遥运动可增加 20%给量，即为 0.356 $W^{0.75}$；由于第一和第二泌乳期奶牛生长尚未停止，因此，第一泌乳期的能量需要应在维持基础上增加 20%，第二泌乳期增加 10%。式中 $W$ 为体重，kg。

奶牛放牧时，能量消耗明显增加。其所增加的能量需要与行走距离、放牧场的地形以及奶牛体重有关，一般奶牛水平行走 1 km，维持产奶净能需要增加 0.001 88 MJ/kg 体重。同时，放牧牛的采食活动所需的产奶净能较舍饲牛高 0.008 37 MJ/kg 体重。如一头 600 kg 的奶牛，在平缓的草场放牧（牧草占全部日粮的 60%），从挤奶厅至放牧场的距离为 0.5 km，每天挤奶 2 次，则每天行走 2 km，其增加的维持需要：

①行走 2 km 的能量需要为

$$2\times 0.00188\times 600=2.26(\text{MJ})$$

②采食活动所需能量为

$$0.00837\times 0.6\times 600=3.01(\text{MJ})$$

两者共计约 5.27 MJ 产奶净能，即维持需要大约增加 12%。

奶牛在丘陵草场放牧，其所消耗的能量较平缓草场多。据英国 ARC(1980)估计，奶牛每走 1 km 垂直高度，每千克体重所需的产奶净能为 0.126 MJ。此外，放牧奶牛维持需要还与草场质量有关。

奶牛的维持能量需要均以适宜环境温度为标准。在低温条件下，体热的损失明显增加。据国内外试验表明，在 18℃基础上平均每下降 1℃，每天牛体产热增加 0.002 5 MJ/$W^{0.75}$，$W$ 为体重，kg。因此在低温条件下应提高维持的能量需要。

——产奶的能量需要

牛奶中各成分(乳脂、乳蛋白及乳糖)的能量含量就是产奶净能的需要量，因此，准确评定牛奶的能量含量是确定产奶净能需要的基础。由于在生产条件下难以对所有奶样进行测热，因此国际上均采用牛奶成分与能量的回归公式进行估计。

每千克牛奶的能量(MJ)＝0.75＋0.388×乳脂率＋0.164×乳蛋白率＋0.055×乳糖率

或　每千克牛奶的能量(kJ)＝1 433.65＋415.30×乳脂率

或　每千克牛奶的能量(kJ)＝249.16×乳总干物质率－166.19

——产奶母牛体重变化和能量需要

当产奶母牛摄入能量不足时，母牛往往动用体内贮存的能量去满足产奶需要，结果体重下降；反之，当摄入能量过多时，多余能量在体内沉积，体重增加。成年母牛每千克增重或减重，相当于净能 25.104 1 MJ。泌乳期间的能量利用效率与产奶相似，因此每增重 1 kg 相当于 8 kg 4%标准奶(25.104/3.138＝8)。减重的产奶利用率为 0.82，故每减重 1 kg 能产生 20.585 MJ 产奶净能(25.104×0.82＝20.585)，即 6.56 kg(20.585/3.138)4%标准奶。

——产奶牛不同生理阶段的能量需要

奶牛能量贮存的优化管理至关重要，体况过肥或过瘦都将影响健康和生产性能。在产后泌乳早期，母牛的食欲和消化机能较差，能量进食不足，日粮干物质进食量的增加速度迟于产奶量，奶牛往往动用体内贮存的能量用以满足产奶的需要，往往在产后的 15 d 内为剧烈减重阶段，在此期间应保持消化机能并注意增加采食量，防止过度减重；而在泌乳后期，则需恢复体况，增加一定体重为下一泌乳期做准备。按胎儿生长发育的实际情况，从妊娠第6个月开始，胎儿能量沉积已明显增加。牛妊娠的能量利用效率很低，每1.00 MJ的妊娠沉积能量约需要4.870 MJ产奶净能，按此计算，妊娠6～9个月时，每天应在维持基础上增加4.184 MJ，7.112 MJ，12.552 MJ和20.92 MJ产奶净能。

(2)生长公、母牛的能量需要　在中立温度区的维持需要(kJ)＝$584.5W^{0.67}$，式中$W$为体重，kg。其生长母牛的增重的能量需要(增重的能量沉积即增重的能量)。

$$\text{增重的能量沉积(MJ)}=\frac{\text{增重(kg)}\times[1.5+0.0045\times\text{体重(kg)}]}{1-0.30\times\text{增重(kg)}}\times 4.184$$

增重所需的产奶净能＝增重的能量沉积×系数

体重150 kg、200 kg、250 kg、300 kg、350 kg、400 kg、450 kg、500 kg和550 kg生长牛的系数分别为1.10、1.20、1.26、1.32、1.37、1.42、1.46、1.49和1.52。

生长公牛的维持能量需要与生长母牛相同。生长公牛增重的能量需要按生长母牛增重能量需要的90%计算。

(3)种公牛的能量需要　种公牛的能量需要(MJ)＝$0.398\ W^{0.75}$，式中$W$为体重，kg。

(三)蛋白质

牛摄入的日粮蛋白质经瘤胃微生物降解的一部分称瘤胃降解蛋白(ruminally degradable protein, RDP)，被降解的部分蛋白质被合成瘤胃微生物蛋白质(MCP)。日粮中未被降解的蛋白质称瘤胃非降解蛋白质(ruminally undegradable protein, UDP)和瘤胃微生物蛋白质一起进入小肠，共同组成小肠蛋白质，被消化、吸收和利用。

1. 蛋白质的营养作用

蛋白质是生命的重要物质基础。它主要由碳、氢、氧、氮4种元素组成，有些蛋白质还含有少量的硫、磷、铁、锌等。蛋白质是三大营养物质中唯一能提供牛体氮素的物质。因此，它的作用是脂肪和碳水化合物所不能代替的。蛋白质是维持正常生命活动，修补和建造机体组织、器官的重要物质，如肌肉、内脏、血液、神经、毛等都是由蛋白质作为结构物质而形成的。由于构成各组织器官的蛋白质种类不同，所以各组织器官具有各自特异性生理功能。蛋白质还是体内多种生物活性物质的组成部分，如牛体内的酶、激素、抗体等都是以蛋白质为原料合成的。蛋白质是形成乳的重要物质。

当日粮中缺乏蛋白质时，育成牛生长缓慢或停止，体重下降。长期缺乏蛋白质，还会发生血红蛋白减少的贫血症；当血液中免疫球蛋白数量不足时，则牛抗病力减弱，发病率增加。蛋白质缺乏可造成奶牛的繁殖机能降低，产奶量下降。反之，过多地供给蛋白质，不仅造成浪费，而且还可能是有害的。蛋白质过多时，繁殖能力下降，其代谢产物的排泄加重了肝、肾的负担，来不及排出的代谢产物可导致中毒。

2. 非蛋白氮的营养作用

除蛋白质外，动植物中还存在许多其他的含氮化合物，这类化合物不是蛋白质，即不是由氨基酸组成的，但它们都含有氮元素，其结构不同，功能各异，统称之为非蛋白氮。非蛋白氮对于奶牛有很重要的营养作用，因此它在奶牛饲料氮中占重要地位。非蛋白氮在植物快速生长期含量很高，约占草原牧草或早期刈割干草总氮的 30%，青贮作物氮的 50%。成熟的籽实及副产品中含量较少。饲料中非蛋白氮除嘌呤、嘧啶（DNA 和 RNA 的组成成分，也是体内某些酶的成分）外，起主要营养作用的是酰胺和氨基酸。饲料中（或人工合成）的非蛋白氮可充分地被瘤胃机能发育完善的奶牛所利用，合成微生物蛋白，满足奶牛蛋白质的部分需要，降低饲养成本。

3. 蛋白质需要量

（1）产奶母牛蛋白质需要量

$$\text{产奶母牛维持的粗蛋白质需要量(g)} = 4.6 \times W^{0.75}$$

$$\text{产奶母牛维持的可消化粗蛋白质需要量(g)} = 3.0 \times W^{0.75}$$

$$\text{维持的小肠可消化粗蛋白质的需要量(g)} = 2.5 \times W^{0.75}$$

式中：$W$ 为体重，kg。

产奶的蛋白质需要量取决于奶中的蛋白质含量。

$$\text{产奶的可消化粗蛋白质需要量} = \frac{\text{牛奶的蛋白质量}}{0.60}$$

$$\text{产奶的小肠可消化粗蛋白质需要量} = \frac{\text{牛奶的蛋白质量}}{0.70}$$

乳蛋白率应根据实测确定。在没有测定的情况下，可根据乳脂率进行推算：

$$\text{乳蛋白率} = (2.36 + 0.24 \times \text{乳脂率}) \times 100\%$$

我国卢德勋报道的不同产奶量泌乳牛日粮蛋白质需要量推荐值和不同泌乳期奶牛日粮蛋白质平衡推荐值见表 3-4 和表 3-5。

表 3-4 不同产奶量泌乳牛日粮蛋白质需要量推荐值

| 项目 | 产奶量/[kg/(d·头)] | | | |
|---|---|---|---|---|
| | 20 | 30 | 40 | 50 |
| 干物质/kg | 14.3 | 18.6 | 22.9 | 27.2 |
| 粗蛋白/% | 16 | 17 | 18 | 19 |
| RDP/% | 10.7 | 11 | 11.3 | 11.4 |
| UDP/% | 5.3 | 6 | 6.7 | 7.6 |

表 3-5 不同泌乳期奶牛日粮蛋白质平衡推荐值

| 项目 | 泌乳初期 | 泌乳中期 | 泌乳后期 |
|---|---|---|---|
| 日粮 CP(%DM) | 17～18 | 16～17 | 15～16 |
| 降解蛋白(RDP,%CP) | 62～66 | 62～66 | 62～66 |
| 非降解蛋白(UDP,%CP) | 34～38 | 34～38 | 34～38 |
| RDP/UDP | 1.82～1.74 | 1.82～1.74 | 1.82～1.74 |

(2)妊娠母牛蛋白质需要量　妊娠母牛的蛋白质需要量，按牛妊娠各阶段子宫和胎儿所沉积的蛋白质量进行计算。可消化粗蛋白用于妊娠的效率为65%，小肠可消化粗蛋白质的效率为75%。在维持的基础上，妊娠的可消化粗蛋白质的需要量：妊娠6个月时为50 g/d，7个月时为84 g/d，8个月时为132 g/d，9个月时为194 g/d；妊娠的小肠可消化粗蛋白质需要量：妊娠6个月时为43 g/d，7个月时为73 g/d，8个月时为115 g/d，9个月时为169 g/d。

检测乳尿素氮。奶牛奶中尿素氮指标(MUN)可以反映出日粮蛋白质和碳水化合物在体内的转化情况。一般认为，奶中尿素氮正常值为120～160 mg/L，超出这个范围则说明奶牛营养状况有待改进。若结合检测日粮的非结构性碳水化合物、中性洗涤纤维、瘤胃降解蛋白和过瘤胃蛋白平衡状况，则更能说明问题。

(3)生长牛的蛋白质需要量　维持的可消化粗蛋白质需要量：体重200 kg以下为$2.3\,W^{0.75}$(单位：g)，200 kg以上为$3\,W^{0.75}$(单位：g)。小肠可消化粗蛋白质的需要量：200 kg体重以下为$2.2\times W^{0.75}$(单位：g)。上述中$W$为体重，kg。

生长牛增重的蛋白质需要量取决于体蛋白质的沉积量。

$$\text{增重的蛋白质沉积(g/d)}=\Delta W(170.22-0.1731\,W+0.00017\,W^2)\times(1.12-0.1258\Delta W)$$

式中：$\Delta W$ 为日增重，kg；$W$ 为体重，kg。

生长牛日粮可消化粗蛋白用于体蛋白质沉积的利用效率，采用 55%，但幼龄时效率较高，体重 40～60 kg 可用 70%，70～90 kg 可用 65%。生长牛日粮小肠可消化粗蛋白质的利用效率为 60%。

增重的蛋白质需要量＝增重的蛋白质沉积/蛋白质利用效率

(4)种公牛粗蛋白质需要量

$$粗蛋白质需要量(g)=6.15\ W^{0.75}$$

$$可消化粗蛋白质的需要量(g)=4.0\ W^{0.75}$$

$$小肠可消化粗蛋白质的需要量(g)=3.3\ W^{0.75}$$

式中：$W$ 为体重，kg。

(四)粗纤维

1. 粗纤维的含义

对日粮纤维的定义常见的有两种方法：一种是生理学方法，把日粮纤维看成是一种不被动物消化酶所消化的日粮组成成分；另一种是化学方法，把日粮纤维看成是一种非淀粉多糖(NSP)和木质素的总和。Van Soest(1967)提出的洗涤纤维分析方法，是用中性洗涤纤维(NDF)、酸性洗涤纤维(ADF)和酸性洗涤木质素(ADL)作为测定饲料纤维性物质的指标。通过 NDF 可以知道饲料中总的纤维含量，它是预测粗饲料采食量的最好指标，而 ADF 含量多少与粗饲料消化率密切相关。卢德勋(1998)认为日粮纤维的定义应包括三层含义：①日粮纤维是日粮内一种具有特殊营养生理作用的复合成分，而不是一种化学组成相当一致的饲料或日粮成分；日粮内组成纤维的单个成分的营养作用并不等于日粮纤维的整体营养生理作用。②日粮纤维组成应包括结构性和非结构性成分两部分。③日粮纤维的分析方法应以全面反映日粮纤维定义的上述两层含义为原则，并具有操作简便、易行、重复性强的特点。

近年来，国外在奶牛营养中提出了有效中性洗涤纤维(effective NDF，eNDF)和物理有效中性洗涤纤维(physically effective NDF，peNDF)。eNDF 是指有效维持乳脂率稳定总能力的饲料特性；peNDF 是指纤维的物理性质(主要是碎片大小)刺激奶牛咀嚼活动和建立瘤胃内容物两相分层的能力。饲料的 peNDF＝NDF 含量×pef(physical effectiveness factor，物理有效因子)，pef 的范围从 0(NDF 不能刺激咀嚼活动)到 1(NDF 刺激最大咀嚼活动)。Mertens(1997)试验得出了不同饲料的 pef 值。禾本科干草，长草为 1、适中或粗切碎为 0.80～0.95、粉碎或制粒为0.40;禾本科牧草青贮,适中或粗切碎为0.85～0.95;玉米青贮,适中或粗切碎为0.85～0.90;苜蓿干草,长草为0.95、适中或粗切碎为0.70～0.90、粉碎或制粒为0.40;苜蓿青贮,适中或粗切碎为0.70～0.85;混合料,粉料为0.40,颗粒料为0.30。

2. 纤维的需要量

粗纤维(CF)在瘤胃中降解速度较慢,高粗纤维日粮的采食量和消化率降低。如果日粮中纤维物质不足,奶牛表现为咀嚼和反刍时间缩短,唾液分泌减少。高精料日粮还可导致瘤胃发酵速度加快,瘤胃pH下降。当瘤胃pH下降至6.0～6.2及以下时,瘤胃微生物对日粮纤维性物质的降解能力减弱,进而导致酸中毒,引起乳脂率下降。粗纤维量过高则达不到所需的能量浓度。因此,为保证奶牛正常的瘤胃发酵,提高产奶量和防止乳脂率下降,奶牛日粮中必须保证适量的粗纤维。

奶牛日粮需要一定量的中性洗涤纤维NDF,以维持正常的瘤胃发酵,保证奶牛的健康和乳脂率的稳定。奶牛日粮最低中性洗涤纤维含量与下列因素有关:奶牛的体况、生产水平、日粮结构、加工工艺、日粮中饲料纤维长度、总干物质采食量、饲料的缓冲能力以及饲喂次数等。在以苜蓿或玉米青贮作为主要粗饲料,玉米作为主要淀粉源的日粮,中性洗涤纤维含量至少占日粮干物质的25%,其中19%的中性洗涤纤维必须来自粗饲料。当来自于粗饲料的中性洗涤纤维含量低于19%时,每降低1%,日粮中的最低中性洗涤纤维含量需相应提高2%(表3-6)。如若日粮的粗蛋白和粗脂肪含量较低,还需进一步提高中性洗涤纤维含量。

**表3-6 奶牛泌乳期全混合日粮中NDF含量的最低要求及NFC的最高限量(以干物质为基础)** %

| 粗饲料最低NDF含量 | 日粮最低NDF含量 | 日粮最低ADF含量 | 日粮NFC最高限量 |
| --- | --- | --- | --- |
| 19 | 25 | 17 | 44 |
| 18 | 27 | 18 | 42 |
| 17 | 29 | 19 | 40 |
| 16 | 31 | 20 | 38 |
| 15 | 33 | 21 | 36 |

注:NDF为中性洗涤纤维;ADF为酸性洗涤纤维;NFC为无纤维性碳水化合物。

我国奶牛饲养标准(2004)中规定,奶牛日粮粗纤维含量以17%为宜,下限不低于日粮干物质的13%,NDF应不低于25%。NRC(2001)提出高产奶牛日粮中性洗涤纤维 NDF、ADF 和 NFC(非纤维性碳水化合物)各泌乳阶段的需要量见表 3-7。

表 3-7 奶牛日粮中 NDF、ADF 及 NFC 含量(日粮 DM,%)

| 项目 | ADF | NDF | NFC |
|---|---|---|---|
| 泌乳前期(产后 80 d) | 19 | 28 | 37 |
| 泌乳中期(产后 80～200 d) | 21 | 32 | 37 |
| 泌乳后期(产后 200 d 以后) | 24 | 36 | 34 |
| 干乳前期 | 35 | 50 | 30 |
| 过渡期 | 30 | 45 | 32 |

注:NFC＝100－(％NDF＋％CP＋％EE＋％Ash)

对于育成牛应使用高 NDF 日粮,体重小于 180 kg,日粮 NDF 含量占日粮 DM 的 34％;体重 180～360 kg 时,占 42％;361～540 kg 时,占 50％。

我国卢德勋研究员提出的奶牛各阶段 ADF、NDF 和 NFC 需要量见表 3-8。

表 3-8 奶牛各阶段 ADF、NDF 和 NFC 需要量(日粮 DM,%)

| 成分 | 干奶期 | 围产期 | 泌乳盛期 | | 泌乳中期 | 泌乳后期 |
|---|---|---|---|---|---|---|
| | | | ＞30 kg | ＜30 kg | | |
| ADF | 30 | 25 | 19 | 20 | 25 | 25 |
| NDF | 40 | 32 | 28 | 30 | 33 | 33 |
| NFC | 30 | 35 | 38 | 35 | 33 | 33 |

(五)矿物质

奶牛所必需的矿物质元素有 20 多种。这些元素依其在体内的含量分为常量元素和微量元素二类。常量元素指在动物体内含量大于 0.01％的元素,属于这类的有钙、磷、钠、氯、钾、镁、硫;微量元素指含量小于 0.01％的矿物质元素,属于此类的有铁、铜、钴、锌、锰、硒、钼、氟等。

1. 钙和磷需要量

奶牛每天从奶中排出大量钙、磷。由于钙、磷含量不足,钙、磷利用率过低而造成奶牛缺钙、磷的现象比较常见,是奶牛饲养的一个重要问题。

产奶母牛每天钙的维持需要量为每 100 kg 体重 6 g,产奶需要为每千克标准乳 4.5 g。生长奶牛的钙维持需要量为每 100 kg 体重 6 g,增重需要为每千克增重 20 g。

产奶母牛每天磷的维持需要量为每 100 kg 体重 4.5 g,产奶需要为每千克标准乳 3 g。生长奶牛的磷维持需要量为每 100 kg 体重 5 g，增重需要为每千克增重 10 g。

钙、磷比例以(2～3)：1 为宜。

2. 钠和氯的需要量

食盐用来满足钠和氯的需要。产奶母牛食盐的维持需要量为每 100 kg 体重 3 g，每产 1 kg 4%标准乳为 1.2 g。NRC 建议的食盐的最大耐受量对于泌乳奶牛不超过总干物质进食量的 4%，对于非泌乳奶牛不超过总干物质进食量的 9%。一般情况下，食盐可占日粮干物质的 0.5%～1.5%。牛饲喂青贮饲料时，需食盐量比饲喂干草时多；饲喂高粗料日粮时要比饲喂高精料日粮时多；饲喂青绿多汁饲料时要比喂枯老饲料时多。

3. 钾、镁、硫的需要量

泌乳牛钾的需要量占日粮的 0.9%，育成牛钾的需要量占日粮 0.65%。一般奶牛日粮中不用补充钾。夏季给牛补充钾，可缓解热应激对牛的影响。高钾日粮会影响镁和钠的吸收。

饲喂大量干草或精料的产奶牛的推荐量为日粮的 0.20%。在易发生低血镁抽搐症的情况下或泌乳早期的高产奶牛，推荐的镁水平为日粮的 0.25%～0.30%。为防止乳脂下降，在高精料日粮中加入 0.8%的氧化镁，除偶尔引起腹泻外没发现其他明显的不利影响，此日粮中的总镁含量可能已达到 0.61%。哺乳犊牛日粮中镁的推荐量为占日粮的 0.07%，育成牛镁的需要量占日粮的 0.16%

泌乳牛硫的需要量占日粮的 0.2%，育成牛硫的需要量占日粮的 0.16%。一般奶牛日粮中不用补充硫。但奶牛日粮中添加尿素时，易发生缺硫。缺硫能影响牛对粗纤维的消化率，降低氮的利用率。用尿素作为蛋白补充料时，一般认为日粮中氮和硫之比为 15：1 为宜，例如每补 100 g 尿素加 3 g 硫酸钠。

4. 微量元素

铁、铜、钴这 3 种元素都和牛体的造血机能有密切关系。

铁是血红蛋白的重要组成成分。铁作为许多酶的组成成分，参与细胞内生物氧化过程。长期喂奶的犊牛常出现缺铁，发生低色素性小红细胞性贫血(血红蛋白过少及红细胞压积降低)，皮肤和黏膜苍白，食欲减退，生长缓慢，体重下降，舌乳头萎缩。

铜是形成血红蛋白的催化剂，是许多酶的组成成分或激活剂，参与细胞内氧化磷酸化的能量转化过程。牛缺铜产奶量下降，胚胎早期死亡，胎衣不下，空怀增多；公牛性欲减退，精子活力下降。牛对铜的最大耐受量为每千克日粮 70～100 mg，长期用高铜日粮喂牛对健康和生产性能不利，甚至引起中毒。

钴的主要作用是作为维生素 $B_{12}$ 的成分，是一种抗贫血因子。牛瘤胃中微生物可利用饲料中提供的钴合成维生素 $B_{12}$。钴还与蛋白质、碳水化合物代谢有关，参与丙酸和糖原异生作用。牛缺钴表现为食欲丧失，贫血，幼牛生长缓慢，生产力下降，受胎率显著降低。缺钴的牛往往血铜降低，同时补充铜钴制剂，可显著提高受胎率。

锌是牛体内多种酶的组成成分，直接参与牛体蛋白质、核酸、碳水化合物的代谢。锌还是一些激素的必需成分或激活剂。锌可以控制上皮细胞角化过程和修复过程，并可调节机体内的免疫机能，增强机体的抵抗力。日粮中缺锌时，牛食欲减退，消化功能紊乱，异嗜，创伤难愈合，皮肤增厚，有痂皮和皲裂，产奶量下降，生长缓慢，繁殖力受损害。

锰是许多参与碳水化合物、脂肪、蛋白质代谢酶的辅助因子。参与骨骼的形成，维持牛正常的繁殖机能。缺锰牛生长缓慢、被毛干燥或色素减退。犊牛出现骨变形和跛行、运动共济失调。缺锰导致公、母牛生殖机能退化，母牛不发育或发情不正常，受胎延迟，早产或流产；公牛发生睾丸萎缩，精子生成不正常，精子活力下降，受精能力降低。

碘是牛体内合成甲状腺素的原料，在基础代谢、生长发育、繁殖等方面有重要作用。日粮中缺碘时，牛甲状腺增生肥大。幼牛生长迟缓，骨骼短小成侏儒型。母牛缺碘可导致胎儿发育受阻，早期胚胎死亡，流产，胎衣不下。公牛性欲减退，精液品质低劣。泌乳牛缺碘时，产奶量下降。

硒是谷胱甘肽过氧化物酶的组成成分，能把过氧化脂类还原，保证生物膜的完整性。硒能刺激牛体内免疫球蛋白的产生，增强机体的免疫功能。缺硒地区的牛常发生白肌病，运动共济失调。幼牛生长迟缓，持续性腹泻。缺硒导致牛的繁殖机能障碍，胎盘滞留、死胎、胎儿发育不良等。公牛缺硒，精液品质下降。补硒的同时补充维生素 E 对改善牛的繁殖机能比单补任何一种效果更好。

表 3-9 和表 3-10 列出了奶牛日粮中微量元素需要量。

**表 3-9 奶牛日粮中微量元素需要量(NRC,2001)** mg/kg

| 项目 | Fe | Cu | Co | I | Zn | Mn | Se |
|---|---|---|---|---|---|---|---|
| 生长牛(6～18 月龄) | 43～13 | 10～9 | 0.11 | 0.27～0.3 | 32～18 | 22～14 | 0.3 |
| 青年母牛 | 26 | 16 | 0.11 | 0.40 | 30 | 22 | 0.3 |
| 泌乳牛 | 12.3～18 | 11 | 0.11 | 0.4～0.6 | 43～55 | 13～14 | 0.3 |
| 干奶牛 | 13～18 | 12～18 | 0.11 | 0.4～0.5 | 21～30 | 16～24 | 0.3 |

表 3-10 我国乳牛日粮中矿物质元素适宜水平(卢德勋,2006)

| 矿物质元素 | 泌乳初期 | 泌乳中期 | 泌乳后期 |
|---|---|---|---|
| 常量元素 | | (占日粮%) | |
| Ca | 0.81～0.91 | 0.77～0.87 | 0.70～0.80 |
| P | 0.46～0.52 | 0.44～0.50 | 0.40～0.46 |
| Mg | 0.28～0.34 | 0.25～0.31 | 0.22～0.28 |
| K | 1.20～1.50 | 1.20～1.50 | 1.20～1.50 |
| S | 0.23～0.24 | 0.21～0.23 | 0.20～0.21 |
| Na | 0.20～0.25 | 0.20～0.25 | 0.20～0.25 |
| Cl | 0.25～0.30 | 0.25～0.30 | 0.25～0.30 |
| 微量元素 | | (mg/kg 日粮) | |
| Mn | 44 | 44 | 44 |
| Cu | 11～25 | 11～25 | 11～25 |
| Zn | 70～80 | 70～80 | 70～80 |
| Fe | 100 | 100 | 100 |
| Se | 0.30 | 0.30 | 0.30 |
| Co | 0.20 | 0.20 | 0.20 |
| I | 0.50 | 0.50 | 0.50 |

(六)维生素

1. 维生素A需要量

乳用生长牛每日每 100 kg 体重胡萝卜素需要量为 10.6 mg(或 4 240 IU 维生素 A),妊娠和泌乳牛为 19 mg 胡萝卜素(或 7 600 IU 维生素 A)。每产 1 kg 含脂 4%的标准乳需要 1 930 IU 维生素 A。

在特殊条件下,需要提高维生素 A 的添加量,其包括:

(1)质量低劣的饲草日粮(瘤胃破坏严重以及 β-胡萝卜素含量低)。

(2)日粮含有较大量的玉米青贮和较少量的牧草(β-胡萝卜素含量少,生物学效价低)。

(3)接触病原体机会增加时(免疫系统需要量增加)。

(4)免疫力降低时(如围产前期)。

2. 维生素D需要量

乳用犊牛、生长牛每 100 kg 体重需 660 IU 维生素 D。泌乳及怀孕母牛按每

100 kg 体重需要 3 000 IU 维生素 D 供给。每产 1 kg 含脂 4%的标准乳需要 1 930 IU 维生素 D。

血液中磷的浓度降低(即使血浆中钙的水平正常或更高)也能促进 1,25-二羟基维生素 D 的产生,当血液磷浓度高于正常值时,又抑制了 1,25-二羟基维生素 D 的形成,这也是导致围产期奶牛乳热症的一个因素。

关于奶牛对维生素 D 需要量的研究报道很少,目前认为当奶牛采食以晒制干草为主的日粮以及奶牛能够接触到足够的阳光时,日粮通常不需补充维生素 D。但对于舍饲的奶牛 NRC 建议按每千克体重补充 30 IU 维生素 D。

3. 维生素 E 需要量

正常饲料中不缺乏维生素 E。犊牛日粮中需要量为每千克干物质含 25 IU,成年牛为 15～16 IU。

维生素 E 的生理功能主要是抗氧化作用,保护细胞膜尤其是亚细胞膜的完整性,增强细胞和体液的免疫反应。有试验报道,在围产前期给奶牛每天补充 1 000～3 000 IU 维生素 E,可显著提高嗜中性粒细胞和巨噬细胞的功能。同时,有试验表明,在临产前 2 周,每天给奶牛补充 4 000 IU 维生素 E,产后临床乳腺炎降低了 80%,乳腺的感染率下降 60%。

新鲜牧草维生素 E 含量丰富,如青苜蓿含 $\alpha$-生育酚 42～53 mg/kg,而籽实及饼粕饲料含量较低。同时,饲料中的 $\alpha$-生育酚和 $\alpha$-生育三烯酚极易氧化,紫外线、碱、重金属盐、微生物侵袭、高水分、机械、压力和贮藏期中的酶作用等均可降低其活性。

由于影响维生素 E 需要的因素较多,在实践生产中,可根据下列情况调整维生素 E 的添加量:

(1)饲喂新鲜牧草时,减少维生素 E 的添加量。当新鲜牧草占日粮干物质 50%时,维生素 E 的添加量,较饲喂同等数量贮存饲草的低 67%。

(2)当饲喂低质饲草日粮时,维生素 E 的添加量需要提高。NRC(2001)所列的维生素 E 的添加量,是基于日粮中含有 50%～60%的饲草(泌乳牛)和 60%～80%的饲草(妊娠后期)。

(3)当日粮中硒的含量较低时,需要添加更多的维生素 E。

(4)由于初乳中 $\alpha$-生育酚含量较高(3.6 $\mu$g/mL),故在初乳期,需提高维生素 E 的添加水平。

(5)免疫力抑制期(如围产前期),提高维生素 E 添加水平。

(6)当饲料中存在较多的不饱和脂肪酸及亚硝酸盐时,需提高维生素 E 的添加水平。

(7)大量补充维生素 E(每天大于 1 000 IU),有助于降低牛奶中氧化气味的发生率。

(七)水

对奶牛来说,水是最为重要的物质。维持体液和正常的离子平衡,营养物质的消化、吸收和代谢,代谢产物的排出和体热的散发,营养物质的输送,以及为发育中的胎儿提供流体环境等都需要水。饲养实践证明,牛体缺水,不仅健康受损,生长迟缓,产奶量下降,而且会遭受经济损失。因此,在饲养中必须保证充足的清洁饮水。

奶牛需要的水来源于饮水、饲料中的水以及体内有机物的代谢水,其中以饮水最为重要,泌乳牛大约有 83%(范围为 70%~97%)的水是通过饮水方式获取的,通常所说的摄水量是指自由饮水量和饲料中的水之和。奶牛的饮水量受产奶量、干物质进食量、气候条件、日粮组成、水的品质以及奶牛的生理状态等的影响。

通常奶牛的需水量多按下列公式计算:DMI×5.6 或日产奶量×(4~5)。泌乳牛每天的自由饮水量(free water intake,FWI)可通过以下等式进行预测:

FWI(kg/d)=14.3+1.28×产奶量(kg/d)+0.32×日粮 DM%;

或 FWI(kg/d)=15.99+1.58×DMI(kg/d)+0.90×产奶量(kg/d)+0.05×Na 采食量(g/d)+1.20×最低温度(℃)。

## 三、奶牛常用饲料和饲料添加剂

饲料是饲养奶牛最基本的物质基础,不同种类饲料的养分组成和营养价值各不相同,根据国际饲料分类原则,奶牛的饲料可以分为青绿饲料、青贮饲料、粗饲料、能量饲料、蛋白质饲料、矿物质饲料、维生素饲料和饲料添加剂 8 类;按生产应用的习惯可分为粗饲料、精饲料、糟渣类饲料、多汁饲料、矿物质饲料、添加剂饲料和特殊类饲料等;按饲料的物理化学性状可分为粗饲料、青饲料、精饲料和添加剂饲料。养殖过程中,最常用的奶牛饲料是粗饲料、精饲料及其配合饲料。

(一)粗饲料

粗饲料,是指干物质中粗纤维含量≥18%,单位饲料体积大而能量价值低的饲料。常见的有青贮类饲料(玉米青贮、苜蓿青贮等)、干草类饲料(苜蓿、羊草、玉米秸秆、燕麦等)、青绿饲料(鲜苜蓿、青草等)、农副产品类(荚、壳等)、糟渣类等。饲喂粗饲料在给奶牛提供能量、蛋白等营养物质的同时,刺激牛瘤胃反刍,促进胃肠蠕动和奶牛健康,并且可降低饲料成本,充分利用饲料资源。

1. 青贮饲料

青贮饲料是将含水率为65%～75%(半干青贮含水率为45%～65%)的青刈饲料作物、牧草、新鲜的全株青贮玉米或收获籽实后的玉米秸等青绿多汁饲料经切碎后，在密闭青贮设施(窖、塔、袋等)中，通过厌氧乳酸菌的发酵作用，抑制各种杂菌的繁殖，而得到的一种青绿多汁的粗饲料。青贮饲料是奶牛的理想粗饲料，已成为日粮中不可缺少的部分，具有保存的营养物质高、占地面积小、不易发生火灾、制作简便、成本低廉等特点。在密封状态下可长年保存，以解决冬春季青饲料短缺问题。青贮饲料的制作和取用如图3-2所示。

**图3-2　青贮饲料的制作和取用**

(1)营养物质损失率低　一般青绿饲料在经过晒制之后，营养价值可降低30%以上，但青贮过程完全处于厌氧环境，物质的氧化分解作用微弱，养分损失仅为10%左右，可保存绝大部分营养，特别是蛋白质和胡萝卜素的保存远远优于其他保存方法。

(2)适口性好，消化率高　青贮饲料含水量高，柔软多汁，并且在青贮过程中会产生大量乳酸和芳香物质，使青贮饲料具有弱酸香味和酒香味，提高了奶牛采食率(图3-3)。

(3)可全年均衡供应　青饲料的供应受季节影响很大，在青草匮乏的冬春季节很难给奶牛提供足够的青绿饲料，而夏秋季节丰富的青绿饲料老化快、直接保存时间极短。而青贮饲料一旦做成即可长期保存，可解决青绿饲料的季节性供应问题，做到营养物质的全年均衡供应。

(4)可净化饲料，保护环境　在青贮的密封厌氧环境中，能杀死青饲料中的病菌、虫卵等，从而减少青绿饲料直接饲喂对奶牛及牛奶品质的危害。另外，秸秆青贮可缓解部分秸秆焚烧的问题，变废为宝，减少污染。

图 3-3　青贮饲料的饲喂

2. 干草饲料

干草饲料(图 3-4)是将牧草及饲料作物适时刈割,经过自然或人工干燥脱水,使鲜草水分从 60%～85%降至 15%～20%,使其变成可以长期保存、不易变质的干燥饲草,并保持一定的青绿颜色,以供牛羊等草食动物采食。

图 3-4　苜蓿干草

干草具有营养好、易消化、便于大量贮存等特点,是畜牧食草动物的必备贮备饲料,是奶牛日粮中不可缺少的饲料。优质干草颜色青黄,叶量丰富,质地较柔软,适口性好,营养丰富。干草中蛋白质含量较高,胡萝卜素、维生素 D、维生素 E 及矿物质丰富,有机物质消化率高达 46%～79%。粗蛋白质含量禾本科干草为 7%～13%,豆科干草为 10%～21%;粗纤维含量高,一般为 22%～23%;无氮浸出物含量为 40%～50%。

干草不仅是一种必备饲料,而且还是一种贮备形式。干制青饲料的目的与青贮相同,主要是为了保存青饲料的营养成分,便于随时取用,缓解枯草季节青饲料的不足。将干草与多汁饲料配合饲喂奶牛,可增加干物质和粗纤维的采食量,从而保证产奶量和乳脂率。

(1)干草分类

①按照饲草品种的植物学分类,可将干草分为禾本科、豆科、菊科、莎草科、十字花科等。表 3-11 是常见部分干草的特点。

**表 3-11 常见部分干草的特点**

| 干草类别 | 干草来源 | 特点 |
|---|---|---|
| 豆科干草 | 苜蓿、沙打旺、三叶草、草木樨、大豆等 | 蛋白质、钙和胡萝卜素等营养价值较高 |
| 禾本科饲用干草 | 羊草、披碱草、冰草、黑麦草、五芒雀麦、苏丹草等 | 来源广、数量大、适口性好 |
| 禾本科谷类干草 | 青玉米秸、青大麦秸、燕麦秸、谷子秸等 | 含粗纤维较多,是农区草食家畜的主要饲草 |
| 其他干草 | 根茎瓜类的茎叶、蔬菜及野草、野菜等 | 少量饲喂,适合养殖数量少的农户 |

②根据调制干草所用的鲜草栽培方式和来源,可将干草分为单一品种干草、混播草地干草和野生干草。

③根据调制干草时的干燥方法,可将干草分为晒制干草和烘干干草两类,这种分类方法可提示消费者所购干草的质量。一般而言,烘干干草质量优于晒制干草,是进一步加工草粉、草颗粒、草块的原料。

(2)奶牛常用干草 奶牛常用干草包括苜蓿、羊草、玉米秸秆、燕麦、稻草、麦秸等。

①苜蓿。苜蓿产草量高,适口性好,营养价值列牧草之首,所以又称为“牧草之王”。它不仅含有丰富的蛋白质、矿物质和维生素等重要的营养成分,而且含有动物所需的必需氨基酸、微量元素和未知生长因子。用紫花苜蓿喂奶牛,不但可以提高产奶量,还可以提高奶牛健康水平,减少生殖疾病和消化疾病,可以延长奶牛利用年限。

②羊草。羊草干草的叶量多、营养丰富、适口性好。羊草干物质中胡萝卜素含量为 49.5～85.87 mg/kg,可提高奶牛干物质的采食量及奶牛日粮粗蛋白水平,同时还可改善日粮纤维结构和提高乳脂率。

③燕麦。燕麦是我国北方高寒地区的主要饲料来源之一。燕麦含糖量高,适口性好,植株高大,茎细,叶量较多。粗蛋白、粗纤维含量中等,无氮浸出物丰富,同其他植物纤维来源相比,燕麦干草的中性洗涤纤维的含量更低,并且比其他含更高

中性洗涤纤维的干草更为适口。

④玉米秸。玉米秸粗蛋白质含量为6%左右；粗纤维为25%左右；同一株玉米秸的营养价值，上部比下部高，叶片较茎秆高；玉米穗苞叶和玉米芯营养价值很低。

⑤麦秸。该类饲料不经处理，对奶牛没有太多的营养价值。能量低，消化率低，适口性差，是质量较差的粗饲料。

⑥稻草。我国南方地区主要的粗饲料来源，营养低于玉米秸、谷草，但优于小麦秸。

⑦谷草。质地柔软、营养价值较麦秸、稻草高。在禾本科秸秆中，谷草品质最好。

⑧豆秸。大豆秸消化率极低，对牛营养价值不大。在豆秸中，蚕豆秸和豌豆秸品质较好。由于豆秸质地坚硬，应粉碎后饲喂，以保证充分利用。

3. 青绿饲料

青绿饲料指含水量60%以上的青绿多汁的植物性饲料。粗蛋白质较丰富，对奶牛的生长、繁殖和泌乳有良好的促进作用，并含有丰富的维生素，具有轻泻、保健作用。

图 3-5 禾本科栽培牧草

(1)青绿饲料种类 青绿饲料主要有天然牧草(图 3-5)、栽培牧草、叶菜类饲料、水生饲料等，表 3-12 给出了部分青绿饲料的名称和特点。

表 3-12 青绿饲料种类

| 青绿饲料 | 举例 | 特点 |
|---|---|---|
| 天然牧草 | 禾本科、豆科、菊科、莎草科等 | 天然牧草的利用多是在牧草生长旺盛时期，青割或晒制青干草 |
| 栽培牧草 | 苜蓿、三叶草、草木樨、紫芸英和青玉米、苏丹草、象草、燕麦、大麦等 | 粗纤维含量较低，可溶性碳水化合物含量高，适口性较好 |
| 叶菜类饲料 | 白菜、油菜、菠菜、甜菜叶、甘薯藤、胡萝卜等 | 含水量较多(80%～90%)。含有硝酸盐，在堆贮或蒸煮过程中被还原为亚硝酸盐，易引起牛中毒，甚至死亡。故饲喂量不宜过多 |
| 水生饲料 | 水浮莲、水葫芦、水花生和红萍等 | 水生饲料要洗净并晾干表面的水分后再饲喂。将水生饲料打浆后拌料喂给奶牛效果也很好 |

(2)青绿饲料的主要营养特点

①蛋白质含量丰富。青绿饲料中的蛋白质含量占干物质的10%～20%，比禾本科籽实中蛋白质含量高。并且含有大量的酰胺，对奶牛的生长、繁殖和泌乳有良好的促进作用。

②维生素和矿物质含量较高。B族维生素、维生素C、维生素E、维生素K的含量较高，胡萝卜素含量达到50～80 mg/kg。矿物质中钙、钾、磷含量丰富，特别是豆科牧草，钙的含量更高。还含有铁、锰、铜、锌等必需微量元素。

③青绿饲料适口性好。青绿饲料质地松软，消化率高，适口性好，能刺激奶牛的采食量，提高日粮利用率。此外，青绿饲料还是奶牛摄取水分的主要途径之一。

(3)青绿饲料的缺点　新鲜青绿饲料具有含水量高，体积大，奶牛采食量有限；生产受季节约束，供应不稳定；使用不当会造成家畜死亡和生产性能下降等缺点。因此，多数情况下会将青绿饲料制作成青贮饲料，既保存其营养成分，又获得较均衡的供应，保证奶牛生产性能不受或少受饲料供应影响。

4. 农副产品饲料

农副产品类饲料(图3-6)包括谷类皮壳、棉籽壳、豆荚、糠麸等。

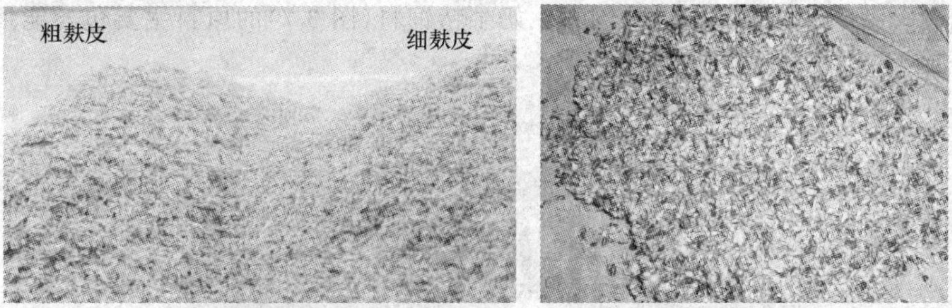


a.糠麸　　b.棉籽壳

**图3-6　农副产品饲料**

(1)谷类皮壳　在谷类作物种子脱粒或清理种子时的荚皮、外皮等，包括小麦壳、大麦壳、高粱壳、稻壳、谷壳等。营养价值略高于同一作物的秸秆。其中，稻壳的营养价值最差。

(2)棉籽壳　粗蛋白含量4%～4.3%，粗纤维41%～50%，消化能8.66 MJ/kg，无氮浸出物34%～43%。棉籽壳虽然含棉酚，但对成年牛影响不大。需要注意的是，在奶牛日粮中要有1～2周的适应期，且喂后需要供给足够的饮水。

(3)豆荚　含粗蛋白5%～10%，无氮浸出物42%～50%，适于喂牛。大豆皮(大豆的种皮)消化率高，对于奶牛其营养价值相当于玉米等谷物。

（4）糠麸　谷实类饲料的加工副产品，主要包括麸皮和稻糠等。其特点是能量较低，其他各种营养成分含量均较其原料高。

①麸皮，包括小麦麸和大麦麸等。其营养价值因麦类品种和出粉率的高低而变化。粗纤维含量较高，属于低能饲料。具有轻泻作用，质地蓬松，适口性较好，母牛产后喂以适量的麦麸粥，可以调养消化道的机能。大麦麸优于小麦麸。

②米糠，含壳量多少对其影响较大，粗脂肪含量高，易发生酸败。为使米糠便于保存，可经脱脂制成米糠饼。

5. 糟渣类饲料

糟渣类饲料是酿造、淀粉及豆腐加工行业的副产品，如豆腐渣、酱油渣及粉渣等。其主要特点是水分含量高（70%～90%），干物质中蛋白质含量为25%～33%，B族维生素丰富，还含有维生素$B_{12}$及一些有利于动物生长的未知生长因子。这类饲料水分含量高，一般不宜存放过久，否则极易被霉菌及腐败菌污染变质。

（二）精饲料

精饲料是指为补充草食动物的营养，将多种饲料原料和饲料添加剂按照一定比例配制的饲料，是一种容积小、易消化、可利用养分含量高、干物质中粗纤维含量小于18%（CF/DM<18%）的饲料。奶牛精饲料（图3-7）的原料主要包含能量饲料、蛋白质饲料、矿物质饲料等。

图3-7　奶牛精饲料

1. 能量饲料

能量饲料指干物质粗蛋白质含量低于20%的精饲料。常见的能量饲料包括谷实类（玉米、麦类）、糠麸类（小麦麸等）、淀粉质块根、块茎、果类饲料等。谷实类植物的籽实含大量的碳水化合物，是奶牛日粮的主要成分，包括玉米、高粱、大麦和小麦等。

2. 蛋白质饲料

蛋白质饲料指干物质粗蛋白质含量≥20%的精饲料。蛋白质饲料有植物性蛋白质饲料和非蛋白氮饲料。植物性蛋白质主要包括油料饼粕类、豆科籽实类和淀粉、工业副产品等。常见的蛋白质饲料为饼粕类(豆饼、豆粕、棉籽饼、玉米胚芽饼等)。

3. 矿物质饲料

矿物质饲料一般指为牛提供钠和氯、钙源、磷源的饲料。饲料中添加的常见的矿物质有食盐、石粉、磷酸氢钙等,表 3-13 给出了常用饲料矿物质的作用及添加量。

表 3-13 常见饲料矿物质

| 矿物质饲料名称 | 作用 | 奶牛饲喂量 |
|---|---|---|
| 食盐 | 补充植物性饲料中钠和氯,提高饲料的适口性 | 占精料比重 1%~2% |
| 石粉 | 廉价的钙源,含钙量为 33%~38% | 占精料比重 1%~2% |
| 磷酸氢钙 | 奶牛饲料的无机磷源,含磷 18%,含钙 23% | 占精料比重 1%左右 |
| 磷酸二氢钙 | 奶牛饲料的无机磷源,含磷 21%,含钙 20% | 占精料比重 1%左右 |
| 磷酸三氢钙 | 奶牛饲料的无机磷源,含磷 20%,含钙 39% | 占精料比重 1%左右 |

矿物质饲料在精料中所占比例很低,但却是奶牛维持健康和正常生理功能所必需的。

(三)配合饲料

配合饲料也称全日粮配合饲料、全混合日粮(total mixed ration,TMR),是根据动物的不同生长阶段、不同生理要求、不同生产用途的营养需要和饲料的营养价值按科学配方把不同来源的饲料,依一定比例均匀混合,按规定的工艺流程生产以满足各种实际需求的饲料。它能直接用于饲喂饲养对象,能全面满足饲喂对象的营养需要。

TMR 技术是一种将铡切适当长度的粗饲料、精饲料、矿物质、维生素和其他添加剂按照一定的比例进行充分混合而得到一种营养相对平衡的日粮,能够提供足够的营养以满足奶牛需要的饲养技术。TMR 饲养技术在配套技术措施和性能优良的 TMR 机械的基础上能够保证奶牛每采食一口日粮都是精粗比例稳定、营养浓度一致的全价日粮。关于 TMR 的配比和饲喂技术,将在本章(五、TMR 饲喂技术)中进行详细介绍。

1. TMR 的优点

(1)粗精饲料均匀混合,避免奶牛挑食,维持瘤胃 pH 稳定,防止瘤胃酸中毒。奶牛单独采食精料后,瘤胃内产生大量的酸,而采食有效纤维能够刺激唾液的分泌,降低瘤胃酸度,有利于瘤胃健康。

(2)提高饲料转化效率,减少饲料浪费,降低饲料成本。TMR 日粮可为瘤胃微生物提供蛋白、能量、纤维等均衡的营养物质,保证了瘤胃内的细菌和纤毛虫有稳定的生活环境,从而提高饲料的消化率。TMR 充分利用各种廉价的饲料资源,节约饲养费用,提高经济效益。

(3)实行分群管理,便于机械饲喂,提高饲喂效率,简化了饲喂程序,减少饲养的随意性,使管理的精准程度大大提高。实现一定区域内小规模牛场的日粮集中统一配送,从而提高奶业生产的专业化程度。

2. TMR 的缺点

(1)利用 TMR 时,长纤维青干草很难被混合;TMR 技术需要有昂贵的秤、搅拌车和传送设备;且 TMR 日粮需要精确配比并经常核对。

(2)TMR 饲养技术体现的是群体饲养效果,同一组群内个体的差异被忽略,不能对奶牛进行单独饲喂,产量及体况在一定程度上取决于个体采食量差异。从理论上讲,主产牛往往需要更多的精料,而少数食欲不良的牛一般只给予少量的精料和大量的粗料,因此,对一些特殊牛的照顾是 TMR 饲喂无法做到的。

(四)奶牛饲料添加剂

饲料添加剂是指在饲料的加工、制作、使用过程中添加的少量或者微量物质的总称,包括营养性添加剂和非营养性添加剂。营养性添加剂用于补充饲料营养成分的少量或者微量物质,包括饲料级氨基酸、维生素、矿物质微量元素、酶制剂、非蛋白氮等。非营养性添加剂是为保证和改善饲料品质、提高饲料利用率而掺入饲料中的微量物质,用于强化畜禽效果和有利于配合饲料生产和贮存的一类非营养性微量成分。包括治病用的药物抗生素、缓冲剂和饲料存贮添加剂,如凝结剂、防霉剂、香味剂、着色剂等。

奶牛常用的饲料添加剂主要有维生素添加剂,氨基酸、非蛋白氮添加剂,缓冲剂,微量元素添加剂,非常规矿物质饲料添加剂等,其作用是完善饲料的营养性,提高饲料的利用率,促进奶牛的生产性能和预防疾病,改善产品品质等。

1. 维生素添加剂

维生素添加剂对奶牛的健康、生长、繁殖及泌乳等都起重要促进作用。包括脂溶性维生素 A、维生素 D、维生素 E、维生素 K 和水溶性维生素 C、B 族维生素等。

成年牛的瘤胃可以合成维生素 K 和 B 族维生素，肝、肾中可合成维生素 C，一般除犊牛外，不需额外添加，只添加维生素 A、维生素 D、维生素 E。维生素 A、维生素 E 直接影响繁殖性能及胎衣不下，因此，饲料中一定要添加。

烟酸属于 B 族维生素，既可从饲料中摄取，瘤胃内微生物也能合成，但对高产奶牛在饲料中添加是必要的。烟酸可预防酮病，促进瘤胃内菌体蛋白的合成，提高产奶量、乳脂率和乳蛋白水平。每头奶牛的适宜添加量为每日 6 g。一般应用于泌乳初期或日产奶量 38 kg 以上的经产奶牛和日产奶量 27 kg 以上的初产奶牛、酮病多发的牛群和添加油脂的日粮，奶牛产奶量可提高 2.3%～11.7%，乳脂率提高 2%～13.7%。

2. 氨基酸

目前使用的氨基酸添加剂主要有赖氨酸和蛋氨酸，如 *L*-赖氨酸盐酸盐、*DL*-赖氨酸、羟基蛋氨酸及其钙盐、*N*-羟甲基蛋氨酸等。据试验，泌乳早期在奶牛日粮中添加 20～30 g 的蛋氨酸羟基类似物可使乳脂率提高 10%，产奶量也有所提高。

3. 非蛋白氮添加剂

非蛋白氮是指非蛋白类含氮化合物，如尿素、磷酸铵等，可替代部分蛋白质饲料。牛瘤胃中的微生物可利用这些非蛋白氮合成微生物蛋白和天然蛋白质，一般被宿主消化利用。允许在饲料中添加的非蛋白氮添加剂有尿素、硫酸铵、液氨、磷酸氢二铵、异丁叉二脲、磷酸脲、羟甲基脲等，缩二脲不允许作为饲料添加剂使用。

尿素含氮量高，且其溶解度高，采食后在瘤胃中容易快速分解成氨，饲喂不当易引发中毒。因此，添加量要严格控制，且不能单独或溶于水中使用。

4. 缓冲剂

高产奶牛饲喂高精料日粮或青贮玉米、啤酒糟等饲料时，容易导致奶牛瘤胃内酸性过度，乳脂率下降。缓冲剂主要调节瘤胃内的酸碱度，增加食欲，保证奶牛的健康，提高生产性能并控制乳脂率下降。比较理想的缓冲剂有碳酸氢钠（小苏打）、氧化镁和双乙酸钠。

碳酸氢钠添加量占精料混合料的 1.5%，氧化镁添加量为 0.75%～1%，二者同时使用效果更好，合用比例以（2～3）∶1 较好。

5. 微量元素添加剂

微量元素添加剂主要是补充饲粮中微量元素的不足。奶牛日粮中需要补充 7 种微量元素：铁、铜、锌、锰、钴、碘、硒。使用时养殖户应购买奶牛不同生理时期（育成牛、产奶牛、干奶牛等）奶牛专用微量元素添加剂，且必须注意混合均匀。

用微量元素添加剂平衡日粮，可明显地提高奶牛生产水平。泌乳盛期奶牛每天补喂碘化钾 15 mg 即可满足需要。日粮中加入 5%海带粉，产奶量可提高 1%左右，且可提高母牛的发情率和受胎率。

6. 非常规矿物质饲料添加剂

天然沸石、麦饭石、稀土等，具有独特的物理化学性质，并含有奶牛需要的常量和微量元素，不仅可提高营养物质的消化率，还可促进奶牛生长。

7. 酶制剂

牛用的酶制剂主要是单一纤维素降解酶类和复合酶制剂。复合酶制剂含有各种纤维素酶、淀粉酶、蛋白酶等，可提高奶牛生产性能。

（五）小结

奶牛饲料有粗饲料、精饲料之分，通过合理的配方比例将各种饲料进行混合制作成营养均衡的奶牛全混合日粮，同时根据奶牛在不同时期的营养需要不同，科学选用奶牛饲料添加剂，以强化奶牛日粮的营养价值，提高饲料的利用效率，增进奶牛的健康，促进奶牛的生长发育，减少饲料贮存期间营养物质损失，改进牛奶品质。

## 四、常用饲料的加工调制技术

饲料加工调制就是将粗饲料经适当的加工、处理，改变原来的形状、体积、理化性质，从而便于家畜采食，提高适口性，减少饲料浪费，提高其营养价值和利用率。此外，对某些不能直接饲用的副产品，通过加工调制后可变成饲料，有利于开辟饲料来源。

目前，奶牛养殖业最常用到的粗饲料加工技术是青贮加工或调制干草。本节将对奶牛养殖常用粗饲料的加工调制技术进行归纳总结。

（一）青贮饲料加工及其调制技术

青贮就是利用青绿饲料中存在的乳酸菌，在厌氧条件下对饲料进行发酵，使饲料中的部分糖源转变为乳酸，使青贮料的 pH 降到 4.2 以下，以抑制其他好氧微生物如霉菌、腐败菌等的繁殖生长，从而达到长期贮存青饲料的目的。青贮制作成败的关键是能否满足乳酸菌生长繁殖的 3 个条件：无氧环境、原料中足够的糖分、适宜的含水量，三者缺一不可。为保证无氧环境，青饲料收割后，应尽可能在短时期内切短、压实、密封，为保证乳酸菌的大量繁殖，还必须有适当的含糖量。

1. 青贮形式

根据青贮设备分类，常用的青贮形式有窖贮、堆贮、袋贮等，根据青贮方法不同，又分为普通青贮、低水分青贮、混合青贮等。表 3-14 将各种常用青贮形式的特点进行了对比。

表 3-14　各种青贮形式的优缺点对比

| 青贮形式 | 适用对象 | 优点 | 缺点 |
|---|---|---|---|
| 窖贮 | 大型奶牛场 | 窖坚固耐用,使用年限长,贮藏量大 | 前期投资大,贮存损失大 |
| 堆贮 | 养殖规模较小的农户 | 成本低,一次性劳动量投入较小 | 贮量较少,保存期短 |
| 袋贮 | 小型奶牛专业户 | 投资小,方法简单,便于取用 | 包装易损坏,青贮品质难控制 |
| 普通青贮 | 大多数青贮原料 | 收割后直接青贮,受天气影响小 | 不能适用于所有类型的青贮原料 |
| 低水分青贮 | 豆科牧草制作青饲 | 保存养分多,饲喂效果好 | 受气候条件的限制较大 |
| 混合青贮 | 单独青贮不易成功的、可互补的两种或多种青贮原料 | 彼此取长补短,保证青贮易于成功 | 原料配比比例难以控制,需要多次试验确定混合比例 |

(1)窖贮　目前,国内青贮以窖贮形式(图 3-8)为多,有地下式、半地下式和地上式长方形窖。前两种因投资少而常被采用,但由于不易排水,尤其是遭遇较大雨水时,窖内青贮料被浸泡,造成巨大损失。地上窖在规模化大型奶牛场使用较多。利用青贮窖贮存青饲料,具有贮存量大、保存时间长、取用方便等特点,虽然前期建窖投资较大,一旦建成可连续使用多年。

a.地上式

b.地下式

图 3-8　青贮窖

(2)地面堆贮　这种形式贮量较少,保存期短,适用于小型养殖规模。选择干燥、平坦的地方,最好是水泥地面。先按设计好的堆形用木板隔挡四周,也可以在四周垒上临时矮墙,铺一塑料薄膜后再填青料,然后将铡短的原料装入,并随时踏实。达到要求高度后，拆去围板。四周用塑料薄膜盖严，一般堆高 1.5～2.0 m，宽 1.5～2.0 m，堆长 3～5 m。顶部用泥土或重物压紧。

(3)塑料袋贮　塑料袋青贮(图 3-9)是小型奶牛专业户最好的方法之一，既不需要机械设备，也不需多大投资，方法简单易行，又便于取用。袋的大小和数量根据奶牛的饲养量而定。选料、切碎、装填、压实的方法和原理与一般青贮法相同。但塑料袋青贮要注意装实底部和压紧边角。装填紧实后，封口结扎好，放在院落空闲处备用。贮备期间，要经常检查，防止漏气。一个成品塑料袋能使用两年，在这期间内可反复使用多次。

图 3-9　苜蓿袋装青贮加工

(4)普通青贮　将原料切碎、压实、密封，在厌氧环境下使乳酸菌大量繁殖，从而将饲料中的淀粉和可溶性糖变成乳酸。当乳酸积累到一定浓度后，便抑制腐败菌的生长，将青绿饲料中的养分保存下来。

(5)低水分青贮　低水分青贮亦称半干青贮，其干物质含量比一般青贮饲料高 1 倍多。无酸味或微酸，适口性好，色深绿，养分损失少。制作低水分青贮时，青饲料原料应迅速风干，要求在收割后 24～30 h 内，豆科牧草含水量达 50%左右，禾本科牧草达到 45%，在低水分状态下迅速完成青贮。

(6)混合青贮　常用于豆科牧草与禾本科牧草混合青贮以及含水量较高的牧草(鲁梅克斯草、紫云英等)和非常规饲料与作物秸秆(玉米秸、麦秸、稻草等)进行的混合青贮，彼此取长补短，既能保证青贮易于成功又能保证青贮质量。

2. 常用青贮原料

常用青贮原料中禾本科的有玉米、黑麦草、皮燕麦；豆科的有苜蓿、三叶草、紫云英；其他根茎叶类有甘薯、南瓜、苋菜、水生植物等。

(1)全株青贮玉米　即在青贮专用玉米乳熟后期收割，将茎叶与玉米穗整株切碎进行青贮，这样可以最大限度地保存蛋白质、碳水化合物和维生素，具有较高的营养价值和良好的适口性，是奶牛的优质饲料。玉米带穗青贮含有 43%左右的籽实，饲喂奶牛时，只需添加蛋白质和矿物质等营养成分，就可满足奶牛的产奶需要。用这样的玉米青贮从单位面积土地上获得的营养物质量或换回的鲜奶数量要比玉米籽实加玉米秸饲喂的效果好。图 3-10 为全株青贮玉米收获。

(2)玉米秸　收获果穗后的玉米秸上能保留 1/2 的绿色叶片，适于青贮。若部分秸秆发黄，3/4 的叶片干枯视为青黄秸，青贮时每 100 kg 需加水 5～15 L。目前

图 3-10　全株青贮玉米收获

已培育出收获果穗后玉米秸全株保持绿色的玉米新品种，很适合作青贮。为了提高蛋白质含量，可加上 0.5%尿素进行青贮，使玉米青贮蛋白质含量达到 12%～13%，饲喂尿素青贮，开始会影响奶牛的食欲，要有 15 d 的过渡期，可降低饲料成本，提高饲料利用效率。

(3)苜蓿　一般是将苜蓿收获后迅速将水分降低至 45%～65%，进行半干青贮(图 3-11)。半干青贮几乎完全保存了苜蓿的叶片和花序，且萎蔫后在密闭条件下有害微生物发酵作用被抑制，减少或停止消耗养分，从而达到保存养分的目的。与一般青贮相比，苜蓿半干青贮发酵过程慢，同时有高渗压，抑制了蛋白质水解和丁酸的形成，因而养分损失较少，并且干物质含量高，采食量高。由于在制作过程中含水量低，发酵程度较弱，贮料酸味很淡，适口性和营养价值也比干草和鲜贮苜蓿更接近青草。

图 3-11　紫花苜蓿及其半干青贮

(4)燕麦　燕麦本身能量不及玉米青贮，蛋白质不及苜蓿类产品，但粗纤维含量高，纤维消化率高，适宜新产牛、围产牛使用；低钙，能够避免围产牛产后出现低血钙、产后瘫等疾病；适中的蛋白质水平、低能量值，适宜饲喂大育成牛、干奶牛，避免牛群产犊前过度肥胖；饲料原料本身无好坏之分，充分利用饲料特点，满足不同动物群体生理需求，可以让生产效益最大化。表 3-15 是苜蓿青贮、玉米青贮和燕麦青贮后取样测得的营养价值对比。

表 3-15 常见青贮料营养价值对比

| 项目 | 蛋白/% | 脂肪/% | 粗纤维/% | NDF/% | ADF/% | 淀粉/% | 钙/% | 磷/% | 能量/Mcal |
|---|---|---|---|---|---|---|---|---|---|
| 燕麦青贮 | 9.50 | 5.80 | 32.4 | 53.4 | 35.9 | 9.70 | 0.46 | 0.31 | 1.11 |
| 苜蓿青贮 | 21.3 | 4.62 | 29.5 | 48.5 | 38.2 | 2.81 | 1.30 | 0.34 | 1.23 |
| 玉米青贮 | 9.15 | 3.17 | 21.5 | 52.6 | 34.4 | 17.2 | 0.26 | 0.25 | 1.27 |

对比可见，燕麦(图 3-12)具备蛋白质含量低、钙含量低、能量低、粗纤维高等特点。故常规配方使用方面，燕麦青贮可大量用于干奶牛群和育成牛群以及肥胖泌乳牛群，增加粗纤维水平保障奶牛健康的同时，提供适中的蛋白质和能量，保证相关牛群不会因过度肥胖，进而影响下个泌乳阶段的生产表现。表 3-16 对燕麦各个时期收割适宜制作形式及饲喂对象进行了比较。

图 3-12 燕麦

表 3-16 燕麦不同收割期适宜的调制方式

| 收割时期 | 目的 | 适用对象 | 调制方式 |
|---|---|---|---|
| 抽穗早期 | 营养成分含量高，产量较低 | 高产奶牛 | 适合于青贮 |
| 抽穗到开花初期 | 营养成分含量高，产量高 | 产奶牛 | 适合于青贮 |
| 乳熟期到蜡熟期 | 营养成分含量降低，但产量高 | 干奶牛和育肥肉牛 | 适合于制作干草 |

3. 常用青贮原料青贮方法

(1)玉米青贮

①选址。一般要在地势较高、地下水位较低、背风向阳、土质坚实、离饲舍较

近、制作和取用青贮饲料方便的地方。

②建窖。选择土质坚实，地势高燥，背风向阳，雨水不易冲淹的地方建造青贮窖。窖形一般为长方形，窖壁平直光滑，不透水，不透气。窖的宽度一般应小于深度，较好的比例是 1∶(1.5～2)，利于原料本身重量将其压实，并能降低损耗量。窖的大小应根据青贮数量及养畜头数来决定，长方形窖宽度不小于 6 m，高度不超过 4 m 为宜，长度随青贮数量而定，为减少转运时间，应控制在 40 m 以内为宜。长方形窖的边角应呈圆形，以利原料的下降和压实。为减少青贮料的损失，窖底和四周应铺一层塑料薄膜。

③收割。全株青贮玉米收割时要把握好收割时机，过早收割秸秆与果穗营养不充实，且水分过大；过晚收割果穗坚硬，青贮后影响饲喂效果。适宜的收割期在乳熟后期到蜡熟前期，即含水量 65%～70% 为宜，此时"花须开始蔫、苞叶开始黄、掐动不出水、颗粒乳黄线 1/2"，比正常收获提前 10～15 d。如果含水量过高，应在切碎前进行短时间晾晒，除去多余的水分。全株青贮玉米的切碎长度一般为 1～3 cm，有利于压实过程中排除其中的空气，也利于青贮饲料的取用，也便于奶牛采食，减少浪费。切短后的青贮原料要及时装入青贮窖内。

④装窖。装窖前检查窖底与壁是否铺好"垫底"。装窖时，每装 20～40 cm 时就要使用青贮专用压窖机压实一次，特别要注意压实青贮窖的四周和边角。同时检查原料的含水量，控制在 65% 左右，并尽可能缩短青贮过程中微生物有氧活动的时间。如果当天或者一次不能装满全窖，可在已装窖的原料上立即盖上一层塑料薄膜，次日继续装窖。青贮玉米含有较丰富的糖分(一般在 4% 以上)，所以青贮时不需添加其他含糖量高的物质。

⑤封窖。尽管青贮原料在装窖时进行了踩压，但受重力的影响，原料间空隙减少及水分流失等原因，经数天后仍会发生下沉。为此，在装窖时，青贮原料装满后，还需再继续装至原料高出窖的边沿 0.5～1 m 呈圆顶形时封窖。封窖时，先用塑料薄膜围盖 1 层，再盖 1～2 层草包片、草席等物，再加厚度 30～40 cm 的土夯实，并将表面拍光滑。封好后，应在距离窖口四周 1 m 处挖一条排水沟，并经常检查窖顶部有无下陷现象。如发现下陷，应重新修复，防止空气与雨水进入。

⑥开窖评测及利用。一般经过 40～50 d(日均气温 20～35℃)的密闭发酵后，即可取用饲喂家畜。开窖后首先要判定青贮料品质的好坏，若青贮料呈绿色或黄绿色，有酸香味，质地软，略带湿润，茎叶仍保持原状，池内压得非常紧密，拿到手里却松散，则为品质优良，即可饲用。如已变质腐败会有臭味，质地黏软等表现，切勿饲喂，以防中毒。开封取用后应立即封口压实，且取出的青贮饲料应尽快喂完，切勿放置时间过长，以免变质。

(2)苜蓿青贮　苜蓿的制作工序为:收割→切碎→加入添加剂→贮存。

由于苜蓿含碳水化合物较低,传统的直接青贮不易成功,目前苜蓿青贮的主要方法有半干法、添加剂法以及混合青贮法。在奶牛粗饲料制作中,较多采用的青贮方法为加入添加剂的半干青贮。半干青贮原理、方法与一般青贮方法基本相同,同样也需厌氧贮存,但半干青贮要求原料含水量降到45%～65%。图3-13是收获和贮存过程中不同含水量的青贮苜蓿干物质损失量曲线。

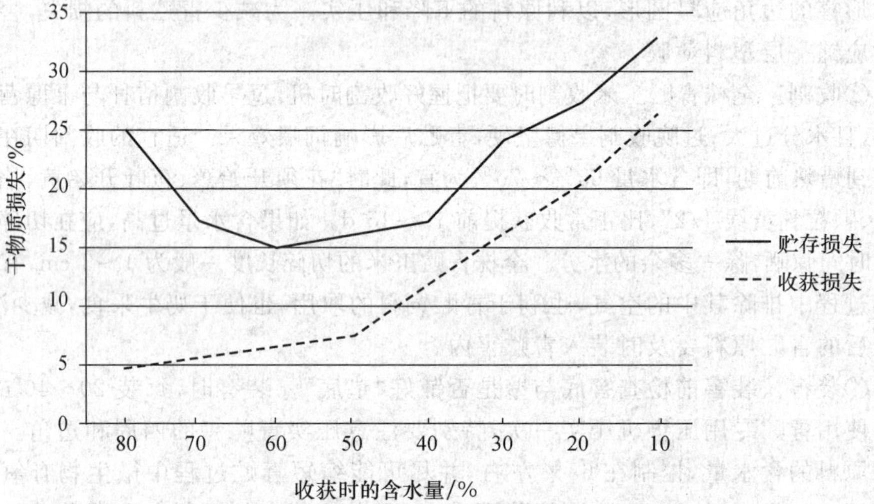


图3-13　收获和贮存过程中不同含水量的青贮苜蓿干物质损失量

①适时刈割。适时刈割可提高青贮产量和养分含量。苜蓿草适宜刈割的时间为现蕾后期到初花期(即自50%的植株出现花蕾至10%的植株开花,此时中性洗涤纤维NDF为40%左右)。此时刈割收获,营养物质总含量高(蛋白质含量可达风干物质的21%,且消化率高达70%～80%),根茎上正长有大量新芽,收割后再生能力好。

②调节水分含量。刈割后的苜蓿原料含水分较高,若直接青贮,水溶性营养物质容易通过水分渗漏,干物质含量低于30%会导致丁酸发酵或梭菌等不利发酵。可利用搂草摊晒机以小型草垄的形式摊晒。摊晒的时间可根据天气情况来定,一般控制在24 h以内为好,使含水量尽快降到45%～65%,此时的苜蓿叶片卷成筒状,叶柄易折断,压迫茎时能挤出水分。

水分的减少速度与原料中养分的损失以及需氧菌的繁殖存在密切关系,水分减少缓慢不利于青贮质量的控制。图3-14给出了在不同时间内将苜蓿含水量降到55%对应的养分损失曲线。

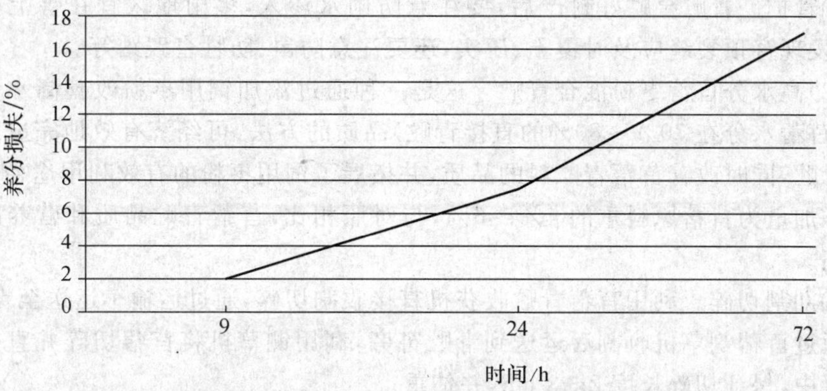


**图 3-14　达到同一含水量的不同晾晒时间对苜蓿养分损失的影响**

由图 3-14 可知，9 h 内含水量降到 55％的原料中养分仅损失 2％，而 24～26 h 才达到这一含水量，养分损失可达 7％。若在 72 h 左右才将苜蓿含水量降至该标准，养分损失高达 16％。因此，青饲料的刈割时间应选在原料本身含水量相对较低和天气晴朗的季节。

③切碎。如果切割长度太长，装窖时不容易压实。如果切得太碎，苜蓿青贮在奶牛瘤胃内很容易被迅速消化产生气，可能造成瘤胃鼓气，不利于奶牛健康。由于半干青贮的原料含水量较低，装填时不易压实，因此原料的铡碎度比一般青贮原料要求更短一些。根据半干青贮效果，将苜蓿铡成 1.5～3.5 cm 长度即可保证青贮质量。

④装填和压实。窖底铺 15 cm 厚的清洁垫草或吸水性强的草粉，每铺 10～20 cm 的苜蓿就要用青贮专用压窖机压实一遍。半干青贮在装填过程的压实要求比一般青贮高，尤其是边角处压得越实越好，长型窖在农机具漏压或压不到的地方，一定要人工踩实。高密度不仅可以降低干物质的损失，而且还可以填充更多的青贮料，提高青贮窖的存贮能力。一般每立方米容积可装入 550～650 kg 半干苜蓿，优质青贮的密度要在 700 $kg/m^3$ 以上。

⑤青贮添加剂。原料切碎后在装窖过程中同时加入添加剂，目的是让原料快速发酵。可添加 2％～3％的糖、甲酸(含量为 85％的甲酸 3～4 kg/t)、淀粉酶和纤维素酶、尿素、硫酸铵、氯化铵等铵化物等常规饲料添加剂，也可添加饲用枣粉等新型添加剂。

⑥密封。原料装满压实以后，必须及时密封，密封方法同一般青贮法。半干青贮一般密封 45 d 以上，就可开窖取用。

⑦管护。青贮窖贮好封严后，要注意防雨水渗入，多雨地区宜在窖上搭棚防雨，如发现窖顶裂缝应及时覆土、压实，还要注意防鼠、防牲畜践踏等。

(3)高水分苜蓿枣粉混合青贮　这是一种通过添加饲用枣粉改善高水分苜蓿青贮（苜蓿水分在70%～80%的直接青贮）品质的方法，可经济有效地完成高水分苜蓿青贮，同时改善苜蓿青贮料的品质，并拓展了饲用枣粉的有效利用途径。枣粉最佳添加量为苜蓿原料重的4%～6%，与对照相比，苜蓿青贮品质和营养品质显著提高。

①刈割切碎。利用苜蓿青贮收获机直接收割切碎，通过运输车运送至青贮窖；也可通过苜蓿割草机收割后运送到青贮窖旁，利用铡草机将苜蓿切碎并直接抛入青贮窖中，保证切碎长度2～3 cm，并估重。

②装窖加入饲用枣粉。将切碎后的苜蓿在青贮窖中摊平，每层摊平厚度8～12 cm，按照苜蓿重量，称取苜蓿重量的3%～12%的饲用枣粉，并均匀撒在摊平的苜蓿上。

③压实填窖。利用压窖机进行压实，压实密度控制在550～650 kg/m$^3$。逐层装填镇压，直至填满青贮窖。

④封窖。和其他青贮一样，在装填完成的青贮窖顶部用塑料布覆盖密封，并进行镇压。

⑤管护。随时注意青贮窖是否有裂缝、下沉等现象，注意青贮窖的修补和维护。

(4)燕麦青贮　燕麦青贮与青贮玉米制作过程相似，制作过程应把握4个关键：糖分、水分、密封和温度。并遵循“四快”的原则：快收、快运、快装和快封。

①收割切碎。收割时期一般在燕麦营养价值最高的初花期，切碎长度控制在2～3 cm为宜。

②水分控制。有试验表明，含水量65%～70%的燕麦在青贮后品质更好，与45%～50%含水量相比，其粗蛋白(CP)、有机酸含量相近，但中性洗涤纤维(NDF)和酸性洗涤纤维(ADF)显著降低。而且，65%～70%含水量下，各个添加剂处理的青贮燕麦的CP、主要有机酸含量、霉菌和酵母菌（mould and yeasts，以下用M&Y表示）以及乳酸菌（LAB）数量较稳定；NDF/ADF/可溶性糖（WSC）/和M&Y数量降低，铵态氮($NH_3$-N)含量增加。

③添加剂的使用。燕麦同样是比较难青贮的饲料，必须用添加剂调节才能进行青贮。燕麦与玉米秸秆相比，含糖量、蛋白质、水分都较低，而纤维含量高（占干物质的45%），其质地粗硬，不利于细胞液的渗出，不利于乳酸菌大量快速地繁殖，不利于多糖与粗纤维的转换，从而影响青贮饲料的质量。因此，青贮燕麦秸秆时，

应根据其特性，适当地添加一些尿素、食盐、乳酸菌发酵剂等。

a. 尿素的应用。在青贮开始前，首先把尿素配成25%的溶液，放在一定的容器中。青贮时一边铡燕麦秸秆，一边喷洒尿素溶液，一边装窖，要求喷洒均匀，每吨青贮料喷洒20 kg配好的尿素溶液。

b. 食盐的应用。食盐的作用是促进细胞液渗出，有利于乳酸菌的发酵，从而提高青贮秸秆的适口性、利用率和营养价值。添加方法：食盐粉碎成细末，按青贮燕麦重量的0.3%～0.5%的添加量均匀混入后装窖。

c. 乳酸菌发酵剂的应用。先将3 g乳酸菌干粉倒入2 L微温(30～40℃)清水中充分搅拌，常温下放置2～3 h后，再加入清水至总体积为80 L，青贮时将菌液均匀喷洒在秸秆上，每吨青贮饲料喷2 L。

（二）干草加工及其调制技术

青饲料水分含量高，细菌和霉菌容易生长繁殖使青饲料发生霉烂腐败，但在自然或人工条件下，使青饲料迅速脱水干燥，至水分含量为14%～17%时，所有细菌、霉菌均不能在其中生长繁殖，从而达到长期保存的目的。

1. 适宜制作干草的饲草品种

从理论上讲，几乎所有人工栽培牧草、野生牧草均可制作干草。但在实际操作中，一般要选择茎秆较细，叶面适中的饲草品种。比较适合做干草的牧草品种主要是豆科牧草与禾本科牧草。

通常用于做干草的豆科牧草主要有紫花苜蓿、沙打旺、红豆草、三叶草等。在禾本科牧草中，常用于做干草的品种有羊草、燕麦、披碱草、苇状羊茅及黑麦草等。表3-17给出了部分干草营养价值数据。

**表3-17　苜蓿、羊草、燕麦干草营养价值对比**　%

| 干草品种 | 蛋白 | 脂肪 | 粗纤维 | NDF | ADF | 钙 | 磷 |
|---|---|---|---|---|---|---|---|
| 一级苜蓿 | 19.1 | 1.94 | 23.0 | 41.7 | 35.7 | 1.24 | 0.29 |
| 二级苜蓿 | 18.4 | 1.94 | 29.0 | 51.8 | 41.7 | 1.11 | 0.29 |
| 羊草干草 | 15.42 | 2.83 | 32.39 | 70.74 | 42.64 | 0.60 | 0.40 |
| 燕麦干草 | 13.8 | 2.62 | 34.0 | 56.8 | 38.2 | 0.41 | 0.27 |

2. 干草的调制过程

干草调制过程一般可分为两个阶段。

第一阶段，从饲草收割到水分降至40%左右。这个阶段的特点是：细胞尚未死亡，呼吸作用继续进行，此时养分的变化是分解作用大于同化作用。为了减少此阶段的养分损失，必须尽快使水分降至40%以下，促使细胞及早萎亡，这个阶段养分的损失量一般为5%～10%。

第二阶段，饲草水分从40%降至17%以下。这个阶段的特点是：饲草细胞的生理作用停止，多数细胞已经死亡，呼吸作用停止，但仍有一些酶参与一些微弱的生化活动，养分受细胞内酶的作用而被分解。此时，微生物已处于生理干燥状态，繁殖活动也已趋于停止。

3. 干草的调制方法

为了调制优质的干草，在牧草干燥的过程中，就要因地制宜地选择合适的干燥方法。牧草的干燥方法主要有三种，即自然干燥法、人工干燥法和物理化学干燥法。自然干燥法不需要特殊的设备、成本低，但易受自然气候条件的制约，而且劳动强度大、效率低，调制的干草质量差一些。人工干燥法则是利用一定的干燥设备来调制干草的方法，这种方法可以克服自然干燥法对天气状况的依赖，并减少微生物、生理化过程、雨淋和枝条折断等因素对干草质量的影响，但人工干燥法的成本高。物理化学干燥法是利用物理和在草中添加化学物质加快牧草干燥的方法。

(1)自然干燥法的几种方式

①地面干燥法。将收割后的牧草在原地或运到地势较干燥的地方进行晾晒。选择晴朗高温湿度低的天气，将收割后的牧草按5～15 cm厚铺开暴晒5～8 h，使其水分降到40%～50%，然后用搂草机搂成草条继续晾晒，当水分降至35%～40%时用集草机将草集成草堆，草堆高0.5～1 m，直径1.5 m左右。待水分下降到17%以下时(任意取一把干草，在手中摇动或抖动有清脆的沙沙声，在手中揉卷不会折断)即可打捆，上大垛储藏。

②草架干燥法。在比较潮湿的地区或雨水较多的季节，可以在专门制作的草架子上进行干草调制，在架子上干燥可以大大提高牧草的干燥速度，保证干草的品质。在凉棚、仓库等地搭建若干草架，自上而下地将草置于草架上，厚度应不超过70～80 cm，并保持蓬松和一定的斜度，以利于采光和排水。由于草架中部是空的，空气便于流通，有利于牧草水分散失，可大大提高牧草干燥速度，减少营养物质的损失。该方法适合于空气干燥的地区或季节调制青干草，其养分尤其是胡萝卜素比晒制法损失要少得多。

③发酵干燥法。发酵干燥法是介于调制青干草和青贮料之间的一种特殊干燥法。将含水率为50%左右的牧草经分层夯实压紧堆积，每层可撒上饲草重量0.5%～10%的食盐，防止发酵过度，使牧草本身细胞的呼吸热和细菌、霉菌活动产生的发酵热在牧草堆中积蓄，草堆温度可上升到70～80℃，借助通风手段将饲草中的水分蒸发使之干燥。这种方法制作干草的养分损失较多，多属于阴雨天等无

法一下子完成青干草调制时不得不使用的方法。

(2)人工干燥的几种方法

①吹风干燥。将刈割后的牧草在田间干燥至水分含量为40%～50%时放置于草架上，利用电风扇、吹风机和送风器对草堆或草垛进行不加温干燥，常温鼓风干燥适合用于牧草收获时期的昼夜相对湿度低于75%而温度高于15℃的地方使用。

②高温快速干燥。利用烘干机将牧草水分快速蒸发掉，含水量80%～90%的牧草在烘干机内经过几分钟或数秒钟，其水分便下降到15%以下。此法调制干草对牧草的营养价值及消化率影响极小，但需要较高的投入，干草的成本大幅增加。

(3)物理化学干燥法　运用物理和化学的方法来加快干燥以降低牧草干燥过程中损失的方法，目前应用较多的物理方法是压裂草茎干燥法，化学方法是化学添加剂干燥法。

①压裂草茎干燥法。牧草干燥时间的长短主要取决于其茎秆干燥所需要的时间，叶片干燥的速度比茎秆要快得多。为使牧草茎叶干燥保持一致，减少叶片在干燥中的损失，常利用牧草茎秆压裂机将茎秆压裂压扁，消除茎秆角质层和维管束对水分蒸发的阻碍，加快茎秆中水分蒸发的速度。最大限度地使茎秆与叶片的干燥速度同步，将干燥时间缩短1/2～1/3。

②化学添加剂干燥法。将一些化学物质添加或者喷洒到牧草上，然后经过一定的化学反应使牧草表皮的角质层破坏，以加快牧草株体内的水分蒸发，提高干燥的速度。目前应用较多的干燥剂主要有碳酸钾、碳酸钙、碳酸钠、氢氧化钾、磷酸二氢钾、长链脂肪酸酯等。这种方法不仅可以减少牧草干燥过程中叶片损失，而且能够提高干草营养物质消化率。

目前国内外多数的青干草调制采用压裂草茎的自然干燥法，即利用机械设备将牧草茎秆挤裂，通过阳光和风自然蒸发掉饲草中的水分，然后打捆或堆垛储藏。该方法简便易行、作业效率高、成本较低。

4. 制作干草饲料注意事项

(1)选择牧草品种　不同种类的牧草质量不同，优质青干草可消化粗蛋白质含量达115 g/kg干物质，代谢能可超过10 MJ/kg干物质；低质量的干草代谢能可能低于7 MJ/kg干物质。一般豆科牧草较禾本科质量好。

(2)确定刈割时间　牧草生长的不同时期营养价值差异很大，一般随着草的成熟，粗纤维含量会不断增高，蛋白质和糖的含量下降，粗纤维的消化率也随之降低。过早刈割，水分多不易晒干；过晚刈割，营养价值降低。因此在晒制干草时，应适时收割。一般禾本科草类在抽穗期，豆科草类在孕蕾及初花期刈割为好。

(3)减少加工过程中的营养损失　制作干草必须保证干燥时间短、均匀一致、营养物质损失少，而翻草、搂草、打捆、搬运等生产环节均会有营养损失(其中营养物质含量最高的叶片损失最多)，因此，要尽量控制翻草次数，适当少翻；搂草打捆最好同步进行，且避开高温、干燥时段，以减少叶片和断茎损失；打捆时应避免草捆尺寸过大，重新分捆会造成落叶损失；为减少运输过程中的落叶损失，特别是豆科青干牧草，一定要打捆后搬运，打捆后可套纸袋或透气的编织袋，减少叶片遗失。

(4)草垛要通风防潮　选择地势较高地点作垛基，用树枝、石块、乱木等垫高20 cm以上，避免土壤水分渗入草垛，发生霉烂。干草堆垛后2～3周内，一般会发生塌陷现象，必须及时铺好结顶，并用秸秆等覆盖顶部，防止渗进雨水造成全垛霉烂。

(5)防止草垛过度发酵　干草堆垛后，适度的发酵可以使草垛紧实，并使干草产生特有的香味。但过度发酵会产生高温，不仅无氮浸出物水解损失，蛋白质消化率也显著降低。如果堆垛时干草水分超过20%，则垛内应留出通风道。

(6)防止草垛自燃　应避免含水量超过25%的湿草堆垛，而且草垛内不应留下大的空隙，使空气过多。若堆温上升至65℃，应立即穿洞降温，如穿洞后温度继续上升，则宜倒垛，以防自燃。

5. 苜蓿机械化低损耗收获及干草调制技术

通过前面对干草调制技术的叙述，现以最常见的苜蓿机械化干草调制过程为例，对干草饲料的制作方法作详细介绍。

①适时刈割。苜蓿晒制干草的最佳收割时期和制作青贮一样，都是在保证营养成分最高的现蕾后期到初花期，此时其粗蛋白可达18%以上。春季至夏季30～40 d刈割1次，盛夏至秋季40～50 d刈割1次，最后一茬刈割在入冬前停止生长前30 d以上进行。苜蓿刈割前要注意天气情况，一般在5 d左右没有降雨方可大面积收割。刈割时，土壤表层干燥程度也与苜蓿干草的加工质量有关，如果土壤表层过湿，则会影响苜蓿干草加工质量。

②留茬高度。刈割的留茬高度一般控制在5 cm左右，留茬过低不利于下一茬草的生长；留茬过高则影响产量，且不利于下一茬草的机械收割。但最后一茬留茬高度应控制在8～10 cm，以利于苜蓿安全越冬。

③刈割压扁。苜蓿叶片的干燥速度比茎秆快得多，为使茎秆与叶片的干燥速度同步，最常用的方法是利用苜蓿割草压扁机将茎秆压裂，消除茎秆角质层和纤维束对水分蒸发的阻碍，增大导水系数，加快茎秆中水分蒸发的速度。

④翻晒和集拢。苜蓿刈割压扁后在地面铺成5～15 cm厚的草层，在田间晾晒

0.5～1 d，当水分含量在45%～50%叶子还不易脱落时，用搂草机集成小拢或小堆，以草拢的形式干燥，并于早晚各翻晒1次，既利于加快苜蓿干燥速度，又减少叶片损失。

⑤捡拾与打捆。当苜蓿青干草水分达20%左右时，利用早晚空气湿度较大的特点，使用捡拾打捆机同时完成干草从地上捡拾和打捆的作业，减少叶片损失及破损。但这种高水分的密度较小的疏松型草捆，必须在通风良好的贮草棚内晾至水分达17%以下时才能长期保存。高水分打捆条件下，要添加防霉剂，如CaO。

⑥二次加压。当田间捡拾打捆机打成的青干草在草棚晾干至含水率达17%以下时，可采用二次加压设备将其压成高密度草捆，既便于远距离运输又有利于防止发霉变质。

⑦堆垛贮藏。贮藏干草捆的草棚应选择在干燥通风处，草捆堆垛时，草垛间留有通风口，以利于空气流动。苜蓿干草含水20%以上时，应适当加入干草防腐添加剂，防止草捆发热腐烂。

（三）小结

饲料是奶牛生产的物质基础，奶牛利用饲料中所含有的各类营养物质，维持自身的生命以及用于生长、繁衍、产奶的需要。奶牛作为草食动物，粗饲料是其主要的养分来源，其品质优劣直接影响奶牛生产性能和经济效益。采用正确的调制方法进行粗饲料的加工，在保证营养成分最大限度保存的同时，保证饲料的品质，是为奶牛提供优质营养来源的最佳途径。

## 五、TMR饲喂技术

随着科学技术的发展和机械化程度的提高，特别是大型机械的使用及电脑技术的应用，TMR饲喂技术应运而生。全混合日粮（TMR）饲喂技术于20世纪60年代在外国兴起，并多以散栏舍饲养为基础，使用TMR饲喂可降低牛场成本，提高产奶量。该项技术是奶牛养殖业从分散饲养向规模化、集约化饲养转化的必然要求。TMR饲喂技术是根据奶牛不同生长发育及泌乳阶段的营养需要和饲养目的，按照营养调控技术和多种饲料搭配原则而设计出的奶牛全价营养日粮配方，根据配方把切短的粗饲料、精饲料及各种添加剂按照一定比例在饲料搅拌喂料车内进行充分混合而得到的一种营养相对平衡的日粮（也称全价日粮），供牛自由采食的饲养技术。

根据牛场实际情况，考虑泌乳阶段、产量、胎次、体况、饲料资源特点等因素合理制作TMR日粮配方。

## (一)TMR 日粮配合基本方法

### 1. 对角线法

对角线法又叫方块法、四角法、图解法，在饲料种类不多、营养指标较少时可采用这种方法，比较简单。缺点是在饲料种类及营养指标较多时，采用这种方法计算要反复进行两两组合，比较麻烦，而且不能使配合日粮同时满足多项营养指标。例如：使用玉米(CP 9%)、豆饼(CP 40%)配制一个粗蛋白质含量 14%的日粮。计算方法如下：

(1)作十字交叉图，将配合日粮蛋白质含量 14%放在交叉处，玉米和豆饼蛋白含量分别放在左上角和左下角，然后以左上角和左下角数值为出发点，各项分别与交叉处的数值对角计算，大数减小数，所得数分别记在右上角和右下角。

```
玉米    9        26(40 － 14,玉米份数)
          ＼    ／
            14
          ／    ＼
豆饼   40        5(14 － 9,豆饼份数)
```

(2)计算所得各差数，分别除以两差数的和，就得到两种混合饲料的百分比。

玉米应占比例：26/(26＋5)＝83.9%；

豆饼应占比例：5/(26＋5)＝16.1%。

### 2. 试差法

试差法又叫凑数法，具体做法是：根据经验初步拟定各种原料的大致比例，然后用各自比例去乘该原料所含的各种养分百分含量，再将各种原料的同种养分之积相加，即得到该配方各种养分的总量。将所得的结果与饲养标准比较，若有任一种养分超过或不足时，可通过增加或减少相应的原料比例进行调整后再重新计算；重复上述过程，直到所有的营养指标都基本满足要求为止。这种方法简单易学，掌握后可以逐步深入，用于各种配料技术。缺点是计算量大，十分烦琐，盲目性较大，不易选出最佳配方，成本可能较高。

### 3. Excel 试差法

Excel 试差法与试差法相同，只是所有计算都在计算机上用 Excel 进行。按照上述试差法将初步拟定的各种原料的大致比例、每一原料的各营养含量、欲设计的饲料配方营养标准及原料价格等输入计算机 Excel 表。然后在 Excel 表中利用各自比例去乘该原料所含的各种养分百分含量。再用 Excel 计算方法将各种原料的同种养分之积相加，即得到该配方各种养分的总量。将所得的结果与饲养标准比较，若有任一种养分超过或不足时，可通过增加或减少相应的原料比例进行调整，调整后计算机立即显示调整后的计算结果；重复上述过程，直到所有的营养指标都基本满足要求为止。这种方法快捷、简单，只需一次输入计算指令，以后可随机变更或调整原料种类及相应的指标数据就可立即得到计算结果，不需要特殊的饲料配方软件。

4. 计算机饲料配方软件法

根据线性规划原理，在规定多种条件的基础上选出最低成本饲料配方。它主要是根据所用原料的品种和营养成分，以饲养标准中规定的各种营养物质的需要量及饲料原料供应情况、市场价格变动情况为主要条件，将有关资料数据输入计算机，并提出约束条件：如饲料配比、营养标准、价格等，依据线性规划原理计算出能满足要求而价格最低的饲料配方。用计算机饲料配方软件设计饲料配方的优点是速度快，计算准确，但其所作配方很难考虑饲料的适口性、容积、有毒有害物、抗营养因子的含量。因此，需要有专业技术人员进行操作和调整才能得到合适的配方。此外，计算机配方需要较为昂贵的设备和专用软件，比较适合于大型饲料厂和养殖场使用。

（二）配方设计所需数据

（1）动物的营养需要或饲养标准参见附录 1。

（2）饲料原料营养成分价值表参见附录 2。

（三）TMR 日粮配合步骤

（1）查奶牛营养需要，确定每头每日的营养需要量（维持需要＋生产需要）。根据奶牛的体重（群体按平均体重），平均产乳量及乳脂率，求出生产的需要量。

（2）选择粗饲料和精饲料原料，查其营养成分和营养价值（如有条件，最好利用实验室分析化验营养成分含量）。

（3）确定粗饲料和副料的每头每日供给量，并计算粗饲料和副料所提供的营养量及与需要量的差值。每天给予占体重 1%～2%的粗饲料或相当于干草干物质的青贮料。一般情况下，每 100 kg 体重饲喂 2 kg 优质干草；每 3 kg 青贮料或 4 kg 块根块茎可代替 1 kg 干草；在正常情况下，每 100 kg 体重可喂 1 kg 干草和 3 kg 青贮料。

（4）根据干物质的差值计算每头每日应供给的精料补充料的数量，并根据其他营养成分的差值计算出每千克精料补充料应含有的各种营养成分的量（营养浓度）。

（5）拟配精料补充料配方（钙、磷饲料预留 1.5%～2%，食盐 0.3%～0.5%，碳酸氢钠 0.3%～0.5%，添加剂预混料 0.2%～0.5%），平衡能量和粗蛋白质。

（6）平衡钙、磷。

(7)列出最终配方。

(四)TMR 日粮配合应用

某奶牛场成年奶牛平均体重为500 kg,日均产奶15 kg,乳脂率为3.5%,该场用玉米秸秆、玉米青贮料和苜蓿干草为粗饲料,另有玉米、麸皮、豆粕和棉粕等精料原料,矿物质原料为磷酸氢钙和石粉。试用上述原料为该奶牛场配制一平衡日粮。

试差法的方法步骤如下:

第一步,依据《奶牛营养需要和饲养标准》查得500 kg体重奶牛的维持需要及产乳脂率为3.5%的乳15 kg的营养需要总和如表3-18所示。

表 3-18 奶牛营养需要

| 营养需要 | 干物质/kg | 产奶净能/MJ | 可消化粗蛋白质/g | 钙/g | 磷/g | 食盐/g |
|---|---|---|---|---|---|---|
| 500 kg 体重维持需要 | 6.56 | 37.54 | 317 | 30 | 22 | 25 |
| 每千克乳脂率3.5%的乳营养需要 | 0.4 | 2.93 | 53 | 4.2 | 2.8 | 2 |
| 日产15 kg乳营养需要 | 6 | 43.89 | 795 | 63 | 42 | 30 |
| 营养需要合计 | 12.56 | 81.43 | 1 112 | 93 | 64 | 55 |

第二步,查饲料原料的营养成分(如有条件,自行测定),如表3-19所示。

表 3-19 饲料原料营养成分含量

| 原料 | 干物质/% | 产奶净能/(MJ/kg) | 可消化粗蛋白质/(g/kg) | 钙/(g/kg) | 磷/(g/kg) |
|---|---|---|---|---|---|
| 玉米秸秆 | 90 | 3.8 | 20 | 14.7 | 1.9 |
| 苜蓿干草 | 87 | 5.15 | 110 | 1 | 0.6 |
| 玉米青贮料 | 22.7 | 1.13 | 10 | 0.2 | 2.7 |
| 玉米 | 88.4 | 8.66 | 56 | 1.4 | 5.4 |
| 麸皮 | 87 | 5.93 | 90 | 3.2 | 6.1 |
| 豆粕 | 87 | 7.24 | 280 | 2.4 | 10.4 |
| 棉粕 | 88 | 6.44 | 256 | 210 | 160 |
| 磷酸氢钙 | 99.9 | — | — | 350 | — |
| 石粉 | 99.9 | — | — | | |

第三步，先满足奶牛对青、粗饲料的需要。3.5 kg 苜蓿干草，15 kg 玉米青贮料，见表 3-20。

**表 3-20 粗饲料配方**

| 粗料组成 | 用量/kg | 干物质/kg | 产奶净能/MJ | 可消化粗蛋白质/g | 钙/g | 磷/g |
|---|---|---|---|---|---|---|
| 玉米秸秆 | 1.5 | 1.35 | 5.71 | 30 | | |
| 苜蓿干草 | 3.5 | 3.045 | 18.025 | 385 | 51.45 | 6.65 |
| 玉米青贮料 | 15 | 3.405 | 16.95 | 150 | 15 | 9 |
| 合计 | | 7.8 | 40.69 | 565 | 66.45 | 15.65 |
| 相差 | | －4.76 | －40.74 | －547 | －26.55 | －48.35 |

第四步，不足的养分，由混合精料补充。初步定玉米 3 kg，麸皮 1 kg，豆粕 1 kg，见表 3-21。

**表 3-21 初拟精饲料配方**

| 精料组成 | 用量/kg | 干物质/kg | 产奶净能/MJ | 可消化粗蛋白质/g |
|---|---|---|---|---|
| 玉米 | 3 | 2.652 | 25.98 | 168 |
| 麸皮 | 1 | 0.87 | 5.93 | 90 |
| 豆粕 | 1 | 0.87 | 7.24 | 280 |
| 合计 | | 4.39 | 39.15 | 538 |
| 相差 | | －0.37 | －1.59 | －9 |

补充混合精料后，与营养需要相比，干物质差 0.37 kg，产奶净能差 1.59 MJ，可消化粗蛋白质差 9 g，钙磷调整后再作考虑。

第五步，配方时先满足能量需要，再考虑蛋白质及其他营养物质。从这些差值中可以看出，能量饲料玉米可略增一些。计划将玉米增为 3.2 kg，麸皮、豆饼保持为 1 kg，则调整后配方如表 3-22 所示。

从表 3-22 可以看出，干物质少 0.2 kg，能量、可消化蛋白质已基本符合；钙磷分别缺 21.31 g 和 28.21 g。

第六步，补充矿物质和食盐。从饲料营养成分列表中查出磷酸氢钙含磷 160 g/kg 和钙 210 g/kg；石粉中含钙 350 g/kg。补充 28.21 g 磷需要磷酸氢钙 0.18 kg(28.21/160)，0.18 kg 磷酸氢钙能提供钙 37.8 g，满足了钙的需求。食盐用量为每 100 kg 体重 5 g，每产 1 kg 乳为 2 g，共需食盐 55 g。

表 3-22 调整后的精饲料配方

| 精料组成 | 用量/kg | 干物质/kg | 产奶净能/MJ | 可消化粗蛋白质/g | 钙/g | 磷/g |
|---|---|---|---|---|---|---|
| 玉米 | 3.2 | 2.828 | 27.712 | 179.2 | 0.64 | 8.64 |
| 麸皮 | 1 | 0.87 | 5.93 | 90 | 1.4 | 5.4 |
| 豆粕 | 1 | 0.87 | 7.24 | 280 | 3.2 | 6.1 |
| 合计 | | 4.56 | 40.88 | 549.2 | 5.24 | 20.14 |
| 相差 | | −0.2 | 0.14 | 2.2 | −21.31 | −28.21 |

第七步，将调整后的各种原料进行汇总，见表 3-23。

表 3-23 奶牛 TMR 构成及营养成分含量

| 原料 | 用量/kg | 营养成分 | 含量 |
|---|---|---|---|
| 玉米秸秆 | 1.5 | 干物质/kg | 12.59 |
| 苜蓿干草 | 3.5 | 产奶净能/MJ | 84.57 |
| 玉米青贮料 | 15 | 可消化粗蛋白质/g | 1 114.2 |
| 玉米 | 3.2 | 钙/g | 109.5 |
| 麸皮 | 1 | 磷/g | 64 |
| 豆粕 | 1 | | |
| 磷酸氢钙 | 0.18 | | |
| 食盐 | 0.055 | | |
| 小苏打 | 0.05 | | |
| 预混料 | 0.055 | | |
| 合计 | 25 | | |

（五）TMR 加工饲喂技术

奶牛养殖最大的成本是饲喂，如果能把饲喂的成本控制好，牛场的成本就可以降低很多。不但如此，良好的 TMR 监控工艺能够使奶牛场的人工成本、繁殖成本、设备成本等都降下来。日粮从原料供应到“纸上日粮配方”设计，再到“实际的 TMR”生产，最后到奶牛采食、消化、转化为牛奶等产品要经历一个复杂的过程；其中影响因素颇多，利害关系重大，因此，为了能够使牛场每一天的全混日粮的稳定性和营养平衡达到最佳，建立一整套管理体系来有效监控奶牛生产和TMR饲喂的每一个环节便成为奶牛场健康可持续发展的关键所在。

1. 奶牛养殖场使用TMR日粮应具备的条件

(1)TMR搅拌机的选择　TMR日粮加工的核心是将各种饲料原料，包括干草、青贮、精料和添加剂等按照科学的配方充分混合，因而加工中心的建设要有利于使各种原料最为方便地贮存、运输至混合加工设备并输送到奶牛饲槽。加工设备包括TMR混合加工设备、运输设备、取料设备、精料加工设备、粗料铡切设备以及青贮池建设等，以及饲料原料的储备及原料饲料检测化验设备等；仓储建设要相对集中，容量满足养殖场发展的需要；运输通道要宽阔、平整，复杂天气变化不影响加工运输操作，要有利于TMR车辆进出。在TMR饲养技术中能否对全部日粮进行彻底混合是非常关键的，因此牛场应具备能够进行彻底混合的饲料搅拌设备，即需要配备1台或几台特制的饲料搅拌机，TMR混合加工的主要设备是饲料搅拌机。目前，全混合日粮饲料搅拌机类型多样，功能各异。从搅拌方向区分，可分立式和卧式两种；从移动方式区分，分为自走式、牵引式和固定式3种。

固定式搅拌机就是固定在牛场内一个位置，不能到处移动。这种搅拌机的售价会相对低一些，但是需要养殖户自己拉着饲料去饲喂。主要适用于：奶牛养殖小区、小规模散养户集中区域、原建奶牛场，牛舍和道路不适合TMR设备移动上料。移动式多用于新建场或适合TMR设备移动的已建牛场。立式搅拌车与卧式相比，具有草捆和长草无须另外加工；相同容积的情况下，所需动力相对较小；混合仓内无剩料等特点。

牵引式的搅拌机可以将饲料直接拉到牛舍去饲喂，能够节省更多的人力，不过选购这种型号的搅拌机时要考虑到牛舍喂料通道的宽窄，喂料车适合通道较宽的牛舍(宽度＞2.5 m)，还要考虑牛舍的高度等因素。

目前我国牛场大多采用地下固定式TMR搅拌机，牛舍饲喂通道狭窄也可使用，费用较低，但需要运输混合好的TMR或使用分料机去牛舍饲喂。在立式和卧式搅拌车中，立式搅拌车优势显著。其原因是草捆和长草无须另外加工；相同容积的情况下，价格相对较低、所需动力相对较小；搅拌罐内无剩料。而卧式剩料难清除，影响下次饲喂效果；使用寿命相对较长。

(2)选择适宜的容积

容积计算的原则：选择合适尺寸的TMR混合机时，主要考虑奶牛干物质采食量、分群方式、群体大小、日粮组成和密度等。以满足最大分群日粮需求，兼顾较小分群日粮供应。同时考虑将来规模发展，以及设备的耗用，包括节能性能、维修费用和使用寿命等因素。

正确区分最大容积和有效混合容积：容积适宜的 TMR 搅拌机，既能完成饲料配置任务，又能减少动力消耗，节约成本。TMR 混合机通常标有最大容积和有效混合容积，前者表示混合内最多可以容纳的饲料体积，后者表示达到最佳混合效果所能添加的饲料体积。有效混合容积约等于最大容积的 70%～80%。

测算 TMR 密度：测算 TMR 密度有经验法、实测法等。日粮密度跟日粮原料种类、含水量有关。常年均衡使用青贮饲料的日粮，TMR 日粮水分相对稳定到 50%～60%比较理想，日粮的密度为 275～320 $kg/m^3$。讲究科学、准确则需要正确采样和规范测量，从而求得单位体积的质量。

测算奶牛日粮干物质采食量：奶牛日粮干物质采食量，即 DMI，一般采用如下公式推算。

$$\text{DMI(干物质采食量)占体重的百分比}=4.084-(0.00387\times BW)+(0.0584\times FCM)$$

式中：BW 为奶牛体重，kg；FCM(4%乳脂校正的日产量)＝(0.4×产奶量/kg)＋(15×乳脂/kg)。非产奶牛 DMI 假定为占体重的 2.5%。

测算适宜容积：举例说明，牧场有产奶牛 100 头，后备牛 75 头，利用公式推算产奶牛 DMI 为 25 kg/(头・d)，后备牛 DMI 为 6 kg/(头・d)。则产奶牛最大干物质采食量为 100×25＝2 500 kg，后备牛采食量最小为 75×6＝450 kg。如一天 3 次饲喂，则每次最大和最小混合量为：最大量为 2 500/3＝830 kg，最小量为 450/3＝150 kg。如果 TMR 日粮的干物质含量为 50%～60%时，密度约按 275 $kg/m^3$ 来计算，则混合机的最大容量应该为 $\frac{830}{0.6\times 275}=5.0\ m^3$，最小容量应该为 $\frac{150}{0.6\times 275}=0.9\ m^3$；也就是说混合机有效混合容积选择范围为 0.9～5.0 $m^3$，最大容积为(混合容积为最大容积的 70%)为 1.2～7.1 $m^3$。生产中一般应满足最大干物质采食量。

饲料搅拌机容积的选择也可根据牛场规模，平均为 250～400 $kg/m^3$，饲料搅拌机容积的选择可参考表 3-24。

**表 3-24 不同规模牛场饲料搅拌机容积的选择** $m^3$

| 牛场规模 | 混合机容积 | 牛场规模 | 混合机容积 |
|---|---|---|---|
| 300 头以下 | 5 | 500～800 头 | 9 |
| 300～500 头 | 7 | 800～1 000 头 | 12 |

(3)需要配备相应的化验室和技术人员 养殖场如果没有条件建立化验室的话，在每批饲料进场后，就需要到相关的科研院所检测相关的饲料原料，请专业人员来设计专业的日粮配方。购买的每一批饲料，它的蛋白质含量、粗纤维含量、水分含量等元素都是不一样的。比如苜蓿草，有些苜蓿草蛋白含量只有16%，而有些苜蓿草蛋白含量能达到26%。所以说，只有配备了专业的化验设备，了解了饲料原料当中的主要成分含量高低，才能设计出科学的饲料配方。当然在牛场中还要有专业的人员为奶牛设计日粮配方。

2. TMR的加工制作

(1)原料初加工 保证称量准确、投料准确，地泵要经常进行矫正，每批原料投放应记录清楚，并进行审核。玉米秸、花生秧等青贮饲料要进行铡短、切碎，干草类饲料要进行粉碎等。加工时要注意长度和细度都要科学合理，喂奶牛的玉米青贮控制在2 cm以下，不要太长。

(2)饲料的混合顺序 在搅拌机进行混合的时候，投料的顺序也有讲究。饲料投放应遵循先干后湿，先精后粗，先长后短、先轻后重的基本原则。如干草、棉籽类饲料，青贮饲料、糟粕类饲料、精饲料。立式饲料搅拌车即按照干草→精料→副饲料→全棉籽→青贮→湿糟渣的顺序添加。混合时间也有要求，边加料边混合，搅拌时间过长会使TMR太细，导致有效纤维不足；若时间太短，则原料混合不匀，所以要边加料边混合，原则上确保TMR中20%粗饲料长度＞3.5 cm，一般情况下加入最后一种饲料搅拌5～8 min即可，避免过度混合。物料含水率要求是，保证物料含水率在40%～50%。

(3)操作注意事项 TMR搅拌设备计量和运转时，应处于水平位置。在使用过程当中，要定时校对定量控制器，保证各组成部分的精确配给。

要掌握适当的搅拌量，不要过载。装载量一般占搅拌仓总容积的60%～75%，不超过最大容量的80%。添加过程中，防止铁器、石块、包装绳等杂质混入搅拌器。

一次上料完毕及时清除搅拌箱内的剩料。

加强日常维护和保养：初运转50～100 h进行例行保养，清扫传输过滤器，更换检查润滑油，更换减速机润滑油，注入新的齿轮润滑油；班前班后的保养，应定期清除润滑油系统部位积尘油污，在注入减速机润滑油时，要用擦布擦净润滑油的注入口，清除给油部位的脏物，油标显示给油量，油标尺显示全部到位；机械每工作200 h应检查轮胎气压；每工作400 h应检查轮胎螺母的紧固状态，检查减速机油标尺中的油高位置；每工作1 500～2 000 h应更换减速机的润滑油。

3. TMR 日粮评价方法

(1)感官评价法　加工好的 TMR 在感官上的表现是：精粗饲料混合均匀、松散不分离、色泽均匀、新鲜不发热、无异味、不结块。精料补充料最大比例≤日粮干物质的 60%；调制好的混合日粮水分控制在 45%～55%，冬季 40%～45%，夏季 45%～50%。原料变换或水分含量发生变化时，应检测其水分含量；同时每周测定一次青贮等高水分饲料的水分含量。添加保护性脂肪和油籽等高能量饲料时，TMR 脂肪含量应≤日粮干物质的 7%。

(2)TMR 颗粒度的测定　奶牛 TMR 颗粒度大小的量化分布，直接影响奶牛的干物质采食量、瘤胃功能、饲料报酬、生产性能和健康水平。宾州筛又称宾州颗粒度分级筛(PSPS)，用其来量化奶牛 TMR 的粒度。用 PSPS 测试饲料颗粒大小，PSPS 推荐不同牛群饲料粒度标准见表 3-25。我国在评价 TMR 日粮的均匀度和饲料长度时，使用圆形台体结构的 BX-4 型便携分级筛，适宜我国 TMR 质量评定的饲料分级；并建立 TMR 分级标准，在实际生产中推广应用，可促进我国奶牛养殖业健康发展。根据华北地区饲料的特点，用 PSPS 与 BX-4 型便携分级筛测试饲料颗粒大小，比较见表 3-26。

**表 3-25　PSPS 推荐不同牛群饲料粒度标准**　%

| 日粮种类 | 上层(粗) | 中层(中) | 下层(细) | 底层 |
|---|---|---|---|---|
| 泌乳牛 TMR | 15～18 | 20～25 | 40～45 | 15～20 |
| 干乳牛 TMR | 40～45 | 18～20 | 25～28 | 4～9 |
| 育成牛 TMR | 50～55 | 15～20 | 20～25 | 4～7 |

**表 3-26　PSPS 与 BX-4 分级筛推荐参考值比较**　%

| 筛层 | PSPS (高产奶牛) | BX-4 (高产牛) | BX-4 (干奶牛) | BX-4 (后备牛) |
|---|---|---|---|---|
| 顶层 | 6～10 | 10～15 | 45～50 | 50～55 |
| 第二层 | 30～50 | 20～40 | 15～20 | 15～20 |
| 第三层 | 30～50 | 25～45 | 20～25 | 20～25 |
| 底层 | ＜20 | 20～25 | 7～10 | 4～7 |

在生产中使用 TMR 便携分级筛测定颗粒度，可以据此调整搅拌时间、合理控制青贮铡切长度、控制青贮含水量，保障 TMR 的合理加工与饲喂。

(3)日粮营养成分分析　每月定期对生产 TMR 饲料原料和加工后的 TMR 进行采样分析，及时掌握每批原料的营养成分变化和加工后 TMR 是否符合配方要求，将实验室测定的各种营养成分含量，与 TMR 投料单配方的理论营养成分含量加以对比，新鲜 TMR 样品测试数据应接近“纸上”配方，两者误差应≤3%。主要化验项目包括草料干物质、能量、粗蛋白质、中性洗涤纤维（NDF）、酸性洗涤纤维（ADF）、部分微量元素等，另外还有掺假检验、霉菌检验等。对水分含量较高的饲料原料（青贮和糟渣类饲料等），至少每周检测 1 次水分含量，以确保日粮的稳定性。

(4)TMR 饲喂效果的评价

奶牛采食情况的评价：观察干物质采食量，防止因 TMR 饲料粒度、含水量、搅拌均匀度等问题引起奶牛干物质采食量不足。每天观察剩料情况，剩料量为给料量的 3%～5%为合适，剩料应每周至少称量 1 次，以确定是否存在足够的剩料，剩料不给围产牛吃，可以喂后备牛，但也要防止后备牛过肥。剩料粒度分布和组成应与喂前新鲜 TMR 接近，特别是顶层筛高于喂前 10%就表明挑食。

奶牛反刍情况的评价：一般情况下，随时观察牛群，奶牛采食后约 45 min 开始反刍，反刍约 7 次/d，持续约 50 min/次。多数奶牛（约 50%）在采食结束后躺卧反刍，而且粪便正常，表明日粮加工程度适宜；如果牛群中站立者居多或一些奶牛神情呆滞，又不是牛床舒适度、运动场环境欠佳，或者太过拥挤等原因造成的，则表明奶牛采食的饲料可能有问题，主要体现在精粗比、饲料粒度和饲料含水量等方面，应进行具体原因的分析。

奶牛体况的评价：体况评分为评定 TMR 营养搭配是否均衡，奶牛体况是否符合当前生产阶段要求提供了直接的参考依据。根据奶牛体况对日粮及代谢情况进行评估。育成牛可以参考其日增重变化对 TMR 进行评估；对于体况偏差的奶牛，要弄清原因，属于营养或饲养管理的问题，要从日粮配方或干物质采食量两个方面及时评估来调整。不同阶段的牛群体况评分标准见表 3-27。奶牛偏肥或偏瘦都与 TMR 营养成分及加工情况有关，都会对产奶量起到负面影响，容易发生酮病、瘤胃酸中毒、难产、脂肪肝等营养代谢性疾病和繁殖障碍，因此，饲喂 TMR 要根据体况评分进行调群或进行日粮调整。

**表 3-27　不同阶段牛群体况评分标准**

| 阶段 | 体况评分 | 阶段 | 体况评分 |
|---|---|---|---|
| 干奶牛 | 3.00～3.50 | 中产牛 | 3.00～3.25 |
| 初产牛 | 2.75～3.00 | 妊娠育成牛 | 3.00～3.25 |
| 高产牛 | 2.50～2.75 | | |

奶牛粪便状况的评价:奶牛在采食和瘤胃消化正常的情况下,排出的粪便是厚糊状,成年奶牛排粪12～18次/d,排粪量为20～35 kg/d,粪便中几乎找不到显著的谷物颗粒或>0.7 cm的纤维片,粪便有一定臭味。如果奶牛出现便秘,粪便呈坚硬的球状,则可能是蛋白质缺乏或劣质干草饲喂过多。如果奶牛拉稀,可能是TMR饲料中缺乏长干草和足够的有效中性洗涤纤维(peNDF)或者饲料粒度太大引起挑食所致。若粪便发亮、有气泡,可能是酸中毒的征兆。粪便的分析对饲喂效果的评价非常重要。使用美国嘉吉粪便分离筛评估奶牛采食TMR后的粪便,并且每周至少评估1次,粪便分离筛的使用步骤如下:

①对所要检测的牛群分别取样:每群100～150头,取10～15头牛粪样,每个取样2 L;

②对放入筛中的粪便进行冲(淋浴状态)洗(慢放快提流出和清洗的水清亮);

③冲洗完后,湿干分别称量并做好记录,如日期、筛检人、牛群、筛上物比例,拍照;

④根据筛上物颗粒种类判断出结果,从而对发现的问题采取改善措施。

一般情况,筛上物颗粒的种类是上层和中层的筛上物过多(<50%)时,瘤胃健康状况和饲料消化存在问题;上层和中层的筛上物大颗粒过多(纤维、棉籽、玉米)时,饲料消化存在问题或饲料的物理加工不当,引起消化率低。粪便状态:落地后堆高超过7.5 cm,说明饲料的亲和性差,一般为全饲草日粮而且瘤胃缺乏可发酵能量;5～7.5 cm高,形状规则,为高粗料日粮,而且瘤胃发酵效率低;2～5 cm高,圆形,中间有2～4个环,为中等精料日粮,而且瘤胃健康,发酵效率高;软,无形,周围有散点,pH<6.0,为高精料日粮,瘤胃健康受到挑战;绿色,液体状有流动性,系精料过多(70%以上精料),瘤胃和大肠发酵异常。正常情况下牛的粪便状态如下:干奶前期粪便落地后堆高5 cm;干奶后期中间有环;泌乳前期圆形,顶部平;泌乳盛期中间有环;泌乳后期堆高5 cm。

生理指标评价:可以根据牛奶中尿素氮和尿液的pH来检查日粮饲料的合理性。正常情况下牛奶中尿素氮含量为140～180 mg/L,尿液pH为6.5。如果牛奶中尿素氮含量过高,则日粮中蛋白质含量过高,或者能量过低;如果尿液pH过低,则可能日粮中精料比例过大,瘤胃有酸中毒发生等。

做好了奶牛TMR日粮质量评估体系,才能提高饲料营养转化率,降低饲喂成本,才能使奶牛吃到的每一口饲料的营养都是均衡的,提高了奶产量,最终获取最大的利润。

4. TMR饲喂管理技术

(1)分群管理　实现奶牛分群管理是进行全混合日粮饲喂技术的核心,因为所涉及的饲料配方，都是按照奶牛的营养需求来确定的。所以分群的一个总原则就是对于营养需求基本相似的牛群要分在一起。根据年龄可以把牛群分为犊牛、育成牛、青年牛、泌乳牛、干奶牛。根据生产阶段可以把泌乳牛分为泌乳初期、泌乳盛期、泌乳中后期、干奶期的牛群。根据产奶量对于饲养规模较大、管理更精细的牛场，母牛分群前尚需做好产奶量的测定、体况评定等基础工作。根据产奶量可以把牛分为高产泌乳牛群、中产泌乳牛群和中低产泌乳牛群，尽量减少群内差异，结合体况评分，便于控制不同牛群 TMR 的营养水平。对于大型奶牛场，泌乳牛群根据泌乳阶段分为前、中、后期，干奶早期、干奶后期牛群。对处在泌乳早期的奶牛，不管产量高低，都应该以提高干物质采食量为主。对于泌乳中期的奶牛中产奶量相对较高或很瘦的奶牛应该归入泌乳早期牛。

例如大型牛场可以分为：犊牛群（3～6 月龄）、育成牛群（7～12 月龄）、青年牛群（13 月龄至产前）。干奶牛可分干奶前期（停奶至产前 21 d）和干奶后期（产前 21 d 至产犊）；产奶牛可分为产后升奶群（产犊至 30 d）、高产群、中产群、低产群。有条件的牛场可据群间产奶量差距 10 kg 左右，进一步细化分群，产头胎的青年牛可单独组群。

对于中小型奶牛场，可以根据实际情况具体确定，可分为后备牛群（断奶至产前）、干奶牛群、泌乳前期（高产）群和中后期（低产）群。一般来说，牛群的头数不宜过多（100～200 头），同性状的牛可以分组饲喂；群间的产奶差距不宜超过 9 kg。分群前要进行摸底，测定每头牛的产奶量，查看每头牛的产奶时间，评估奶牛的膘情。首先根据产奶量粗略划分，然后进行个别调整，刚生产的牛（产后 1 个月内）即使产奶量不高，但因其处在升奶期，尽可能将其分在临近的高产群；偏瘦的牛为了有效恢复膘情要上调一级。每群头数一般以不少于 30 头为宜，上限应不超过挤奶厅一次挤奶头数和待挤区可容纳奶牛头数的总和。

饲喂 TMR 过程中，要随时观察奶牛体况膘情，并根据产奶量及体况膘情进行调群。对奶牛进行合理分群饲养后仍需根据变化进行及时调整，以保证每头牛都能吃到相应合理的 TMR 日粮，达到适宜体况。每群的大小应与牛舍结构、挤奶设备等相适应。

（2）良好的食槽管理　饲喂 TMR 要保证良好的食槽管理。首先保证母牛至少 1 d 中有 18～20 h 可接触到 TMR，一般奶牛的饲喂，一天投喂 2 次，在高温高湿季节里，要投喂 3 次，保证全混合日粮的新鲜。如果 TMR 每天饲喂 1 次，至少应推料 5 次，以防牛够不着饲料导致吃不饱。其次要保证母牛有适宜的食槽宽度：在采食槽位上，每头牛应有 70～90 cm 的宽度。投料过程中，必须投料均匀，保证奶牛采食的一致性。此外，要及时检查饲料剩余情况，每日称量奶牛剩料量，确定奶牛吃饱。记录每天每槽的采食情况、奶牛食欲、剩料量等，以便及时发现问题。24 h后的剩料<TMR每日添加量的3%～5%；剩料外观应该和最初投放的TMR一样，奶牛采食以后还必须及时清理、刷洗饲槽，避免剩料发热、发霉，还要做到不空槽、勤匀槽。剩料太少说明奶牛可能没有吃饱，太多则造成浪费。剩余的饲料经过重新搅拌再投喂给奶牛，一般高产奶牛的剩料投喂给低产奶牛，低产奶牛的剩料投喂给育成牛。

# 第四章　不同阶段奶牛的饲养管理

## 一、犊牛的饲养管理

犊牛是指从出生到满6月龄的小牛，一般分为新生、哺乳、断奶三个阶段。犊牛处于快速生长发育时期，身体各系统的组织器官发育不全，特别是消化系统和免疫系统，所以一定要在饲养管理方面采取周全细致的措施来提高犊牛的消化能力和免疫力。同时，犊牛作为牛场的后备力量，其饲养管理水平不仅影响牛场的整体经济效益，而且关乎牛场未来的发展。因此，犊牛的饲养管理已成为奶牛场规模化生产的关键环节之一。

### (一)初生犊牛的饲养管理

初生犊牛最易患病死亡，我们必须精心护理，预防疾病，提高成活率。为此，要做好待产、接产及犊牛产后的护理工作。

#### 1. 准备待产

做好待产工作，保证犊牛出生的成活率是奶牛场生产中重要一环。将待产母牛转到预先准备好清洁、干燥、柔软垫草的产房内，接产人员加强对母牛分娩前的观察，充分做好助产的准备工作，防止分娩时束手无策。

#### 2. 做好接产

对于分娩牛，要做好接产护理工作，规范其接产操作流程。接产时应先以0.1%的高锰酸钾药液对外阴及周围体表和尾根部进行消毒，然后观察胎儿体位，若胎儿两前肢夹着头部先出来，蹄底朝下，属正常胎位，胎儿可自然分娩，分娩时间头胎牛不超过2 h，经产牛不超过90 min，如果超出此时间应考虑助产；如果胎位不正，骨盆狭窄，母牛产力不足，即为难产，母牛难产应及时助产并注射催产素。助产时应注意：胎位不正时先将胎儿推回腹中，再进行矫正，严禁强拉硬拽，以免损伤产道；骨盆狭窄往往使犊牛窒息死亡，可采用截胎术；母牛产力不足时用消毒绳系住胎儿两前肢系部，再用助产器缓慢将其拉出。总之，要达到提高犊牛出生存活率和降低母牛产后损伤的目的。

3. 清除黏液

待犊牛产下后，首先要用干净的软布清除其口、鼻腔及周围的黏液，并轻压肺部，以防黏液进入气管。若犊牛产出时已将黏液吸入而造成呼吸困难时，可两人合作，握住两后肢，倒提犊牛，拍打其背部或胸部，使黏液排出；也可用稻草搔挠小牛鼻孔或冷水洒在小牛头部诱导呼吸。

4. 断脐

新生犊牛脐带往往可以自然断裂。如果已经断裂，则在断端用5%～10%的碘酊进行充分消毒；如果未断，可在距犊牛腹部6～8 cm处紧握脐带，用力揉搓脐带1～2 min，在揉搓部位的外端（远离腹部那端）用消过毒的剪刀剪断脐带，然后挤出脐带中的黏液并用碘酊将脐带内外充分消毒2～3 min，以防发生脐炎。

5. 擦干被毛

断脐后及时将犊牛与母牛分离（母牛正常的情况下，允许其舔舐犊牛，但时间不超过0.5 h，有利于胎衣的排出），方便挤奶。在冬季由于环境寒冷，对犊牛进行保温，用干草擦干或浴霸烘干犊牛被毛，然后将其放置于单独的犊牛舍（栏）中；在夏季，由于天气炎热，可不进行烘干，直接放置于单独的犊牛舍（栏）中进行饲养。

6. 打耳标，编号

应提前准备好耳标，便于完成上述护理后及时给犊牛打耳标，并根据牛只生产顺序进行规范编号。规模化养牛场应根据国家对奶牛的编号规则对母犊进行编号，牛只编号分4部分，由12位字符组成。

第一部分：省（自治区、直辖市）代码，共2位，占编号的第1～2位。全国各省（自治区、直辖市）的编号参见国标GB/T 2260。例如：北京市编号为“11”，天津市编号为“12”，河北省编号为“13”。

第二部分：牛场号，共4位，占编号的第3～6位。牛场号由各辖区畜牧主管部门统一编制，由英文字母和阿拉伯数字组成。

第三部分：牛只出生年度编号，共2位，占编号的第7～8位，统一采用出生年度的后两位数。例如2016年出生就写成“16”即可。

第四部分：牛只年内母犊出生顺序号，共4位，占编号的第9～12位，用阿拉伯数字表示，不足4位的用0补齐。

7. 称重记录

将编号后的犊牛称重，记录出生重、出生日期、系谱及外貌特征（有条件的牛场可对犊牛进行拍照，正面和左右两侧共3张照片）等相关内容。

8. 及时喂初乳

初乳是母牛产犊后5～7 d内所分泌的乳。初乳是犊牛最理想的食物，可增强其对外界的适应能力和对疾病的抵抗力，促进其正常生理机能的完善和生长发育。初乳中免疫球蛋白浓度会随时间的推移而降低，且出生24 h后犊牛就无法吸收完整的抗体。因此，应及时给犊牛喂初乳，而且越早越好。

(1)初乳的喂量及饲喂时间　犊牛出生后1 h(最好0.5 h内)要吃到初乳，第一次饲喂量一般为1.5～2 kg，尽量让其吃饱但不要过量，防止引起消化紊乱，以后可随犊牛食欲的增加而逐渐提高。出生的当天(生后24 h内)饲喂3～4次初乳。一般初乳日饲喂量为犊牛体重的8%～10%，而后每天饲喂3次，3～5 d以后，可饲喂常乳。

(2)初乳的饲喂方法　可以使用特制奶瓶，奶嘴上剪个十字开口，便于犊牛吮乳；也可采用奶桶饲喂，一手持桶，另一手中指及食指放入犊牛嘴里，使其吮吸，然后用手引致奶桶内，等犊牛吮吸到初乳时便将手取出，让其自由吮吸。如果犊牛拒绝吮乳，可用胃管强行饲喂。

(3)饲喂初乳的注意事项

①饲喂新生犊牛的初乳必须是健康奶牛所产的。合格的初乳中免疫球蛋白的含量在50 mg/mL以上(使用初乳测定仪可快速检测)。如果犊牛母亲死亡或者患有乳腺炎，可用其他产犊时间基本相同的健康母牛的初乳。应避免初乳的污染，挤奶时应严格消毒乳头。

②饲喂的初乳温度应保持在38～39℃，所以挤出的初乳应立即饲喂犊牛，如奶温降低，应水浴加热(切勿明火加热，且要快速搅拌，防止蛋白变性)至38～39℃，奶温过凉易造成犊牛下痢，奶温过高则容易发生口炎、胃肠炎或犊牛拒食。

③每次饲喂完初乳之后的1～2 h，应给犊牛饮温开水(35～38℃)1次。

④为了保证初乳的质量，对于日常富余的优质初乳，必要时进行冷冻储存以便初乳不足时备用。

(二)哺乳期(常乳期)犊牛的饲养管理

犊牛哺乳期的长短和哺乳量因培育方向、所处的环境条件、饲养条件不同，各地不尽相同。犊牛的总哺乳量一般以300～400 kg为宜，哺乳期2～3个月。但随着现代畜牧业的发展，大多数奶牛场都在逐渐减少哺乳量和缩短哺乳期，国内奶牛场大多在犊牛60日龄时断奶。目前，一般以犊牛连续3 d日采食精料达到1～1.2 kg以上为断奶标准。

1. 饲喂常乳(或代乳粉)和开食料

在3～5 d的初乳期过后，即可开始饲喂犊牛混合乳、常乳或代乳粉，常乳以其母乳最佳。代乳粉一般由奶粉、乳清粉、植物性脂肪、植物性蛋白、复合维生素、常量和微量元素等构成，其中，各养分含量要求为：脂肪≥16％、蛋白≥22％、灰分≤8.5％。代乳粉的品质一定要好，饲喂时加水溶解，待溶液温度接近39℃时放入容器，让犊牛自饮。国内外多项研究表明，代乳粉与常乳效果相当，能够满足犊牛的生长需要，并能够大大降低饲养成本。美国有60％的牧场在使用代乳粉。但也有研究表明，饲喂代乳粉或用量过大会引起腹泻。所以，建议养殖场使用代乳粉时，应对代乳粉进行营养成分测定，确定其品质达标后再使用。

犊牛饲养应该在早期饲喂固体饲料即犊牛开食料，开食料在瘤胃中发酵后的终产物——挥发性脂肪酸尤其是丁酸，有助于刺激瘤胃功能的发育。开食料应该是易发酵碳水化合物含量较高、含有足够的可消化纤维、具有适当粒度的固体饲料，在制作时强调适口性强、易消化且营养全面，其形状为粉状或颗粒状，但颗粒不应过大，一般以直径0.32 cm为宜。在瘤胃及其微生物菌群还没有发育成熟之前，纤维素在瘤胃中的消化过程很有限，饲喂长干草对于哺乳期犊牛瘤胃发育不如开食料有效，而且还会限制犊牛代谢能采食量，长干草在断奶后饲喂更好。

在此我们列出了一个哺乳期为60 d的培育犊牛的方案（表4-1）、几种典型的开食料配方（表4-2）。

**表4-1 犊牛60 d常乳期培育方案**

| 日龄 | 常乳或代乳粉 | | | 开食料或精料 | | |
|---|---|---|---|---|---|---|
| | 喂量/(kg/d) | 每天次数 | 方式 | 喂量/(kg/d) | 每天次数 | 方式 |
| 1～3 | 4 | 3 | 吸吮奶嘴或灌服强饲 | | | |
| 4～7 | 4 | 3 | 奶桶自饮 | 0.1 | 3 | 加入奶中 |
| 8～14 | 5 | 3 | 奶桶自饮 | 0.2～0.3 | 3 | 加入奶中 |
| 15～35 | 6 | 3 | 奶桶自饮 | 0.5～0.8 | 3 | 自由采食 |
| 36～49 | 5 | 3 | 奶桶自饮 | 0.9～1.2 | 3 | 自由采食 |
| 50～60 | 3～0 | 3～0 | 奶桶自饮 | 1.2～1.5 | 3 | 自由采食 |

**表4-2 几种典型的犊牛开食料配方** ％

| 饲料名称 | 配方1 | 配方2 | 配方3 | 配方4 | 配方5 |
|---|---|---|---|---|---|
| 玉米 | 21.5 | 64.7 | 37 | 35 | 43 |
| 燕麦 | 20 | 10 | 20 | | |
| 麸皮 | | | 10 | 27 | 15 |

续表 4-2

| 饲料名称 | 配方 1 | 配方 2 | 配方 3 | 配方 4 | 配方 5 |
|---|---|---|---|---|---|
| 豆饼 | 19.5 | 20.3 | 20 | 35 | 40 |
| 糖蜜 | 7.1 | 3.0 | 10 | | |
| 石粉 | 1 | 1.5 | | | |
| 磷酸钙 | 0.15 | | | | 1 |
| 食盐 | 0.25 | 0.5 | 1 | 1 | 1 |
| 碳酸氢钠 | 0.5 | | | 1 | |

2. 断奶后再补给粗饲料

传统的饲喂犊牛方法中为了刺激犊牛瘤胃活动机能,促使犊牛提前反刍,犊牛出生 1 周便开始饲喂干草等粗饲料。然而断奶前犊牛瘤胃尚未发育完全,瘤胃微生物族群尚未建立,此时犊牛身体还不能消化纤维素和长纤维,且干草体积大,增加消化道充盈度,不仅不利于犊牛采食,还造成犊牛的伪增重,干草产生的挥发性脂肪酸与促进瘤胃乳头发育相违背,减缓瘤胃的发育,降低消化率,因此断奶前不建议饲喂干草,只饲喂代乳粉和开食料、精料即可。

断奶前饲喂粗饲料将延缓犊牛瘤胃的发育和影响开食料的采食,从而推迟断奶时间。干草应在犊牛断奶后饲喂,也就是 60 日龄的犊牛开始饲喂优质苜蓿草,这时饲喂优质苜蓿可以促使瘤胃肌肉层的进一步发育。

3. 强化运动

运动可锻炼犊牛体质、增进健康,户外运动可使犊牛接受日光浴、促进血液循环和维生素 D 的合成,此外,阳光中的紫外线具有杀菌作用。

夏季犊牛生后 3~5 d,冬季犊牛生后 10 d 即可将其赶到户外运动场,每天 0.5~1 h,1 个月后每日 2 h 左右,上、下午各一次。但需根据气温的变化,掌握每日运动时间,夏季夜晚犊牛可以不进牛舍,在运动场地休息。反之冬季注意防寒,特别在我国北方,冬季天气严寒风大,要注意犊牛舍的保暖,防止贼风侵入,以免犊牛发生疾病。

4. 去角

犊牛生后 7~10 d(生病或体弱的牛只可延期去角)进行去角,以减少奶牛格斗时造成牛体受伤、人体伤害和设施损坏等。目前常用的方法为腐蚀法或电烙法。

腐蚀法:首先将犊牛保定,剪去角基部的毛,再用凡士林涂一圈,以防以后药液流出,伤及头部或眼部,然后用棒状苛性钠(或钾)稍湿水涂擦角基部,至表皮有微量血渗出为止。在伤口未变干前不宜让犊牛吃奶,以免腐蚀母牛乳房的皮肤。此法需在晴天且哺乳后进行。

电烙法：首先也是将犊牛保定，然后将一种特制电烙器（功率 100～200 W）加热到一定温度后，牢牢地将其顶部压在牛角基部 15～20 s 或者烙到犊牛角四周的组织变为古铜色为止（不宜太久太深，以防烧伤下层组织），再涂以青霉素软膏或硼酸粉。如有液体流出，要用棉花吸去。此法去角不出血，在全年四季都可进行，但只能给 35 日龄以内的犊牛使用。

5. 去除副乳头

正常情况下奶牛乳房只有 4 个乳头，但有的牛在正常乳头的附近生长有小的副乳头，应将其除掉，这样有利于成年后清洗乳房和预防乳腺炎。去副乳头的最佳时机应在 4～6 周龄，一般施行去除术去除。在确定主乳头后，切除副乳头要做到迅速、流血少和应激小。

方法：首先固定犊牛，识别副乳头，再将副乳头周围清洗消毒，向下轻拉副乳头，迅速用消毒剪刀在副乳头基部直接剪除，然后用 5%碘酒消毒即可。

6. 刷拭皮肤

刷拭可保持犊牛身体清洁，防止体表寄生虫的滋生，促进皮肤血液循环，增强皮肤代谢，促进生长发育，同时可使犊牛养成温顺的性格。

方法：每天对犊牛刷拭 1～2 次，刷拭时可用软毛刷，必要时辅以硬毛刷，但用力宜轻，以免损伤皮肤。

7. 做好断奶准备

严格执行犊牛培育方案，争取 60 日龄结束哺育期。当犊牛连续 3 d 采食颗粒料达到 1～1.2 kg 时可进行断奶，断奶前 1 周做好断奶阶段的过渡饲养。

方法：断奶前 10 d 左右开始增加精料喂量，减少牛奶喂量。每天喂奶次数由 3 次减为 2 次，再减为 1 次，临断奶时由 1 次减为 0 次，以后一直停喂牛奶。也可采用牛奶掺水的办法逐渐减少喂奶量，由 100%的牛奶逐渐过渡为 100%的水。

研究数据表明，两种方法都有效可行，前者更有利于刺激犊牛尽快增加开食料采食量。

（三）断奶后犊牛的饲养管理

1. 合理分群，控制密度

犊牛断奶后需要合群饲养，以适应群居生活。每群以 6～8 头为宜，分群时不能单纯考虑月龄，还应根据个体大小和体况进行调整。分群时要注意适宜的饲养密度，饲养密度应与采食槽位、饮水空间和牛床个数相匹配。一般每头犊牛采食槽位 30～50 cm，饮水槽位 5～10 cm，牛床个数与牛头数相同。

2. 精细饲养，保证环境卫生

犊牛断奶后需精细饲养，应使犊牛1～2周内尽快适应饲料和环境的改变，避免断奶应激。断奶后，给以精料，且要继续饲喂犊牛料，以减少饲料变化所产生的应激。断奶后犊牛应根据生长情况分两阶段进行饲养，且随着犊牛采食量的增加，不断增加精料，每天饲喂3次。同时提供足够的优质苜蓿供犊牛自由采食以弥补精料不足。建议日粮配方：①3～4月龄为犊牛颗粒料3 kg，苜蓿1 kg，自由饮水；②5～6月龄为犊牛颗粒料1 kg，犊牛混合料2.5 kg，苜蓿1 kg，青贮4 kg（过渡），自由饮水。混合精料配方举例：玉米42%，麸皮24%，豆饼4%，棉仁饼25%，磷酸钙1.5%，石粉1%，食盐1.5%，小苏打1%。

应保证干净充足的饮水，每天的饮水量应达到干物质采食量的4～5倍。水温不做特殊要求，但冬天决不能让犊牛饮用冰碴水。

牛舍环境要干净卫生、冬暖夏凉，牛床要干燥、平整、松软。对犊牛区应经常清理、打扫，及时清除粪便，并保持圈舍干燥。

（四）犊牛疾病的防治

犊牛期是牛发病率较高的时期，尤其是在前3个月，体质娇弱，饲养管理稍有不当即可引起各种疾病，如不及时检出和治疗，可引起犊牛死亡，甚至危害全群健康。因此，做好犊牛期的健康检查和常见病的防治非常重要。

1. 做好健康检查

要想做好健康检查，就要做到四看。一是看精神食欲。健康犊牛性情活泼，喜欢活动，食欲旺盛，抢食，亲近饲养人员；有病的犊牛，不喜欢活动、离群，精神不振，头低耳耷，眼神忧郁无光，鼻镜干燥，没有食欲，对饲喂反应冷淡，有时候吃几口就走，或站立不动，或卧地不起。二是看粪便。正常犊牛粪便呈黄褐色；吃草后则变为黑色或黑褐色干粪呈盘状；消化不良及下痢时粪便稀软、恶臭、颜色灰白；受凉时粪便多气泡；患肠炎时粪便有黏液。三是看呼吸。正常情况下，犊牛呼吸在胸和腹肋作用下完成，每分钟20～50次；在患病情况下，犊牛多为腹式呼吸、呼吸急促，听诊有异常呼吸音等。四是看被毛。健康犊牛被毛光亮、顺滑；营养不良或者严重感冒或下痢等病导致被毛蓬乱。一旦发现犊牛出现异常情况应及时隔离，并通知兽医进行诊治。

2. 做好常见病的防治

（1）腹泻　腹泻是犊牛生产中最常见的一种消化道疾病。

【病因】①饲喂变质乳（如变酸、发臭等）。②饲喂无规律，补料不当（补料或多或少，喂不易消化的豆饼等饲料）。③饮水不洁（凉水、污水均易引起腹泻）。④气候环境突然改变，可引起犊牛消化不良，导致腹泻。

【预防】根据发病原因，采取综合措施预防犊牛腹泻。首先，改善环境卫生，保持舍内温度恒定，加强犊牛运动；其次，改善犊牛的营养，早喂初乳，饲喂做到定位、定时、定量、定温和定人；再者，要做到无病先防、有病早治、定期检疫（严格检疫）和消毒，并建立病历卡，进行详细的记录。

【治疗】可口服乳酶生、盐酸诺氟沙星，出现脱水症状须停止喂奶，只饮口服补液盐。

口服补液盐配方一：氯化钾 1.5 g，苏打 2.5 g，盐 3.5 g，葡萄糖 20 g，溶于1 L 水。

口服补液盐配方二：葡萄糖 67.53 g，氯化钠 14.34 g，甘氨酸 10.3 g，柠檬酸 0.81 g，柠檬酸钾 0.21 g，磷酸二氢钾 6.81 g，混合。取以上混合物 32 g 溶于 1 L 水，所配液体为等渗溶液，pH 4.3，此方具有增强真胃凝乳作用。

(2)脐炎　脐炎是犊牛出生后由于脐带断端遭受细菌感染而引起的化脓性坏疽性炎症。

【病因】初生犊牛的脐带残留部分，一般在生后 3～6 d 即干燥脱落，在此期间若脐带受到污染及尿液浸渍，或接产时对脐带消毒不严，均可造成脐炎的发生。

【治疗】方法一：用 5% 碘酊涂擦脐部。初期用 80 万～160 万 IU 青霉素、0.25%～0.5% 普鲁卡因 10～20 mL，在脐孔周围封闭，脐孔形成瘘管时，用消毒药液洗净其脓汁，涂注碘酊。若有脓肿时，须切开排脓，脐带发生坏疽时，必须切除脐带残留部分，除去坏死组织，用消毒药液清洗后，再涂以碘酊。另需应用抗生素，防止全身性感染。

方法二：脐炎发病初期，可在脐部周围涂擦 5% 碘酊，然后涂抹鱼石脂；对化脓破溃形成瘘管的病牛，挤净浓汁，用双氧水、生理盐水依次冲洗，然后填塞磺胺粉，皮肤表面涂布碘酊，每日 1 次。

(3)肺炎　犊牛肺炎是犊牛饲养中最为常见的一种呼吸系统疾病。

【病因】①犊牛圈舍环境条件差，温度骤变；②饲养管理不到位；③感染病原微生物等。

【治疗】保持圈舍干燥，温度适合，做好保温工作，防止刺激性气体进入呼吸道，并选择广谱、高效、低毒的抗生素进行持续治疗。同时辅以抗炎、止咳利痰的治疗方法，可取得较好的效果。治疗中应避免大量低渗液和等渗液的输液方式，以防止肺水肿的发生。

(4)肢蹄病　肢蹄病是指发生于蹄尖壁、侧壁的真皮小叶层以及血管层浆液性弥漫性炎症。

【治疗】可于肿胀关节部位逆毛涂布鱼石脂，并配合肌内注射抗菌消炎药；对发生化脓、皮肤破溃形成蜂窝织炎的病牛，挤净脓汁后用双氧水、生理盐水依次冲洗，然后填塞磺胺粉，并放置浸有呋喃西林的引流纱布条，皮肤表面涂布碘酊即可，一般每隔 2 d 处理 1 次。

总之，在犊牛疾病预防过程中，要定时定期实施免疫。对犊牛副伤寒、结核病、口蹄疫等疾病有计划、有目的地严格控制。还要定时驱虫，对 2～3 月龄犊牛皮下注射阿维菌素，做到合理的饲养管理和有目的性的疾病预防相结合，保证犊牛健康快速成长。

## 二、育成牛的饲养管理

育成牛即 7 月龄至初次配种阶段的牛，通常指 7～18 月龄的牛。此阶段是奶牛在生理上达到最高生长速度的时期，奶牛在骨骼和体型上主要向宽、深方面发展，体重增加较快。如果此期营养缺乏或饲养管理不当，造成生长发育受阻，到成年时将无法补偿，并直接影响奶牛的初次配种月龄、受胎率、乳房发育、产奶性能及犊牛健康，以至影响其终生产奶潜力的发挥。

对这个阶段的母牛，其培育任务是：保证牛的正常生长发育和适时配种，按不同年龄发育特点和所需营养物质进行正确饲养，以实现健康发育，正常繁殖，尽早投产的目标。

### （一）分阶段饲养

#### 1. 7～12 月龄（小育成牛群）

此阶段是奶牛性成熟时期，性器官及第二性征发育很快，生长速度也最快。虽然此时奶牛前胃经过了犊牛期植物性饲料的锻炼，已具有相当的容积和相当的消化能力，但还保证不了采食足够的青粗饲料来满足此期快速生长发育的需要，应继续锻炼。

为了兼顾奶牛生长发育的营养需要和促进消化器官的进一步生长发育，此阶段日粮应以粗饲料为主，少量补充精饲料。优质干草、青草的饲喂量控制在体重的 1.5%～2.5%（干物质基础）。可以用适量的青贮、多汁饲料代替干草，但青贮饲料不能用太多，水分在 80%以上青贮、多汁饲料与干草的比例为 5∶1，水分在 70%时，比例调整为 3∶1。精料补充料应根据粗饲料的品质，用量控制在 1.5～3 kg/（头·d）。一般情况下，精料比例一般占饲料干物质总量的 25%～35%。日粮的粗蛋白水平控制在 13%～14%。另外，日粮中给予充足的钙磷铁锌等微量元素，以满足骨骼快速生长的需要。日粮中也可添加适宜的微生态制剂，有效补充瘤胃内的有益微生物，改善菌群平衡，提高机体的代谢及饲料利用率，增强牛体质。

2. 13～18 月龄(大育成牛群)

此阶段消化器官发育已接近完善,进入体成熟时期,生殖器官和卵巢的内分泌功能更趋健全,发育正常者体重可达成年牛的 70%～75%。日粮要保持营养适中,否则导致奶牛过肥过瘦均有不利影响。这一阶段日粮以优质干草、青贮和块根为主,同时适当补充少量精料。精粗比为(10%～15%)∶(85%～90%)。每日每头牛给混合精料 1.5～3 kg,青贮 10～15 kg,干草 3 kg。日粮中必须经常供应食盐和各种矿物质饲料,钙磷比例以(1.5～2)∶1 为宜,其可混入精料中喂给,也可单独添加任其自由选食。

(二)管理

1. 合理分群

育成期奶牛个体之间会出现差异,在饲养过程中应及时采取措施,加以调整,以便使其同期发育、同期配种。一般在生产上常把这一阶段的牛分为两群进行饲养管理,7～12 月龄为一组(即小育成牛),13～18 月龄为一组(即大育成牛)。牛分群时,同性别的年龄和体格大小应该相近,月龄差异一般不应超过 2 个月,体重差异要低于 30 kg。饲养牛头数多时应按大小、强弱再分群,每群的头数不超过 50 头,体重相差不超过 30 kg。

2. 加强运动

育成牛在全饲(舍饲、拴系饲养)条件下,每天至少应有 2 h 以上的运动。上、下午各运动 1 h 以上,促进心、肺等器官发育,为奶牛高产打基础。多晒太阳,促进钙吸收和骨骼生长。

3. 制订生长计划

根据奶牛不同年龄生长发育的特点和饲草、饲料供应状况,确定不同日龄牛的日增重幅度,制订出适宜的生长计划:整个生长期平均生长率为 750 g/d 左右,前期为 600～700 g/d,后期为 800～900 g/d,14～15 月龄时达到初次配种体重 375 kg(成年体重的 70%)以上。

4. 测量体尺、体重、胸围

每月进行 1 次体尺、体重和胸围的测量,并进行统计分析,发现问题及时解决。体尺、体重不达标的牛,适当增加精料喂量;对体重超过标准 15%以上的牛,适当减少精料喂量,加强运动。

5. 适时配种

牛的初配工作将在这一时期完成,要做好相应的发情鉴定、记录和配种工作,对长期不发情的牛要进行检查和治疗。对配种的青年母牛要记录配种日期、母牛编号、冻精公牛编号等,以便以后牛只系谱的记录。牛的发情周期为 18～24 d,平均21 d，对配种后返情的青年母牛及时补配，对未返情的青年牛应及时妊检，用手做直肠妊检在配种后45～60 d进行较好，采用B超妊检的可提前到28 d或更早进行。

对14月龄以上育成牛，要仔细观察发情表现，若体重达到配种要求(375 kg以上)，发情时要及时配种。荷斯坦牛的初配标准是体重达375 kg、体高达127 cm。这里需要强调的是配种不要以月龄为标准(饲养良好的14～16个月就能配种，饲养差的18～20个月才能配种)，而是以体重、体高为标准，避免以后初产分娩时体重小，难产率提高，产奶量低，缩短牛的使用年限等问题。

6. 刷拭、按摩

为了保持牛体清洁，促进体躯、乳腺的生长发育和养成温驯的性格，培养人畜友好关系，每天至少应刷拭体躯和按摩乳房1次，每次按摩时，用热毛巾轻轻擦揉乳房。

## 三、青年牛的饲养管理

习惯上把初次配孕至初产这一阶段的母牛称为青年母牛，也叫初孕牛。青年母牛怀孕后，要加强饲养管理。

(一)饲养要点

1. 怀孕初期

青年母牛仍处于生长发育时期，尚未达到体成熟，但母牛怀孕初期，其营养需求与怀孕前差异不大，可以采用之前的少精料、多粗料的饲养方法。

2. 妊娠后期(分娩前3～4个月)

营养需求较前期有较大差异。由于胎儿生长迅速，需要较多的营养，应适当增加精料补给，按奶牛饲养标准进行饲养，以满足母牛继续生长和胎儿生长发育的需要。同时，使母牛适应高精料日粮，为产后泌乳时采食大量精料做好必要准备。精料喂量可增加至2.5～3.0 kg/d。按干物质计算，大容积粗饲料要占70%～75%，精饲料占25%～30%。但应避免母牛过肥，以免发生难产及其他疾病，膘情以中等为宜，并要注意维生素、钙、磷等物质的供给。

3. 预产前60～21 d

日粮以中等质量的粗饲料为主，干物质采食量每头牛每日10～11 kg(占体重的4%)，粗蛋白水平14%，精料每头牛每日3 kg。

4. 预产前21 d至分娩

采用过渡期饲养方式，干物质进食量每头牛每日10～11 kg，粗蛋白水平14.5%，依据奶牛健康状况和食欲，逐步将每头牛每日精料增至产犊时4～

4.5 kg。

自配精料配方参考如下：①玉米50%、豆饼26%、麦麸20%、食盐1%、磷酸氢钙1%、小苏打1%、预混料1%。②玉米52%、豆粕20%、麦麸16%、棉粕5%、菜粕3%、磷酸氢钙1%、食盐1%、小苏打1%、预混料1%。③玉米48%，豆饼23%，麸皮26%，碳酸钙0.5%，磷酸钙1.7%，食盐0.5%，矿物质和维生素添加剂0.3%。

(二)管理要点

1. 分群管理

最好根据配种受孕情况，将怀孕天数相近的牛编入一群，分群饲养管理。妊娠7个月后转入干乳牛舍饲养，临产前2周转入产房饲养，注意观察临产症状，做好分娩准备工作。

2. 刷拭皮肤、按摩乳房

青年牛怀孕后要培养温顺习性，管理上要有耐心，坚持每天刷拭皮肤1～2次，并按摩乳房。按摩从妊娠后5～6个月开始，每天1或2次，每次3～5 min，产前1～2个月停止，以利于未来的挤奶操作。但不能试挤，也不能擦拭乳头，以免挤掉乳头塞或擦去乳头周围的蜡状保护物，而引起乳腺炎或产后乳头坏死。

3. 防止互相吮吸乳头，引起瞎乳

由于管理及一些综合因素的影响，头胎往往有个别牛会出现互相吮吸乳头的恶癖，在饲养管理中要仔细观察，发现吮吸乳头的牛要及时隔离或采取相应措施。

4. 保证足够运动量

对舍饲的牛来说，每天要保证至少有2 h的运动量。尤其是对分娩前2个月的牛要加大运动量，每天至少行走1.5～2 km，以防难产，并保持牛的身体健康。

5. 防治机械性流产、早产

青年牛由于是初次怀孕，好动恶静，在奔跑、跳跃、嬉耍中易导致流产，所以管理上要细致耐心，上下槽时不急轰、急赶，不乱打牛；不喂发霉变质饲料；冬天不饮结冰水、不喂冰冻料，防止在冰冻地面或冰上滑倒。同时母牛怀孕后期行动不便，应防止牛与牛拥挤和滑跌造成早产。

总之，青年母牛阶段是奶牛产奶前的最后一阶段，以后将形成分娩—产犊—泌乳往复循环。搞好这一阶段的饲养管理对今后母牛的健康和投产至关重要。

## 四、干奶期奶牛饲养管理

作为奶牛饲养管理的重要环节，干乳有利于奶牛体况的恢复、奶牛乳腺机能的恢复、疾病的治疗及胚胎的发育。干奶方法的好坏、干奶期长短、干奶期饲养管理的好坏直接影响胎儿的发育、母牛的健康以及下一个泌乳期的产奶性能。

（一）干奶期的长短

干奶期的长短视奶牛具体情况而定，一般为40～70 d，以58 d最佳，平均60 d左右。生产中要求至少80%的奶牛干奶期控制在40～70 d内。原则上对头胎奶牛、体弱母牛、老年牛、高产牛以及产犊间隔短的牛，干奶期可适当延长，但最长一般不宜超过70 d，否则奶牛过于肥胖，导致难产，影响产奶量。而对于身体强壮、营养状况良好、产奶量较低的奶牛，可适当缩短干奶期，但最短不宜少于40 d，否则，乳腺组织没有足够的时间进行再生、更新。

（二）干奶的方法

干奶的方法有逐渐干奶法和快速干奶法两种。

(1)逐渐干奶法　逐渐干奶法是在1～2周的时间内将泌乳活动停止。该方法适合于患隐形乳腺炎或过去难以停奶的高产奶牛，对于其他泌乳牛则很少使用。具体操作为：在预定干奶前1～2周开始停止乳房按摩，改变挤奶次数和挤奶时间，由每天3次改为2次，再改为一天1次，而后隔日1次，当奶量降至4～5 kg时，1次挤尽即可。同时改变日粮结构，逐渐减少青贮、青饲料及多汁饲料，限制饮水（夏季除外），以抑制乳腺组织分泌活动。

(2)快速干奶法　即在预定干奶之日，不论当时奶量多少，即由有经验的挤奶员，认真热敷按摩乳房，将奶挤干净。这种停奶方法对干奶技术要求较高，易引起奶牛乳腺炎发生，仅适用于中、低产的奶牛。具体操作为：从干奶的第一天开始，适当减少精料，停喂青绿多汁饲料、控制饮水，减少挤奶次数。干奶第一天挤奶次数由3次改为2次，第二天挤奶1次，而后隔天挤奶1次，如此5～7 d后，日产奶量降为8～10 kg，即可停止挤奶。最后一次将奶全部挤干净后，用杀菌液体消毒乳头，而后向每个乳区注入一支含有长效抗生素的干奶药膏，最后再用3%次氯酸钠或其他消毒液浸浴乳头。同时，对于奶量较高的奶牛，建议在干奶前一天停止饲喂精料，以减少乳汁分泌，降低乳腺炎的发病率。

无论采用何种干奶方法，乳头经封口后即不再触动乳房。在干奶后的7～10 d内每日2次观察乳房的变化情况（是否有红肿、热、痛）。乳房可能继续充胀，5～7 d后，乳房内积奶逐渐被吸收，10～14 d后，乳房收缩松软，处于休止状态，停奶工作结束。

（三）干奶期饲养管理要点

1. 干奶前期（停奶至产前21 d）

此阶段饲养管理目的是维持胎儿发育，使乳腺和机体得到休整，为下一个泌乳期做准备。对于营养状况较差的干奶牛应提高营养水平，达到中、上等膘情，日粮应以中等质量粗饲料为主，干物质采食量占体重的1.8%～2.0%，除足量供应优质牧草外，混合精料每头牛每天2.5～3 kg。对于营养良好的干奶牛，整个干奶期一般只给予优质干草并补充少量的精料即可。对于营养不良的干奶牛，还应该饲喂精料，一般按照日产10～15 kg的奶牛的标准饲养，供应8～10 kg的优质干草、15～10 kg的青绿饲料和3～4 kg的配合精料。

2. 干奶后期（干奶前期结束至分娩）

干奶后期奶牛日粮应以优质禾本科粗饲料为主，做好干奶牛与新产牛的日粮过渡。对于体况较差的母牛及高产牛要适当控制青粗饲料，增加一定量的精料。干物质采食量应占体重的2.0%，可适当添加阴离子盐产品降低日粮中钙的水平，促进泌乳后日粮钙吸收和代谢。

散栏饲养的密度应小于90%，每头牛间距保持90 cm。围产后期要做好保胎工作，防止流产；产前15 d进入产房，昼夜设专人值班，随时注意观察牛只状况；没有产房的牧场，直接进入围产牛舍。适当运动，保证每头牛大约20 $m^2$ 的面积，地面保持清洁、干燥，每天消毒。

3. 干奶期管理

(1)清洁与消毒　每日必须加强对牛体的刷拭，以清除皮肤污垢，促进血液循环，要求每天至少刷拭2次。同时，必须保持牛床清洁干燥，勤更换褥草，尤其注意保持后躯和乳房的清洁卫生。

(2)运动　干奶牛应适当运动，但不可驱赶，以逍遥运动为宜。每天运动2～3 h。以促进血液循环，有助于分娩，减少难产和胎衣滞留。运动场要注意清除铁器、异物、保持清洁。

(3)分群饲养　重胎牛之间的生理状态、生活习性比较相似，最好设单舍、单群饲养。为了益于保胎，在干奶期不宜进行采血、接种和修蹄。

## 五、围产期奶牛饲养管理

围产期奶牛是指分娩前后21 d内的奶牛。围产期是奶牛饲养管理过程中极为重要的一个生产环节，如果饲养不当，轻则发病率增加，容易出现消化、代谢紊乱，如酮病、胎衣滞留、乳腺炎等，影响母牛下胎的产奶量，重则造成母牛死亡和胎儿夭折。围产期分为围产前期、分娩期、围产后期。

（一）围产前期的饲养管理

(1)围产前期的饲养　围产前期应提高日粮营养浓度，以保证胎儿急剧生长和母牛的营养需要。日粮粗蛋白质含量一般较干奶期提高25%，并从分娩前15 d开始，逐渐增加精料喂量（0.5 kg/d）至母牛体重的 1%，以调整微生物区系，适应产后高精料的日粮。对于体况过肥的牛（4＋分）或有酮病史的奶牛，宜在日粮中添加 6～12 g 的烟酸，以降低酮病和脂肪肝的发病率。同时，供给优质饲草，以增进奶牛对粗料的食欲，并注意逐渐将日粮结构向泌乳期转变，以防产后日粮组成的突然改变，影响奶牛的食欲。如在围产前期饲喂 4.5～9 kg 的玉米青贮，有助于产后更快适应泌乳期日粮；在高产奶牛围产前期日粮中添加 100 g 的脂肪酸钙，以便让牛对其味道进行适应等；减少食盐量，以避免乳房过度水肿。对有乳热症病史的牛场，日粮钙含量降为 20～40 g/d，磷为 30 g/d，钙磷比调为 1∶1，如已发生乳房过度水肿，则需酌减精料量。

(2)围产前期的管理　围产前期的奶牛应转入产房进行饲养管理，尤其做好母牛生殖器的消毒及护理。产房必须事先用 2%NaOH 溶液（或其他消毒液）喷洒消毒。临产奶牛进产房前必须填写入产房通知单（预产期、上胎分娩情况等），并对奶牛后躯及外阴部用 2%～3%来苏儿溶液或其他消毒液进行擦洗消毒。建立消毒制度，产房工作人员进出产房要穿清洁的工作服，用消毒液洗手。产房入口设消毒池，进行鞋底消毒。

（二）分娩期的饲养管理

(1)做好待产工作　产房昼夜应有专人值班。发现奶牛表现精神不安、停止采食、起卧不安、后躯摆动、频回头、频排粪尿，甚至鸣叫等临产症候时，应立即用 0.1%高锰酸钾溶液（或其他消毒液）擦洗生殖道外部及后躯，并备好消毒药品、毛巾、产科绳及剪刀等接产用的器具。

(2)舒适的分娩环境和正确的接产技术　奶牛分娩时，环境必须保持安静，并尽量让其自然分娩。奶牛分娩应使其左侧躺卧，以免瘤胃压迫胎儿；一般从阵痛开始需 1～4 h，犊牛即可顺利产出。如出现难产、异常等，技术人员应及时助产。如能用羊水喂给母牛，将有助于产后排胎衣。

(3)分娩后的卫生与护理　母牛分娩后必须将其两肋、乳房、腹部、后躯及尾部的污物用温水清洗干净并擦干；将分娩中玷污的垫草和粪便清除，地面消毒后铺以清洁垫草。奶牛分娩后应尽早驱其站立，以免因腹压过大而造成子宫或阴道翻转脱出。还应喂饮热的益母红糖水，每天 1 次，连服 2～3 d。另外，做好产犊记录，奶牛在分娩过程中是否发生难产、助产的情况、胎衣排出时间、恶露排出情况、分娩时奶牛的体况和犊牛的状况等，均应详细记录。

（三）围产后期的饲养管理

(1)围产后期的饲养　奶牛分娩体力消耗很大，分娩后应使其安静休息，并饮喂温热麸皮盐钙汤 10～20 kg(麸皮 500～1 000 g,食盐 50～100 g,碳酸钙 50 g,水 10～20 kg),以利奶牛恢复体力和胎衣排出。产后 1 周内,饲养上以优质干草为主,任其自由采食,精料逐日渐增 0.45～0.5 kg。对产奶潜力大,健康状况良好,食欲旺盛的多加,反之则少加。同时,在加料过程要随时注意奶牛的消化和乳房水肿情况,如发现消化不良,粪便稀或有恶臭,或乳房硬结,水肿迟迟不消,就要适当减少精料。待恢复正常后,再逐渐增加精料。青贮、块根、多汁饲料要适当控制,待奶牛食欲良好、粪便正常、恶露排净、乳房生理肿胀消失的情况下,按标准喂给。

(2)围产后期的管理　为了使奶牛早日恢复体质,防止由于大量泌乳而引起乳热症等疾病,对于体弱 3 胎以上奶牛,应视情补充葡萄糖酸钙 500～1 500 mL。产后 1 周内的奶牛,不宜饮用冷水,以免引起胃肠炎,一般最初水温宜控制在 37～38℃,1 周后方可逐渐降至常温。为了增进食欲,宜尽量让奶牛多饮水,但对乳房水肿严重的奶牛,饮水量应适当控制。挤奶过程中,一定要遵循挤奶操作规程。对于高产奶牛,在产后 2～3 d 不宜将乳房中的奶完全挤干净,特别是产后第一次挤奶。

## 六、泌乳期奶牛的饲养管理

正常情况下,母牛产犊后进入泌乳期,由产房转入泌乳牛群。奶牛泌乳期长短变化很大,持续 280～320 d 不等,登记和比较产奶量时一般以 305 d 为准。泌乳期的长短与奶牛品种、年龄、产犊季节和饲养管理水平有关。科学的饲养管理是发挥奶牛生产潜力的重要条件。在品种一定的情况下,饲养管理水平不仅关系到本胎次的产奶量和发情情况,而且还会影响到以后各胎次的产奶量和使用年限。

### (一)一般饲养管理技术

#### 1. 合理配合日粮

(1)泌乳牛的日粮组成应力求多样化且适口性好　一般而言,奶牛的日粮应有 4～5 种及以上混合均匀的精饲料(谷物类、豆类或其副产品),2 种以上的粗饲料(羊草、苜蓿等),2～3 种多汁饲料(青贮、根茎瓜果类)等混合组成。另外,在配合精料时可以适量添加甜菜渣、糖蜜等饲料,以提高日粮适口性。实践应用中要按照不同泌乳阶段奶牛的营养需要,将所有计算出的各种饲料调制成全价日粮,制作成全混合日粮(TMR 日粮)。TMR 日粮干物质中优质干草比例应为 15%～20%,青贮及其他多汁饲料占 25～40%,其余为精饲料。

(2)优质青粗饲料的持续均衡供应及精、粗料合理搭配　青粗饲料作为奶牛日粮的主要成分,不但是奶牛重要的营养来源,而且能改变瘤胃发酵类型进而影响奶牛的生产性能和健康。其以纤维素含量高为特点,在瘤胃微生物发酵过程中被充分利用，可以降低生产成本。一般而言，优质的青粗饲料供给干物质应占日粮干物质的60%左右。每头奶牛每天摄入的1 722 kg干物质中，36%～40%来自精料，日粮一般含有16%粗蛋白，17%左右的粗纤维。

精料的喂量，常依青粗饲料的品质以及产奶水平而定。一般而言，荷斯坦牛，日产奶不足20 kg的，每生产2 kg牛奶，饲喂0.5 kg精料；产奶量为21～30 kg的，每产1.5 kg左右，喂给0.5 kg精料；产奶量超过30 kg的，每产1 kg给予0.5 kg精料。对于牛奶固形物含量较高的奶牛品种，日产奶量不足15 kg的，每生产1.5 kg牛奶，饲喂0.5 kg精料；产奶量为15～30 kg的，每产1 kg左右，饲喂0.5 kg精料；产奶量超过30 kg的，每产0.9 kg给0.5 kg精料，但应注意精料最大喂量不宜超过15 kg，或按日粮总营养价值计，精料给量不超过65%。如喂给过多的精料。轻则影响乳脂率，造成消化障碍、厌食、拉稀，重则出现皱胃移位、慢性酸中毒、蹄叶炎等各种营养代谢紊乱，从而严重影响奶牛的健康和产奶性能。在生产实践中，切勿滥用精料。

(3)日粮质量的严格把控　日粮的质量直接影响产奶量及奶牛健康。在配置日粮时，既要保证营养成分及含量，满足奶牛对干物质的需求，又要注意日粮的新鲜、无霉烂、变质现象。

2. 饲喂方法

(1)饲喂次数和顺序　采用全混合日粮(TMR)饲喂技术，每天饲喂3次。在饲喂程序上，一般采用先粗后精，以精带粗，精粗搭配，先干后湿的方法。

(2)定时定量、少给勤添　定时指每天按时分次饲喂。奶牛在长期的采食过程中可形成条件反射，在采食前消化液就已开始分泌，为采食后消化饲料打下基础，这对于提高饲料中营养物质的消化率极为重要。只有定时饲喂，才能保证奶牛消化机能的正常活动。

定量饲喂是每次给予奶牛的饲料数量基本固定，尤其是群饲时。精饲料应定量供给，而粗饲料可以采用自由采食的方式，这样可使得奶牛在采食到定量的精饲料后，根据食欲强弱而自行调节粗饲料的进食量。

“少给勤添”指每次供给奶牛的饲料量应在短时间内让其吃完，而后多次少量添喂。这样可以使奶牛经常保持良好的食欲，并使食糜均匀地通过消化道，以提高饲料的消化率和利用率。TMR日粮应保证空槽时间不超过2～3 h。

(3)逐渐更换饲料　由于奶牛瘤胃内微生物区系的形成需要30 d左右的时间，一旦打乱，恢复很慢。因此，在更换日粮成分时，必须循序渐进，以便使奶牛和瘤胃内微生物区系能够逐渐适应。尤其是粗饲料，在更换时，应有2周左右的过渡期。

(4)饲料中异物的清除　由于奶牛采食饲料时是将其卷入口内，粗略咀嚼即咽下，故对饲料中的异物反应不敏感，因此饲喂奶牛的精料要用带有磁铁的筛子进行过筛；另在青草饲料切草机入口处安装磁化铁，以便除去其中夹杂的铁钉、铁丝等尖锐异物，以免出现网胃-心包创伤。对于含泥沙较多的青割饲料，还应将其浸在水中淘洗后再进行饲喂。

3. 饮水

牛奶中87%左右是水分，饮水对保持奶牛的健康和得到高额产奶量的重要性不亚于正常的饲养技术。因此，必须保证奶牛每天有充足的饮水。奶牛饮用水质应符合标准，保持清洁卫生。水温应保持在8℃以上，防止冬季奶牛饮用冰水。奶牛场最好设有自动饮水器，没有自动饮水器的饮水池应设置在饲槽15 m范围之内。此外，注意饮水卫生，要求每周至少清理饮水池1次，每年测定水质包括细菌数、矿物质含量、硝酸盐含量、pH等1次以上。

4. 适度的运动

舍饲奶牛，每天应有适当的时间运动或放牧。运动能促进血液循环，增强体质，增进食欲，防止腐蹄病，改善繁殖机能；同时运动还可让奶牛接受紫外线照射；运动还有助于观察发情、发现疾病。因此舍饲奶牛每天至少户外运动2～3 h。

5. 科学挤奶

(1)机械挤奶　规模化奶牛场使用奶厅机械化设备挤奶，利用真空造成乳头内外压力差，使乳头内部的奶被吸向低压的真空罐。机械挤奶必须注意操作规程，经常检查挤奶设备的运转和真空节拍等情况，若不注意，会增加乳腺炎的概率。挤奶前，挤奶员应对奶牛的乳房进行认真仔细的观察，及时发现乳房有无红、热、肿现象。要做好乳房按摩及挤奶前后消毒工作。对于已经感染乳腺炎的奶牛应分开挤奶并积极治疗。

(2)挤奶次数　挤奶次数一般为每天2～3次。多次挤奶有利于产奶量的提高。一般对于高产奶牛，每天挤奶3次；中低产奶牛每天挤奶2次即可。

6. 使用饲料添加剂

常用饲料添加剂有缓冲剂、酵母培养物、烟酸等。现就这3种添加剂的使用予以介绍：

(1)缓冲剂　缓冲剂在增加采食量、产奶量和预防乳脂下降方面有效，适用：①泌乳早期；②饲喂大量精料时，特别是饲喂次数少情况下；③青贮作为主要或唯一粗饲料时；④粗饲料较短或饲料颗粒较小时；⑤日粮由高粗料日粮向高精料日粮转变时；⑥乳脂率下降时。

(2)烟酸　烟酸作为辅酶系统重要组成部分，在奶牛三大营养代谢中起重要作用，可改善能量负平衡，降低酮病发生及刺激瘤胃原虫生长。对于高产奶牛或膘情过肥过瘦的奶牛可在产前 2 周开始每天饲喂 6 g，而产后每天饲喂 12 g 直到采食高峰(产后 10～12 周)。

(3)酵母培养物　酵母培养物可以刺激纤维分解菌的生长，保持稳定的瘤胃内环境以及促进乳酸的利用。一般是产前产后各 2 周使用或在奶牛拒食饲料或应急期使用。

(二)泌乳期各阶段的饲养管理

奶牛泌乳期按其生理特性可分为泌乳初期、泌乳盛期、泌乳中期和泌乳后期。在生产中，可根据奶牛的产奶量分为高产群、中产群和低产群，以便于投料和挤奶。

1. 泌乳初期的饲养管理

产犊后 10～15 d 为泌乳初期。该期奶牛食欲尚未恢复，消化机能较弱，乳房有水肿现象，繁殖器官逐渐恢复，乳腺及循环系统机能还不正常，机体处于负平衡状态。该阶段主要任务是奶牛身体的恢复。

高产奶牛泌乳初期需注意，产犊后第一天，挤出的奶够犊牛饮用即可；以后逐渐增加挤奶量，在产后 4～5 d 内乳房内的乳汁不应挤干，直到第 5 天将奶全部挤干。每次挤奶时应充分热敷和按摩，使乳房水肿迅速消失。对于中低产奶牛或没有乳房水肿的奶牛，产后第一天就可以将奶全部挤干净。

对于体弱的母牛，产犊后最初几天可饲喂优质干草，3 d 后喂多汁饲料和精料，随后根据乳房的水肿情况及消化系统状态逐渐增加多汁饲料和精料量直至乳房水肿消失，恢复正常的喂量。对于产后无乳房水肿、消化系统状况正常的奶牛产后即要加喂多汁饲料和精料，1 周即可增加到正常喂量。

2. 泌乳盛期的饲养管理

泌乳盛期是指产后 21～100 d，该阶段母牛食欲已经恢复至正常，应饲喂泌乳盛期的 TMR，可增加 TMR 投喂次数，保证日粮新鲜度和充足的采食时间，提高干物质采食量，减少产后能量负平衡，尽早达到并维持产奶高峰。

(1)"引导"饲养　具体做法为：从奶牛产前两周开始，除喂给足够的粗饲料(全株玉米青贮)外，每天约喂 2 kg 精料，以后每天增加 0.45 kg，直到奶牛每 100 kg 体重采食 1.0～1.5 kg 精料为止。奶牛产犊后，继续按每天 0.45 kg 增加精料，直到产奶高峰。待泌乳高峰过去，奶量不再上升而逐渐缓慢下降时，便按产奶量、乳脂率、体重、体况等情况调整精料喂量。在整个"引导"饲养期，供给优质饲草，任其自由采食，并给予充足的饮水。

(2)添加过瘤胃脂肪提高日粮能量浓度　泌乳盛期奶牛体内营养处于负平衡状态，常规的饲料配合难以保证日粮中的能量需要，尤其是高产奶牛的能量需要。日粮中添加过瘤胃脂肪或保护脂肪，可以在保持日粮精粗比例的情况下，提高日粮能量浓度。脂肪在奶牛日粮中的添加量以3%～5%为宜。对于高产奶牛，日粮中保护性脂肪的添加量也不宜超过6%～8%。在添加脂肪的同时，要注意增加过瘤胃蛋白质、维生素、微量元素等的给量，以利于牛奶的形成和抑制体脂过量的沉积。

(3)提高日粮中过瘤胃蛋白质(氨基酸)的比例　泌乳盛期奶牛同样会出现蛋白质供应不足的问题。常规日粮所供给的饲料蛋白质由于瘤胃微生物的降解，到达皱胃的菌体蛋白质和一部分过瘤胃蛋白质难以满足产奶的需要。因此，提高日粮中过瘤胃蛋白质(氨基酸)的比例，可缓解蛋白质不足的矛盾，提高产奶量。同时，由于在泌乳盛期较多使用精料，在配制日粮时可考虑添加一些缓冲剂如碳酸氢钠和氧化镁，碳酸氢钠每头牛每天用量为120 g，氧化镁为40 g。

(4)及时配种　一般奶牛产后1～1.5个月，其生殖道基本康复、净化，随之开始发情。此时应详细做好发情日期、发情征候以及分泌物净化情况等记录工作，在随后的1～2个性周期，即可抓紧配种。对于产后45～60 d尚未出现发情征候的奶牛，应及时进行健康、营养和生殖道系统的检查，发现问题，应尽早采取措施。

3. 泌乳中期的饲养管理

泌乳盛期过后至30～35周前为泌乳中期。此期间，一方面，奶牛产奶量开始逐渐下降；另一方面，奶牛食欲旺盛，采食量达到高峰。应根据奶牛的体重和泌乳量，每周或隔周调整精料喂量，同时，在满足奶牛营养需要的前提下，逐渐增大粗料比重。在饲养管理上重点注意：①每月产奶量下降的幅度控制在5%～7%以内；②奶牛自产犊后8～10周开始增重，日增重幅度在0.25～0.5 kg；③饲料供应，应根据产奶量、体况，定量供给精料，粗饲料的供应则为自由采食；④充足的饮水和加强运动，并保证正确的挤奶方法及进行正常的乳房按摩。

4. 泌乳后期的饲养管理

干奶之前2个月时间为泌乳后期。泌乳后期奶牛的特点是：此期由于受胎盘激素和黄体激素的作用，产奶量开始大幅下降，每月递减8%～12%。该期应按体况和泌乳量进行饲养，每周或隔周调整精料的喂量1次。另外，泌乳后期是奶牛增加体重、恢复体况的最好时期，凡是泌乳前期体重消耗过多和瘦弱的，此期应按维持和产奶需要的适当比例多喂一些，使奶牛在干奶前一个月体况达到3.5分。同时，做好干奶前准备工作，保证胎儿的正常发育，防止流产。

## 七、夏、冬季节泌乳牛的饲养管理

奶牛生产与季节变化有着密切关系，奶牛的最适环境温度为5～21℃，过热或过冷都会导致奶牛应激影响产奶量及奶牛健康。在炎热夏季及寒冷冬季，我们要采取相应的措施来抵御或减少温度带来的不利影响。

(一)夏季奶牛饲养管理

1. 改善日粮结构

夏季奶牛日粮应在保证营养平衡的条件下,以减少体增热为原则。

(1)适当增加或添加部分脂肪,并含15%～17%的粗纤维,如棉籽粒、大豆粒等对缓解热应激有较好的饲养效果。

(2)提高日粮中的蛋白质水平(不超过18%),尤其是添加蛋氨酸有较好的饲养效果。

(3)提高日粮中钾、钠、镁含量。其合理饲喂量一般占日粮干物质:钾1.5%,钠0.5%～0.6%,镁0.3%～0.35%。

(4)在精料中加入适量的小苏打,可改进粗饲料的摄入和消化率,可抑制体温升高,增加产奶量,改善乳指标。

2. 增加饮水量

夏季气候炎热,奶牛饮水量增加,要保证奶牛方便、足量的饮水。对于水质、水的清洁度等都要严格把关。另外,可在炎热夏季饮用适度低温水,加快水分的蒸发而加快散热,对泌乳牛很有好处。

3. 调整饲喂时间与次数

为满足奶牛营养需要,夏季每天饲喂次数由3次改为4次,夜间增加1次。在夜间和清晨凉爽时饲喂,奶牛采食量高。

4. 实施环境控制

(1)合理化设计与建设牛舍　有利于通风和保持冬暖夏凉。牛舍必须保持干燥,且通风良好。

(2)制冷除湿设施的利用　有条件的牛场要加装风扇、冷风机、喷淋设施,以减少热应激;封闭式的牛舍安装空调加速排湿、制冷。

(3)舍内卫生及环境的保持　要及时清理圈舍内粪尿,清扫饲槽,刷拭牛体,以免蚊蝇滋生。可定期用1%～1.5%敌百虫药液喷洒牛舍及周围环境。

(4)重视挤奶卫生　奶厅要保持通风良好,干净卫生;每次挤奶后用1.5%次氯酸钠浸洗乳头。

(二)冬季奶牛饲养管理

奶牛对低温较高温耐受。但当温度低于－5℃时,出现冷应激反应,产奶量开始大幅下降。做好寒冷冬季牛场保暖防潮工作,对于维持冬季奶牛生产性能至关重要。

1. 日粮的合理调整

冬季奶牛除生产需要外,体温维持需要增加;应结合气候变化补足能量饲料,及时调整饲料配方，力求多样化。在精饲料供给方面，保持蛋白质饲料不变，增加能量饲料的比例，如玉米的供给量要增加 20%～50%。在粗饲料方面，饲喂青贮代替青绿多汁饲料。可以喂 38℃左右的热粥料，不仅可以御寒，还可提高产奶量。注意冬季不喂冷料，严禁使用结冰结块的青贮料等饲喂。

2. 牛舍保温防潮

冬季牛舍保温防潮和夏季防暑降温同等重要。应采取相应措施：①保持适当通风，且舍内温度应保持在 0℃以上。②保持牛舍卧床干燥卫生，加厚垫草。③挤奶药浴后，涂凡士林油剂，以防乳头冻裂。④运动场粪尿及时清理，保持地面平整干燥。

3. 饮用温水

冬季奶牛饮用温水，不仅可以保持体温、增进食欲、加强血液循环，还可以提高产奶量。牛场应设温水池，将饮用水温控制在 9～15℃，供奶牛自由饮用。

## 八、饲养管理效果评价

生产管理中对奶牛群进行定期的饲养管理效果分析，有利于查找问题并改进，获得更好的经济效益。

（一）牛体体况分析

奶牛体况分析是分析牛群饲养管理效果的一项重要指标。体况不仅与奶牛脂肪代谢、健康有关，而且与奶牛泌乳、繁殖均有密切关系。评分标准一般采用奶牛体况评分法，查找存在问题，并采取相应的措施。详见表 4-3、表 4-4。

**表 4-3 奶牛体况评分标准**

| 体况评分 | 评分标准 | 备注 |
|---|---|---|
| 1.0 | 1. 尾根深陷，髋部下凹特别深<br>2. 皮下没有脂肪，皮肤松软，表皮粗糙<br>3. 腰部—脊椎突出，水平凸起明显 | 奶牛太瘦，没有可利用的体脂贮存来满足需要 |
| 2.0 | 1. 尾根凹陷，臀角突出<br>2. 皮下脂肪较少，皮肤松软<br>3. 腰部—腰角突出，但略覆盖有脂肪，后端略成圆形 | 有可能从这些奶牛身上获取充分的产奶量，但是其缺少体脂贮存 |
| 2.5 | 1. 尾根凹陷，脊椎丰满，看不到单根骨头，但椎骨可见<br>2. 腰部—短肋骨上覆盖有 2 cm 厚的组织，肋骨边缘丰满<br>3. 髋部较深，荐骨及坐骨可见 | 理想的体况，这些奶牛在大多数产奶阶段都是健康的 |

续表 4-3

| 体况评分 | 评分标准 | 备注 |
| --- | --- | --- |
| 3.5 | 1. 连接荐骨及坐骨的韧带结实，上脂肪明显<br>2. 尾根两侧丰满，荐骨及坐骨丰满 | 奶牛理想状态的上限。是后备牛干奶及产犊时的理想状态 |
| 4.5 | 1. 尾根—臀角不明显，被脂肪覆盖<br>2. 腰部—脊椎不明显，触摸不到凸起，完全呈圆形 | 这些奶牛身上脂肪太多 |

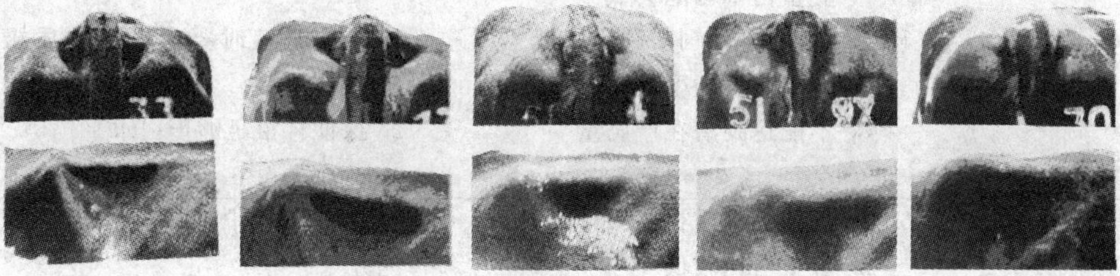

1分　2分　2.5分　3.5分　4.5分

**表 4-4　体况评分反映出的问题及其措施**

| 产奶阶段 | 评分 | 问题 | 采取措施 |
| --- | --- | --- | --- |
| 泌乳后期理想评分 2.5～3.5 | <2.5 | 1. 长期营养不良<br>2. 产奶量低，牛奶质量差 | 1. 检查日粮中能量、蛋白质是否平衡<br>2. 考虑提高日粮中能量浓度 |
| | >3.5 | 1. 干奶又产犊时过肥、难产率高<br>2. 下一胎次的泌乳早期食欲差，掉膘快<br>3. 下一胎次酮病及脂肪肝发病率高<br>4. 下一胎次繁殖率低 | 1. 在干奶前降低体况评分<br>2. 应减少精料含量，尤其是在使用高淀粉类全价料的情况时更应该注意 |
| 干奶后期理想评分 2.5～3.5 | <2.5 | 产犊时体况差，为维持产奶及牛奶质量，动用了过多的体脂贮存 | 在干奶期提高膘情差的奶牛体况 |
| | >3.5 | 1. 这时再要大量减少体况已太迟（若这样做会导致毁灭性后果）<br>2. 由于贮存在骨盆内的脂肪会堵塞产道，难产率高 | 1. 如已出现脂肪肝，应在干奶期降低体况评分<br>2. 减少能量摄入 |

续表 4-4

| 产奶阶段 | 评分 | 问题 | 采取措施 |
| --- | --- | --- | --- |
| 产犊期理想评分2.5～3.5 | ＜2.5 | 1. 不能获取足够能量满足泌乳和维持需要，饲喂的日粮能量浓度低时尤其严重<br>2. 缺少体况意味着在营养不良时可动用的体脂贮存不足<br>3. 乳蛋白率可能会低 | 饲喂高能量浓度日粮 |
| | ＞3.5 | 1. 食欲差，粗饲料利用率低<br>2. 产乳热发病率高<br>3. 不能达到潜在产奶量 | 1. 配合日粮时要考虑干物质摄入量已减少<br>2. 保证日粮足够蛋白水平 |
| 泌乳早期产后检查理想评分2.5～3.5 | ＜2.5 | 1. 不能达到潜在高峰产奶量<br>2. 乳蛋白比较低<br>3. 第一次配种受胎率低 | 1. 如整群牛体况差，应调整日粮配方<br>2. 将体况差、产奶量高的奶牛区分开来，在恢复能量正平衡之前很难受胎<br>3. 产量不高且瘦的奶牛获得的能量不够 |
| | ＞3.5 | 1. 饲料转化率低<br>2. 脂肪肝、胎衣不下、酮病发病率高<br>3. 动用体组织更快更多，有缺陷的卵子数量增多，导致繁殖率低 | 将肥牛转移至饲喂低能量浓度的牛群中 |
| 泌乳中期妊娠检查理想评分2.5～3.5 | ＜2.5 | 很可能第一次人工授精时受胎率低 | 1. 进行妊娠检查<br>2. 调整日粮，干奶前至少达到3.5分<br>3. 如果体况太差，应提高日粮能量浓度 |
| | ＞3.5 | 1. 进入泌乳期可能会太肥<br>2. 下一次酮病及脂肪肝发病率高<br>3. 易见于采用 TMR 方式饲喂的未分群牛场 | 1. 减少能量摄入量或提早移到低产牛群<br>2. 避免饲喂高淀粉全价料 |

(二)繁殖效果分析

为了正确分析牛群的饲养管理对繁殖的效果，必须对每头牛进行正确的繁殖记录。评定饲养管理对繁殖的效果的方法有：

1. 检查空怀率

通常产后60～110 d不孕的母牛称为“空怀”，每超过一天算作1 d空怀。牛群成母牛空怀头数占5%以上，则将严重影响全年产奶量。应每月检查1次，采取措施，降低空怀率。

2. 检查泌乳牛占全群成母牛的比例

正在泌乳的母牛头数占全群成母牛头数的75%以下，说明已出现严重的繁殖问题，即使改进饲养管理也难以提高，必须全面检查。

3. 检查成母牛群泌乳阶段

若出现泌乳牛头数仅占全群成母牛头数75%以下，还应检查泌乳5个月以上的头数，如果已占全群成母牛45%以上，则更加说明存在严重的繁殖问题。

4. 检查胎间距

胎间距是评价牛群繁殖力的重要指标。一旦胎间距超过400 d则会造成重要的经济损失，应尽快查明胎间距较长的原因，并采取相应措施，加以改进。

(三)产乳效果分析

牛群生产性能是检查奶牛群饲养管理效果的最重要指标。常用的方法是制作年间泌乳曲线。哪个月泌乳最高，哪个月泌乳最低，泌乳量趋势如何，并与以前的记录进行比较。如泌乳曲线发生异常或普遍下降，应立即寻找原因，改善饲养管理。此外还可以分析总奶量、总脂肪量的增减，以及饲喂精料量的增减、奶饲比和饲料效率等指标。

奶饲比＝精料费(元)×100÷售奶金额(元)

饲料效率(饲料报酬)＝总奶量(kg)÷总精料量(kg)

饲料效率在2.5以上为宜。

(四)粗饲料采食量的评定

测定牛群每天平均日采食量可以反映牛群正常与否，通常采用下面公式计算和评定。

日均粗饲料量(干物质量)＝平均体重×头数×0.02

(五)粪便评定

粪便评定是奶牛消化及健康的重要诊断工具。对粪便的观察包括颜色、黏稠度、内容物等3个方面。

(1)颜色　粪便的颜色随饲料品种、胆汁浓度和饲料消化率的影响而变化。例如:奶牛采食新鲜青贮,粪便为深绿色。采食含谷物较多的 TMR 日粮,粪便为黄褐色。奶牛腹泻,粪便的颜色将变为灰色。痢疾和球虫病引起的细菌感染,其粪便呈黑色并且带血。而像沙门氏菌引起的细菌感染,就产生浅黄色或浅绿色腹泻粪便。

(2)黏稠度 粪便黏稠度是饲料水分含量、饲料在动物体内停留时间的一个对应反应。奶牛正常粪便为中度粥样黏稠度,可形成一个圆顶形堆积体,高度在 2.5~5.0 cm。引起腹泻的原因:中毒、感染和寄生虫、碳水化合物在后肠过度发酵而产酸。粪便稀松的原因:采食过多的蛋白或高水平的瘤胃降解蛋白,产生热应激等。粪便坚硬:饮水不足或蛋白摄入不足;严重脱水等。糊状粪便:左侧真胃移位。

(3)内容物 粪样能揭示主要饲料的消化和利用效率。如粪便中含有大量未消化的谷物和长粗饲料,可能瘤胃发酵功能有问题或存在较多的后段肠道发酵和大肠发酵;粪便中出现大量的粗饲料颗粒或未消化的谷物,表明奶牛反刍不正常或瘤胃通过速度过快;黄色粪便有未消化的谷物颗粒存在或干粪便表面呈灰白色,说明淀粉含量过多;粪便中出现大量黏液,说明有慢性炎症或肠道受损;粪便中有气泡,表明奶牛可能乳酸酸中毒或后肠过度发酵产气所致。

(六)奶牛体重的估测

奶牛体重这个指标在奶牛生产中会经常用到,如配制日粮等。常用体重估测方法有胸围估测法,详见表 4-5。

**表 4-5 胸围及其估测体重**

| 胸围/cm | 估测体重/kg | 胸围/cm | 估测体重/kg | 胸围/cm | 估测体重/kg |
|---|---|---|---|---|---|
| 170 | 395 | 193 | 563 | 216 | 753 |
| 173 | 412 | 196 | 583 | 218 | 777 |
| 175 | 430 | 198 | 604 | 221 | 800 |
| 178 | 448 | 201 | 625 | 224 | 824 |
| 180 | 466 | 203 | 645 | 229 | 847 |
| 183 | 485 | 206 | 666 | 231 | 871 |
| 185 | 504 | 208 | 687 | 234 | 896 |
| 188 | 523 | 211 | 708 | | |
| 191 | 543 | 213 | 729 | | |

# 第五章　奶牛的繁殖技术管理

## 一、奶牛的发情与发情鉴定

### (一)发情

母畜达到一定的年龄时,由卵巢上的卵泡发育所引起的、受下丘脑—垂体—卵巢轴系调控的一种生殖生理现象称为发情。母牛正常的发情应包括三方面的生理变化,这也是发情的主要征兆:行为变化(精神状态及性欲);生殖道变化(生殖器官及黏液排出);卵巢的变化(卵巢上有卵泡发育及排卵)。以上发情征兆因发情期的不同阶段而有差异,一般在发情盛期最为明显,而在发情前期和发情后期则减弱。牛的发情周期一般为 21 d左右(18～24 d)。

### (二)发情鉴定

牛的发情持续期较短,外部表现比较明显。因此,母牛的发情鉴定最常用的方法是外部观察法和直肠检查法等。随着科技的进步,尤其是电子信息技术的发展,更加智能化的奶牛发情鉴定技术——计步器技术应运而生。目前,我国已有很多奶牛场采用了奶牛计步器发情鉴定技术。

1. 外部观察法

主要通过对母牛个体的观察,视其外部表现和精神状态的变化来判断是否发情和发情的状况。发情的母牛兴奋不安,来回走动,大声哞叫,爬跨,相互舔嗅后躯和外阴部,发情母牛稳定站立并接受其他母牛的爬跨(静立反射),这是确定母牛发情的最可靠根据。黏液状况及外阴部的变化也是重要的外部观察指标。发情前期阴唇开始肿胀,阴门湿润,黏液流出量逐渐增加,呈牵缕状,悬垂在阴门下方(俗称"吊线")。发情末期外阴部肿胀稍减退,流出较粗的乳白混浊柱状黏液,此时是输精最佳时期。发情后期,黏液量少而黏稠,由乳白色逐渐变为浅黄红色。若观察到母牛排出较多的血液(俗称"排红"),一般是发情后 2～3 d。

2. 直肠检查法

将被检母牛引入配种架内保定,术者指甲剪短并磨光滑,戴上长臂塑料手套,用水或润滑剂涂抹手套,最好在母牛的肛门也涂抹一些润滑剂。术者手指并拢呈锥状插入肛门,伸直进入直肠,可摸到坚硬索状的子宫颈及较软的子宫体、子宫角及角间沟,沿子宫角大弯至子宫角顶端外侧,即可摸到卵巢。发情母牛的子宫角收缩有力,并有坚实感。触摸到卵巢后,用食指、中指及拇指轻轻地夹住卵巢,用手指肚轻轻触摸卵巢,感知其形状、大小、质地及卵泡的大小、形状、弹性,卵泡壁的厚薄及液体感等发育状况。一侧卵巢摸毕后,以同样的方法触摸另一侧卵巢。休情期的母牛多数情况是一侧卵巢比另一侧大。母牛的卵泡发育可分为以下 4 个时期:卵泡出现期、卵泡发育期、卵泡成熟期、排卵期。

(1)第一期(卵泡出现期) 卵巢稍增大,卵泡直径为 0.5～0.75 cm,直肠触诊时为一软化点,波动不明显,母牛一般已有发情表现。

(2)第二期(卵泡发育期) 卵泡发育到 1～1.5 cm,呈小球状,波动明显。在此期后半期,发情表现已不大显著。

(3)第三期(卵泡成熟期) 卵泡不再增大,但泡壁变薄,紧张性增强,触诊时有一触即破之感。

(4)第四期(排卵期) 卵泡破裂排卵,卵泡液流失,故泡壁变为松软,成为一个小凹陷,排卵后 6～8 h 开始变为黄体,原来的卵泡开始被填平,可触摸到质地柔软的新黄体。排卵发生在性欲消失后 10～15 h。

3. 计步器法

随着电子技术的迅猛发展,一种新型的奶牛发情鉴定技术——计步器检测法应运而生。计步器检测方法是在检测奶牛发情期运动量偏差的基础上,利用计步器开发的奶牛发情期检测器硬件电路。奶牛场为空怀母牛佩戴计步器,记录奶牛运动的强度和运动量等参数,通过分析确定奶牛是否发情。利用计步器检测奶牛发情在很大程度上提高奶牛发情鉴定的检出率。目前,规模化、集约化程度较高的奶牛场普遍在推广应用。

## 二、人工授精

### (一)精液的采购和保存

1. 精液的采购

精液的采购应根据奶牛场的实际情况,所购精液要符合本场的育种目标,牛场要根据选配方案采购公牛冻精。在引进后要先进行试配,待后裔产生后观察后代有无重大缺陷再决定是否在本场大量使用。这样可以防止公牛携带的隐性缺陷基因同本场牛群中的隐性遗传基因发生重合，从而表现出显性的遗传缺陷，造成不必要的损失。如后裔有缺陷，需要及时调整和修改选配计划。

2. 精液的保存

液氮保存法是目前冷冻精液常用的保存方法，液氮的温度为－196℃，与精子的危险温区温差大，冷冻及贮存精液安全可靠。另外，液氮为液态，可使液氮容器中的温度恒定，也可使冷冻精液完全浸没在液氮中。在液氮中保存的精液，其活力下降极为缓慢，几乎可以永久性保存。值得注意的是在保存过程中，一定要保证精液（装有细管的纱布袋或提筒）一直处在液氮面以下，这样才能保证精液的活力不降低。

由于液氮有挥发性，如果冷冻精液保存室通风不良，可使室内的氧气由21％下降至16％以下。缺氧时会使进入冷冻精液保存室的工作人员有窒息感，身体疲倦，出汗，头晕甚至昏迷，因此室内应特别注意通风换气。环境温度升高会引起液氮挥发量的增加，冷冻精液保存室一般不应安装取暖设备。总之，冷冻精液保存室应清爽、干燥、通风、安全。

冷冻精液保存室应有专人负责，定期补充液氮，注意了解每个液氮罐的液氮消耗情况。如发现某个液氮罐液氮消耗过快，罐外壁有小水珠或挂霜，应及时更换。冷冻精液的分发、转移、取用应在盛用液氮的广口液氮罐或其他小容器内进行，精液每次脱离液氮的时间不能超过5 s。

（二）输精前的准备工作

1. 输精器械的准备

目前牛的冷冻精液人工授精普遍采用细管精液（0.25 mL或0.5 mL），所用的器械（输精枪）的主件部分由金属制成，0.25 mL和0.5 mL的细管可以通用，其结构比较简单，由钢筒和钢挺两部分组成，钢筒部分的前段比细管的长度稍短的部分内径较粗，正好和细管相匹配，无论是0.25 mL或0.5 mL的细管都能装入其中，钢筒后段部分的内径较细正好和钢挺相匹配，装上细管、套上硬外套的输精枪，其工作原理和注射器相似。由于主件部分不和精液直接接触，一般不需作严格的消毒处理，只是在每次用后用酒精棉球擦拭即可（但值得注意的是当硬外套安装不当，导致细管的前端和硬外套的出精口没有紧密接触，输精时会发生精液倒流现象，这时须对钢筒前段进行必要的清洗、消毒，以避免精液污染）。耗材部分有硬外套和软外套两部分，硬外套由硬塑料制成，呈管状，可紧密地套在钢筒上，前端有出精口；软外套由塑料薄膜制成，为长袋状。一般这两部分为一个包装，即硬外套封在软外套内。两者都是消毒好的一次性塑料制品，不可重复使用。

2. 场地及母牛的准备

大型的牛场一般都设有配种间，有供保定母牛用的配种架，为保证配种工作的顺利进行，最好是将与配母牛牵入配种架内进行，并对与配母牛进行外阴部的清洗消毒。对散养母牛也可在牛栏进行，但必须注意对与配母牛的保定，特别要注意外阴部的清洗消毒工作，不能因条件简陋而省略。

3. 精液的准备

目前牛的人工授精多采用冷冻精液，精液解冻后活力应高于 0.3，方可输精。细管精液的解冻一般采用 38～40℃温水水浴的方法，具体做法：从液氮容器中取出细管（注意除所用的精液外，其他细管不得提取到距罐口 8 cm 以上位置，停留时间不得超过 10 s，到 10 s 取不出要放入液氮中浸泡后再取），立刻放到 38～40℃温水中晃动 5～10 s，见细管由白变透明后取出，擦干后棉塞端向内装入输精枪钢筒部分，然后用细管剪剪去封口端，注意不能剪得过短，应高出钢筒口部；接着将软外套剪开，将硬外套套在钢筒上，一边查看细管头是否和硬外套的出精口紧密结合，一边将其锁紧，否则会在推出精液时导致精液倒流；最后装上钢挺，注意不要使钢挺插入过深，应留有一个细管的长度。注意在安装硬外套时不要将其脱出软外套，以防止硬外套受到外界污染。

4. 输精人员的准备

输精人员要穿工作服，手指甲要剪短磨光，佩戴长臂手套。

（三）适时输精

发情母牛的适宜输精时机（图 5-1）要采取综合判定，既要考虑发情的时间，又要观察母牛的性欲变化、外阴部及黏液状态，还要检查卵泡的发育状况。一般母牛在接受爬跨后 8～12 h，进行第一次输精，这时母牛性欲稍退，开始拒绝接受公牛或其他母牛的爬跨，阴道流出的黏液量减少，透明稍掺杂一些白色丝状物，黏性增强，牵之成丝；外阴部充血肿胀稍退，下角出现皱纹；直肠触摸卵巢时，卵泡直径 1.0～1.5 cm，呈小球状波动明显，弹性较强，有一触即破之感。间隔 8～12 h 进行第二次输精（第二次输精前最好检查卵泡是否排卵，若排卵了就不必进行第二次输精）。一般生产中只进行一次输精。

## 三、妊娠与分娩

（一）妊娠诊断

妊娠诊断是指在动物配种后较短时间内对母畜进行诊断是否受孕的一项繁殖控制技术。对动物进行早期妊娠诊断，一方面可以对确定妊娠的母畜加强饲养管

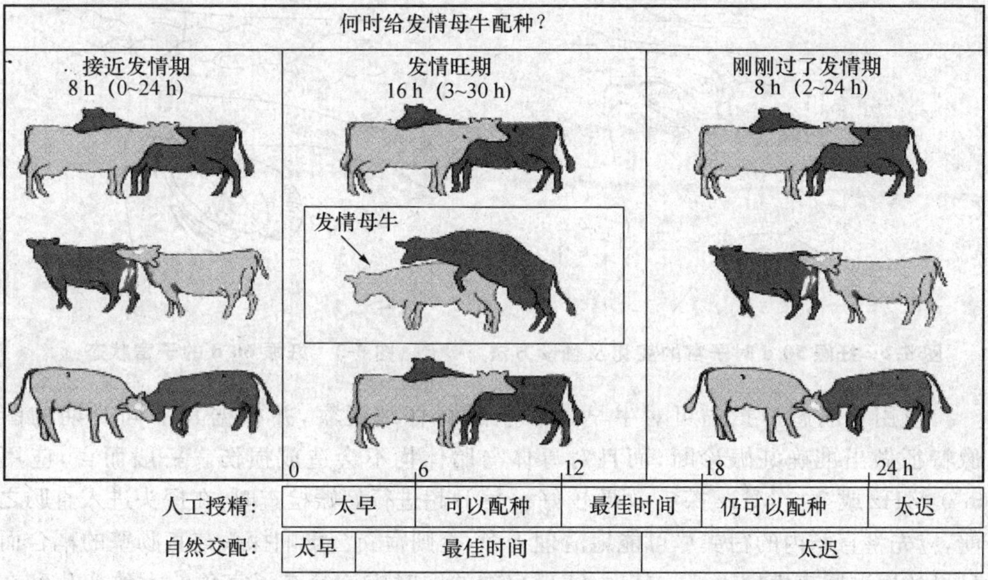


**图 5-1　奶牛发情与人工授精时间关系模式图**

理，以有利于保胎；另一方面对于未妊娠母畜则可及时采取补救措施，以便尽早配种或予以淘汰，有利于缩短产仔间隔并降低饲养成本。

母牛早期妊娠诊断的方法主要有以下几种：

1. 直肠检查法

该法主要是通过直肠壁直接触摸卵巢、子宫和胎泡（胎儿、胎膜和胎水的总称）的形态、大小和变化，因此可随时了解妊娠进程和动态，到目前为止，此法仍是广泛应用于牛、马和驴等大家畜早期妊娠诊断最可靠的方法。母牛配种后 30 d 进行检查时（图 5-2），已妊娠的母牛，子宫角不对称，孕侧子宫角增粗，并有液体波动感。用手轻轻触摸子宫时，非孕侧子宫角收缩力较强，而孕侧子宫角无收缩反应。触摸孕侧卵巢，感觉体积变大，黄体明显突出卵巢表面，而非孕侧卵巢体积较小、无黄体。配种后 60 d（图 5-3）进行检查时，两子宫角大小不对称，妊娠角比空角粗 1～2 倍，变长而开始进入腹腔，角壁变薄而软，有波动。

2. 超声波诊断法

超声波影像诊断技术是利用超声波的物理特性和动物体组织结构的声学特点而建立的一种物理学检查方法，即通过其在传播过程碰到母畜子宫不同组织结构出现不同的反射，来探知胚胎的存在、胎动、胎儿心音和胎儿脉搏等情况来进行妊娠诊断的方法。

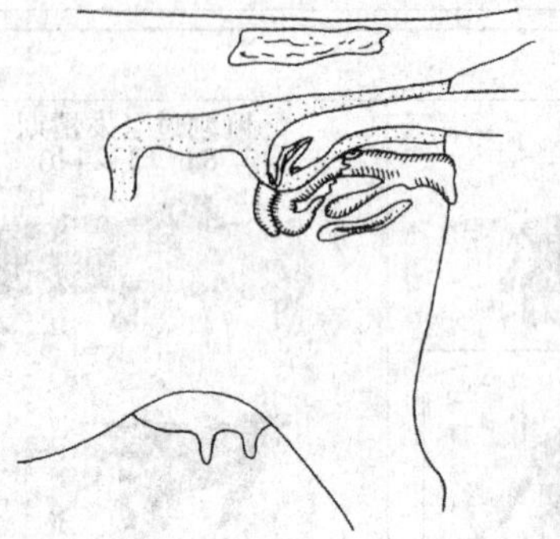

图 5-2 妊娠 30 d 时子宫的变化及触诊方法

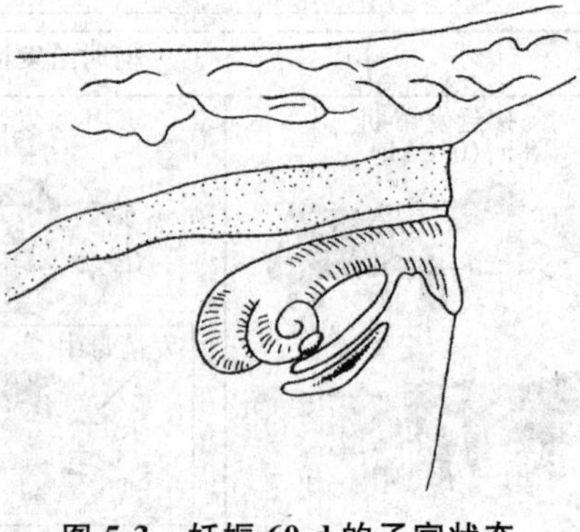

图 5-3 妊娠 60 d 的子宫状态

应用直肠超声扫描可对牛早期胚胎进行仔细观察，并根据其不同时期的图像特征做出准确妊娠诊断，而且对母体与胎体均不会造成损伤。一般而言，应用 5.0 MHz 或 7.5 MHz 探头效果较好。用 B 超进行妊娠检查时，在探头进入直肠之前，应先将直肠内的宿粪尽可能地清理干净，否则宿粪会影响探头与直肠壁的耦合而且导致探测回声模糊不清。其次，清理宿粪的同时应该检查子宫角的大致变化和在盆腔的位置，以便探头顺利找到子宫角进行扫描。然后手握探头进入直肠，对子宫角展开扇面扫描。对牛胚胎及胎儿的超声探测表明，配种后 12～14 d 子宫腔内出现不连续无反射小区，即为聚有液体的胚泡；以后胚泡逐渐增大，至 20 d 时，胚泡结构中出现短直线状的胚体；22 d 时，可探测到胚体心跳；22～30 d 时，胚体呈 C 形。在生产中用 B 超对母牛进行妊娠检查，主要是检查配种后 30 d 左右的牛只，当配种后达到 60 d 左右时直接用直肠检查的方法就可以了。

3. 试剂盒诊断法

通过检测妊娠母畜体内激素或某种蛋白的含量，来判断是否妊娠。目前对牛来说，美国爱德士公司生产的试剂盒，奶牛配种第 28 天后就可以检测出奶牛是否怀孕。该技术利用的原理主要是通过检测奶牛怀孕时体内的一种蛋白质含量，一旦该蛋白含量升高，就可以判断出奶牛怀孕，而等到小牛出生后，该蛋白含量又会下降。

该方法检测实际准确率高达 95%以上，操作过程十分简单，每个成本 30 多元。只需对配种奶牛在第 28 天进行尾根血样采集，通过牛怀孕测试盒进行检测，最后利用酶标仪 2.5 h 后就可以判断出奶牛受孕与否，而以往传统方法至少需要 33 d 才能做出判断。

(二)分娩与接产

1. 分娩前的征兆

母牛产前在生理、形态及行为上都发生变化,根据产牛的预兆来大致预测产牛的时间。

(1)产前乳房的变化　临产前母牛乳房膨胀增大,乳房底部出现浮肿,初产牛在产前15～20 d乳房发育增快,临产前一周乳房水肿明显,有的可达脐部,经产牛一般产前3～4 d乳房开始水肿。母牛产前3～5 d乳房可挤出清亮胶样液体,产前2～3 d可挤出初乳,有的出现漏奶现象。

(2)产前母牛软产道的变化　产前1～3 d母牛子宫颈开始肿大、变软,子宫颈口的黏液栓开始溶化流入阴道,阴门外挂有透明的柱状黏液,阴道壁松软,阴门逐渐肿胀增大,阴唇皮肤皱褶平展。

(3)骨盆韧带的变化　产前数天骨盆韧带变得柔软松弛,荐坐韧带变得松软,尾根部明显塌陷(图 5-4),这方面初产牛的变化不十分明显。

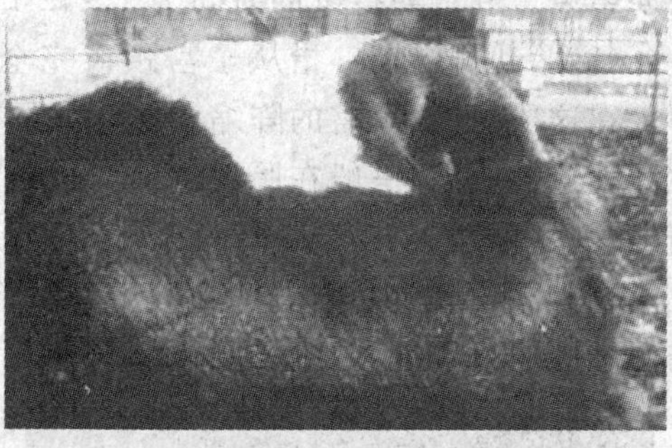

图 5-4　由于骨盆韧带松弛,尾根部下陷

(4)临产前的奶牛行为变化　临产母牛食欲不振,精神抑郁,徘徊不安,离群寻找僻静场地,起卧不安,频频排尿、回顾腹部举尾。

2. 分娩过程

分娩是母牛借子宫和腹肌的收缩,将胎儿及胎膜(胎衣)排出体外的过程。大体可分为开口期、胎儿排出期和胎衣排出期三个阶段。实际上开口期和胎儿排出期并没有明显的界限。母牛在分娩过程中开口期一般需要1～12 h,平均6 h,胎儿产出期0.5～4 h,胎衣排出期为2～8 h。

(1)开口期　指子宫开始阵缩起,到子宫颈口完全开张,与阴道的界限消失为止。这一阶段的特点是只有阵缩,即子宫间歇性的收缩,一般不出现努责。开始收缩的频率低,间隔时间长,持续收缩的时间和强度低;随后收缩频率加快,收缩的强度和持续的时间增加,到最后以每隔几分钟即收缩一次。

随着子宫收缩的加强,由于阵痛的出现,尾巴会逐渐上举(图 5-5)。随着子宫颈口的开张,使胎儿和尿膜绒毛膜进入骨盆入口,多在阴道内破裂,尿水流出阴门(第一破水),尾巴进一步高举(图 5-6)。

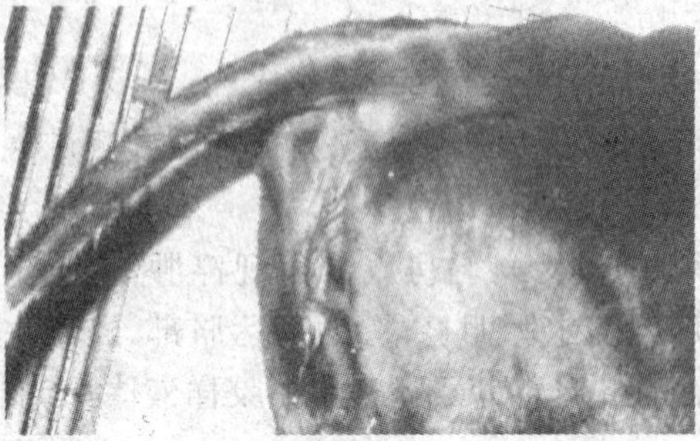

图 5-5 随着子宫收缩的加强，阵痛出现，尾巴逐渐上举

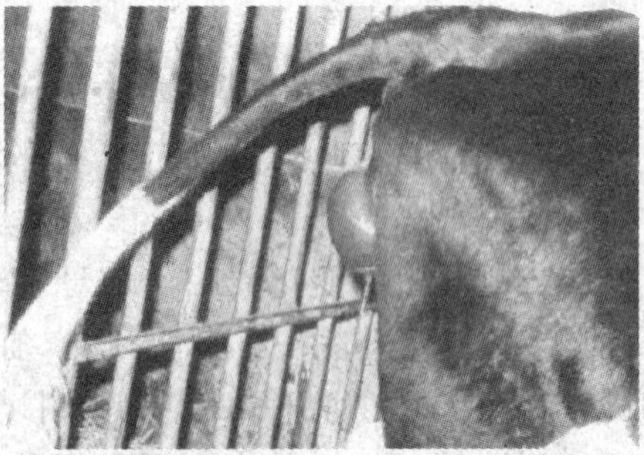

图 5-6 尿膜绒毛膜露出，多在阴道内破水（第一破水），尾巴进一步高举

紧接着随着羊膜囊的露出和破裂导致羊水流出（第二破水）（图 5-7），至此开口期结束。开口期持续的时间为 1～12 h，平均 6 h，经产牛短于初产牛。

（2）胎儿排出期　指从子宫颈口完全开张（第二破水）到胎儿排出为止（图 5-8）。在这段时间，子宫的阵缩和努责共同发生作用。努责是指膈肌和腹肌的反射性和随意性收缩，一般在胎膜进入产道后才出现，是排出胎儿的主要动力，它比阵缩出现晚，停止早。产畜烦躁不安、呼吸和脉搏加快，牛脉搏达到 80～130 次/min。最后侧卧，四肢伸直，强烈努责。当羊膜囊随着胎儿进入骨盆内口，便引起膈肌和腹肌反射性和随意性收缩。

图 5-7 随着羊膜囊的露出、破裂（第二破水），开口期结束

图 5-8 胎儿排出期：自第二破水始，到胎儿产出、脐带断裂止

胎儿最宽部位的排出时间最长，特别是头部通过盆腔及其出口时，母牛努责最强烈。如为正产，当肩部排出后，阵缩和努责较缓和，其余部分便迅速排出，仅胎衣仍留在子宫内。牛胎儿排出时，身上不会有完整的羊膜包裹，因此不会出现窒息。牛产出期的时间为 3～4 h。

（3）胎衣排出期　从胎儿产出后到胎衣完全排出称为胎衣排出期（图 5-9），胎儿产出后子宫又阵缩促使胎衣排出，一般需要 10 h 左右，如果超过 12 h 胎衣仍未排出就认为是胎衣不下，应采取措施进行治疗，正常的胎衣排出后应检查是否完整，如果没有完全排出，应按胎衣不下处理，大部分牛产后 2～5 h 内排出胎衣。

图 5-9 产后胎衣排出过程

3. 接产

(1)母牛产前的准备工作　根据配种记录和产前预兆一般在预产期前 1～2 周将待产母畜转入产房。产房要预先消毒并准备必需的药品和用具。

对临产母牛要做好外阴部消毒，缠尾，换上清洁柔软的垫草。组织好夜间值班。

在助产时要注意助产人员自身消毒和防御，防止人身伤害和人畜共患病的感染。

(2)正常分娩的助产　原则上，对正常分娩的母畜无须助产。接产人员的主要职责是观察母牛的分娩情况，发现问题给母牛必要的辅助和对犊牛的及时护理。

重点注意以下几个问题：

①当胎头露出阴门之外，而羊膜尚未破裂时应立即撕破羊膜，使胎儿鼻端露出，防止窒息。

②遇到羊水流失，胎儿仍未排出时，可抓住胎头及前肢，随母畜努责，沿骨盆轴方向拉出胎儿，在牵拉过程中要注意保护阴门。

③胎儿产出后，要立即擦干口腔和鼻腔黏液，防止吸入肺内引起异物性肺炎。

④注意初生仔畜的断脐和对脐带的消毒，防止感染化脓。

4. 助产

母牛产犊是一种正常的生理现象，一般不需要助产，让牛自然产出，但对头胎牛及因胎位不正、胎儿过大等分娩有困难的母牛，为确保母牛及胎儿安全必须助产，胎位不正的不能强行外拉，要经过矫正。

(1)母牛分娩时犊牛在子宫中的状态　临产时胎儿在子宫中的方向、位置、姿势与分娩时是否顺利有密切关系，只有正常的胎位、胎势、胎向才能顺利产出胎儿(图 5-10)。

胎向是指胎儿背腰与母牛背腰的关系。①纵向：胎儿背腰与母牛背腰平行(一致)为正常胎向，又分为正生和倒生；②横向：胎儿背腰与母牛背腰几乎垂直，胎儿横在子宫内易发生难产；③竖向：胎儿背腰与母牛背腰几乎上下垂直，胎儿头向上或向下竖在子宫中，也易造成难产。

胎位是指胎儿在母体内的位置。分为上位、下位、侧位。以胎儿背部与母牛背部为依据。①上位：胎儿伏卧子宫中背部向上，为正常位置，胎头向前为倒生，向后为正生，倒生时后蹄蹄底向上；②下位：胎儿仰卧子宫中，背部向下，为异常胎位；③侧位：胎儿背部侧向母牛腹壁的一侧，为异常胎位。

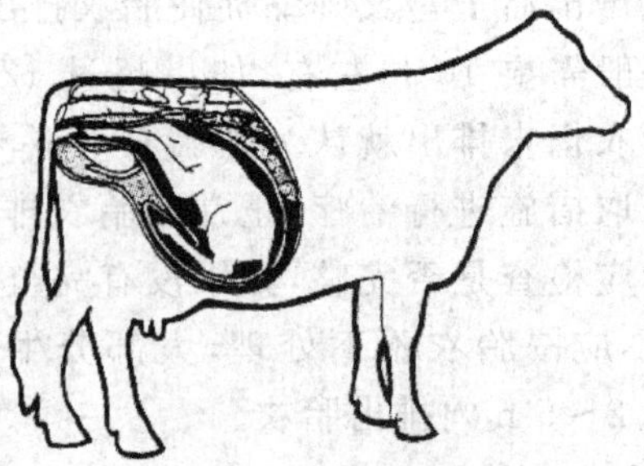

图 5-10 牛的正常胎位

胎势是指胎儿本身的姿势。即胎儿在子宫中头、四肢、躯干的相互关系。

前置是指产牛过程中胎儿最先进入产道的部分，正生时前肢和头前置，倒生时后肢、尾部前置为正常。

(2)助产的准备工作

①产房、产间或产牛场所的准备工作。产牛场所要求安静、清洁干燥、向阳、保温、宽敞、通风，并注意消毒铺垫褥草。

②助产用品、器械的准备。无论助产或接产在产前都应做好助产的准备，要备有剪刀、产科绳及产科器械，0.1%新洁尔灭或0.1%高锰酸钾，助产时产科绳或产科器械先进行消毒，一般要在消毒液中浸泡5～10 min不可湿一下马上就用。

(3)助产方法　母牛临产前先用清水洗净外阴、肛门、尾根及后躯，然后用0.1%新洁尔灭或0.1%高锰酸钾消毒。接产或助产人员剪短并磨光指甲，手臂消毒或戴一次性手套、戴围裙、穿胶鞋。在羊膜露出阴门后、排水前，手伸入产道检查胎儿胎向、位置、姿势是否正常，子宫颈口是否完全开张，发现异常时撕破胎膜进行矫正，胎儿过大时用助产绳拴住两前肢(正生时)或两后肢(倒生时)的球节以上部位，在母牛努责时用力拉出胎儿，胎儿头部拉出后，拉的速度不要太快，拉出时要拉一下后稍停再拉，不要过猛或粗暴，给骨盆腔和子宫颈一个逐渐开张的时间，以免发生子宫脱出。如果产道干涩应涂34～40℃的植物油。当胎儿腹部通过阴门时，用手握住胎儿脐带根部以防脐带断在脐孔内，应适当延长断脐时间使胎儿获得更多母体血液，当胎儿拉出一半时要继续拉出胎儿以免造成胎儿窒息。

(4)助产时机

①第一次破水(尿膜)1 h后不见羊膜出现，及时助产。

②第二次破水(羊膜)1 h后不见蹄子露出或看见蹄子却看不见鼻子，及时助产。

③看见蹄子和鼻子,但 1 h 胎头出不来,及时助产。

④羊膜破后发现两蹄底向上(倒生),及时助产。

(5)助产的原则

①母牛站立时助产必须拴牢,不拴牢、夹牢不可助产。

②能顺产的不助产。

③必须在绝对卫生的条件下进行助产,包括牛后躯、外阴、产科绳、产科器械及助产者手臂、产床等。

④助产时首先确定胎位及犊牛死活,胎位不正要进行矫正,不可强拉,确定犊牛已死亡时正产牛可先去掉一前肢便于拉出胎儿。

⑤接产时向母牛的后下方牵拉,母牛改变位置后牵拉方向也要随之改变。

⑥正产不可同时牵拉两个前肢,应交替牵拉。

⑦阴门过小时进行侧切,产后进行缝合。

(6)助产注意事项

①母牛自然分娩或助产最好为左侧卧姿势,这样瘤胃在下边不压迫胎儿。

②一般情况下让牛自行产出,在羊膜破后头胎牛 2 h,经产牛 1 h 应产出胎儿,到时产不出要进行助产,个别情况胎儿过大,母牛过肥、过瘦,努责无力或不再努责时可适当提前助产,现场灵活掌握。

③在胎儿肩部通过盆腔入口时两前肢不可同时牵拉,要互相交替使肩部倾斜便于拉出胎儿,在胎儿尻部将要拉出时要缓慢牵拉以防子宫脱出或因母牛腹压突然下降引起脑部贫血。

④胎儿出生后马上清理口腔及鼻部黏膜,用 5%碘酊进行脐带消毒,脐带过长或出生后脐带仍与母体胎盘相连时距牛腹壁 5～10 cm 处剪断。

⑤胎儿出生后发生呼吸障碍时应抬起两后腿,头向下拍打胸背部使胎儿出现呼吸或叫声,注意倒提时间不可过长。

⑥犊牛身上的黏液最好让母牛舔干。有利于胎衣排出。

⑦母牛产后 10 min 内应赶起来,如不能站立要人为使之呈侧卧或伏卧姿势,不可平躺以减少产后出血或真胃移位。

⑧母牛产后要马上饮麸皮糖盐水 15～20 kg(麸皮 1 000 g,盐 100 g,红糖 500～1 000 g)。水温 38～40℃。

⑨母牛产后 10 d 内,每天两次尻部、外阴部消毒。

⑩产后 3 h 内静脉注射 25%糖 2 瓶,10%糖钙 2 瓶,肌内注射催产素 3～5 支增强子宫收缩,促进胎衣排出,也有注射 100 U(10 支)的。

⑪认真观察母牛产后食欲及精神状态,必要时每天测量体温,体温升高说明子

宫可能感染或发生了乳腺炎或代谢性疾病，要通知兽医及时处理。

⑫恶露排出时间为10～12 d。12 d后仍有恶露排出，说明子宫可能感染，要及时进行治疗。

⑬产后当天要将奶挤净，泌乳期产量可提高15%左右，同时可降低乳房炎发病率。

⑭保持产牛环境的相对安静，产牛时不可围观。

## 四、现代繁殖技术的应用

### (一)同期排卵和定时输精技术

同期排卵定时输精是利用前列腺素($PGF_{2\alpha}$)、促性腺激素释放激素(GnRH)等激素制剂，在短时间内集中处理多头奶牛，不需要观察发情就能定时进行有效人工授精的技术。它是改进的同期发情技术，与老的处理方法比，具有效果可靠，使用面广，效率更高，更有利于大型规模牛场采用的优点。其基本操作程序(Ovsynch程序)：奶牛产后第35～38天，第一次注射GnRH，间隔7 d注射$PGF_{2\alpha}$，间隔2～3 d再次注射GnRH，然后在第二次注射GnRH后的18 h(16～20 h)，进行人工输精。

现代奶牛养殖业由于牛舍内部坚硬的水泥地面、奶产量的提高、养殖规模的扩大等诸多因素，导致奶牛发情活动减少、发情持续期缩短、分配给观察每头牛发情活动的平均时间减少、不排卵病例增多等诸多现象的发生，使分娩牛产后如期适时全部有效配种成为难事。所以发达国家规模化奶牛场均将此技术列为日常繁殖管理手段之一。在我国此项技术虽未全面展开，但可喜的是有些管理意识超前的奶牛场已经意识到这项技术的有效性，并利用该项技术使牛场的经济效益得到了大幅提高。目前国内奶牛场繁殖成绩最佳者，无一例外均应用了同期排卵定时输精技术。

### (二)胚胎移植

牛的胚胎移植是将体内、外生产的牛的早期胚胎，移植到另一头生理状态相同的母牛生殖道内，使之继续发育成为新个体的技术，所以又称之为借腹怀胎。对于体内生产的胚胎来说，提供胚胎的个体称为供体，接受胚胎的个体称为受体。体外生产胚胎就是供移植使用的通过体外受精、克隆等方式生产的早期胚胎。

如果说人工授精是提高良种公牛配种效率的有效方法，那么胚胎移植则为提高良种母牛的繁殖潜力提供了新的技术途径。作为供体的优良母牛，通过超数排卵处理，一次即可获得多枚胚胎，所以，不论在一次超排后或从一生来看，都能产生更多的后代，比在自然情况下增加若干倍。通过超数排卵和胚胎移植技术(MOET)可使供体繁殖的后代增加7～10倍。在家畜育种工作中，应用MOET，可以加大选择强度和提高选择准确性，并缩短世代间隔，对于加快遗传进展尤为重要。目前，性控精液及性控胚胎在奶牛业被广泛应用，理论上讲所产犊牛全部是母犊，在产双犊时就避免了异性双犊不育的问题，所以通过胚胎移植的方法移植2枚性控胚胎，使奶牛产双母犊成为可能。由此可见，胚胎移植和人工授精是分别从母畜和公畜两个方面提高家畜繁殖力的有效方法，同时也是进行育种工作的有效手段。

1. 胚胎移植的主要操作程序

胚胎移植的主要技术程序包括：供、受体选择；供、受体同期发情处理；超数排卵；供体的配种；胚胎采集；胚胎的检查与鉴定；胚胎的移植等。牛胚胎移植程序如图5-11所示。

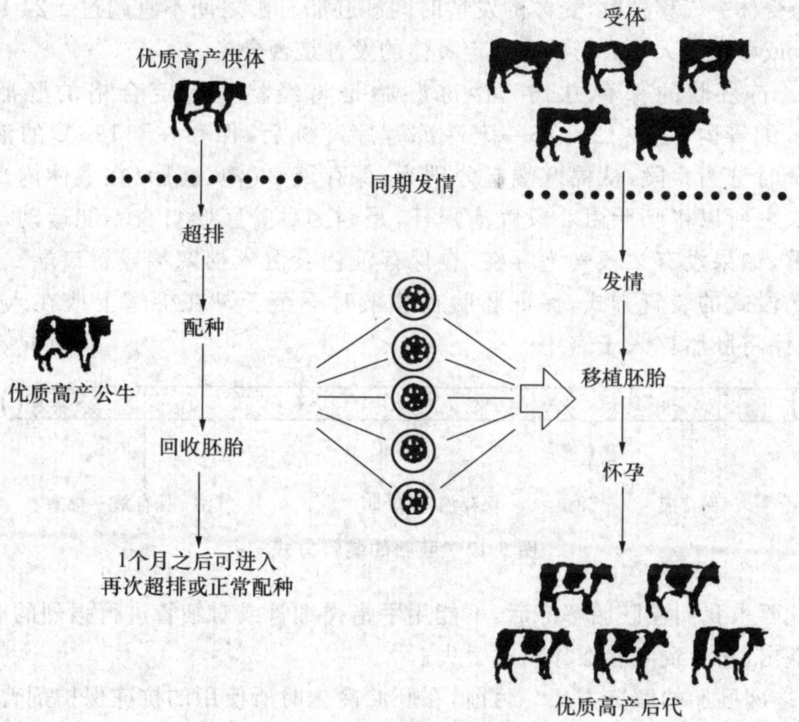


图 5-11　牛胚胎移植程序示意图

2. 作为牛配种员应掌握的胚胎移植知识与技能

随着胚胎生物冷冻技术的成熟与发展，目前，冷冻胚胎的应用可以像冷冻精液一样不受时间、地域限制，只要有适宜的受体，可以做到随时解冻随时移植。

就单从胚胎移植技术的移植环节来讲，牛配种员由于有直肠检查、人工授精的基础，只要稍加培训就能掌握该技术。所以作为配种员，在开展胚胎移植技术时，主要工作应放在移植环节，胚胎的生产可由专门的生产单位或其他技术人员来完成。就移植环节应掌握以下知识及技能：

(1)对受体牛选择的要求　受体牛一般选择遗传品质较差的土种牛或生产性能较低的低代杂种牛。因为只有这样才能真正显示出胚胎移植所应该具有的应用价值。对受体牛一般要求有正常的发情周期，体格较大，膘度适中；无疾病，特别是没有繁殖疾病的健康母牛。青年牛需 16～18 月龄，成年母牛年龄在 2～7 岁，经产牛在分娩后 60～200 d，产犊性能良好，无难产史及习惯性流产史。凡人工授精两次不孕牛不能作为受体牛。移植时，受体的发情时间和胚胎日龄之间不宜超过±24 h。在移植前一天或移植当天要直肠检查判定黄体的发育是否合格。

(2)冷冻胚胎的保存方式　冷冻胚胎是将经检查鉴定合格的胚胎，装入 0.25 mL 细管内(图 5-12)，经一定冷冻程序冷冻后，保存在－196℃的液氮中。胚胎装管时分为 5 段，从棉塞端起分别为：保存液、气泡、胚胎(在液体内)、气泡、保存液。之所以将胚胎由 2 段气泡隔开，是因为尽管胚胎自身不能运动，但由于质量较重，如果没有 2 段气泡存在，在保存液内会沉入棉塞端或封口端。正是由于这种 5 段式的装管方式，保证胚胎在移植时不至于黏在棉塞上或在入口端丢失，而确保将胚胎移入子宫中。

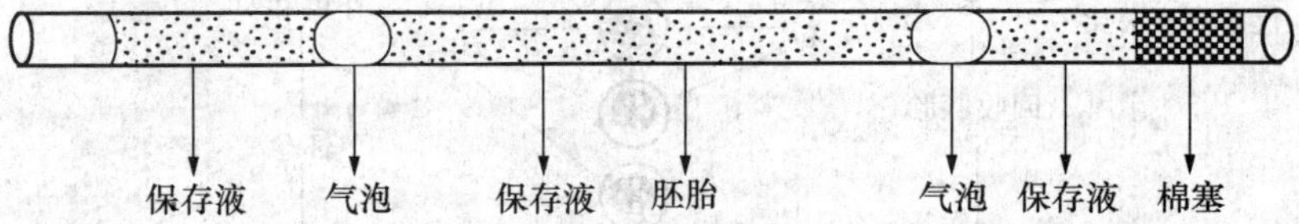


图 5-12　胚胎的装管方式

这就要求我们在胚胎解冻后，不能用手指弹细管或对细管进行强烈的震动，以免气泡溢出，而导致胚胎在移植时丢失。

(3)冷冻胚胎的解冻方法　目前，在胚胎冷冻时所使用的抗冻保护剂普遍采用乙二醇，其优点是胚胎解冻后不用从抗冻保护剂中脱出，可直接进行移植。因此，现在在进行胚胎移植时，胚胎的解冻环节变得像解冻冷冻精液一样简单。具体方法是：从液氮中取出一支细管，在空气(20℃左右)中停留 10 s，然后放入 32℃水浴中 10 s，之后剪去封口端，装入移植枪即可。

3. 牛胚胎的移植方法

(1)受体牛的选择　母牛的妊娠主要由黄体分泌的孕酮来维持。因此，黄体的有无，直接关系到受体牛移植胚胎后能否妊娠。根据对人工配种的牛群进行群体跟踪直检，情期受胎率较高的牛黄体状态，在母牛发情配种后 7～8 d 黄体的形状千奇百怪差异很大。有的呈柱状、有的呈锥状；有的顶端光滑、有的呈菜花样或火山口状；有的大得和卵巢相当，有的小得几乎摸不到，即所谓的劣等黄体。通过对离体卵巢解剖观察，也会发现有些没有突出卵巢表面的黄体，在卵巢皮质部也占有相当大的体积。但笔者曾对人工授精后 7～8 d 黄体用 B 超检测，对比 60 d 后的妊娠检查结果发现，妊娠组的黄体面积为 $(2.46\pm0.55)\,cm^2$，而未妊娠组的为 $(1.74\pm0.10)\,cm^2$，两者差异显著。由此可见黄体较大的受胎率高。

鉴于上述情况，我们得出，对于发情正常(即静立接受爬跨)且卵泡发育也正常，卵巢处于活动状态的牛，无论其黄体状态如何，几乎都可以作为受体。受胎率不会因为黄体状态的差异而有差异。重要的一点是要保证发情，卵巢处于活动状态，卵泡发育良好和排卵正常。

具体检查方法是在移植的前一天或当天，经直肠用拇指、食指、中指将卵巢固定，首先感觉卵巢的状态，然后触摸感觉卵巢表面形成的黄体质地和黄体嵌入卵巢的程度，同时估计黄体直径的大小。

(2)受体牛的麻醉　受体牛的麻醉，一般采用 2% 的利多卡因或普鲁卡因 2～4 mL，实施尾椎硬膜外麻醉。麻醉的目的是为了使直肠松弛，不产生蠕动，便于移植操作。具体操作是，对尾部注射部位剪毛、消毒，根据牛只不同可在第一尾椎和第二尾椎之间或尾椎与荐椎之间的凹陷处(图 5-13)将注射针刺入。操作时手提牛尾向上提拉，寻找第一尾椎和第二尾椎之间或尾椎与荐椎之间比较明显、间隔比较大的点进针，进针的深度也因牛只个体不同而异，主要是根据术者的手感，当针头进入椎孔后有一种空旷的感觉，而将药物注入时又没有太大的阻力时就是最适宜的深度。麻醉后抓住牛尾尖摇动感到没有知觉时就可实施移植了。

(3)胚胎移植操作　胚胎移植也称胚胎的植入，是整个胚胎移植技术中关键环节之一，目前，牛的胚胎移植一般都采用非手术法。

牛非手术法胚胎移植所采用的移植器械和牛人工授精所用器械的构造基本相同，只是制作工艺上更加精密，除主件外也有硬外套和软外套等耗材(图 5-14)。

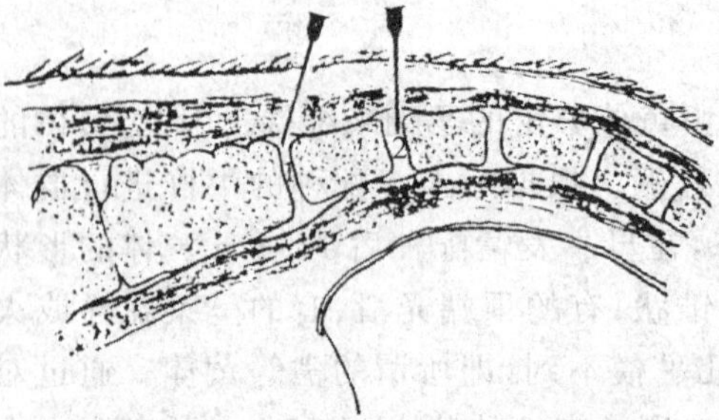

图 5-13 牛尾椎硬膜外麻醉注射部位（1、2 部位均可）

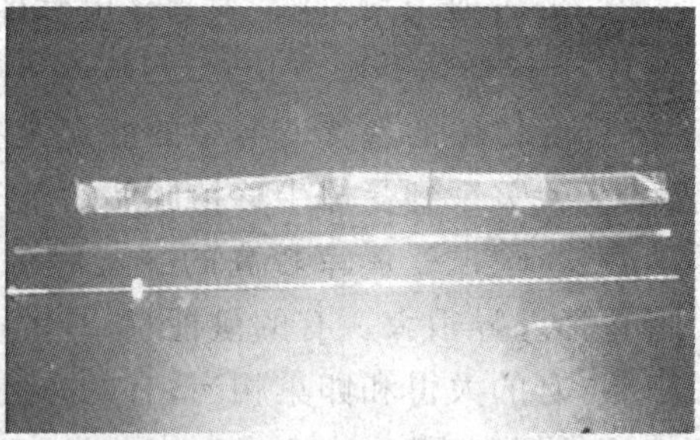

图 5-14 牛非手术胚胎移植用器械及耗材

首先将受体牛保定在六柱栏内、消毒与麻醉，然后移植者先检查受体卵巢，确定黄体位于哪一侧并记录发育状况，分开受体阴唇，移植者将移植器插入阴道，为防止阴道污染移植器，在移植器外套上经消毒的软外套，当移植器前端达到子宫颈外口时，将软外套顶破。按直肠把握输精的方法使移植器通过子宫颈，由于受体牛大都处于发情后 6～8 d，子宫颈口封闭较紧，尤其青年受体，因此通过子宫颈比发情输精时困难，移植者要谨防损伤子宫颈。当移植器通过子宫颈后将直肠内的手前移到子宫体，随着移植器的前移，在直肠内的手也沿着子宫角前移，轻轻地感觉移植器前端在子宫角中的位置，在不损伤子宫内膜的情况下，尽可能地将移植器前移到子宫角深部，当到达子宫角前 1/3 时，将胚胎注入。

（三）性控冻精及其应用

对奶牛的出生性别进行控制，多产母牛犊是广大奶牛养殖人员的美好愿望，也是广大畜牧科技人员一直研究的课题，是奶牛业发展的必然要求，是提高奶牛业经济效益的重要手段，是实现我国畜牧业快速发展的必然需要。

目前，对奶牛性别控制最有效、最经济的方法之一是应用奶牛性控冻精进行人工授精，所谓奶牛的性控精液是指用流式细胞仪（图 5-15）将精液进行分离，而得到的富含 X 精子的精液。流式细胞分离法的工作原理是根据哺乳动物 X 精子和 Y 精子 DNA 含量的微小差异（牛 X 精子的 DNA 比 Y 精子多 3.8%），通过荧光色素把精子头部染色后，被激光照射时的荧光发光量差别传送到计算机的识别系统，

图 5-15 精子分离设备

然后包含精子的缓冲液滴由控制系统赋予不同的电荷，在通过电极区间时把X和Y精子偏离，并流入各自的接受容器内(图5-16)。

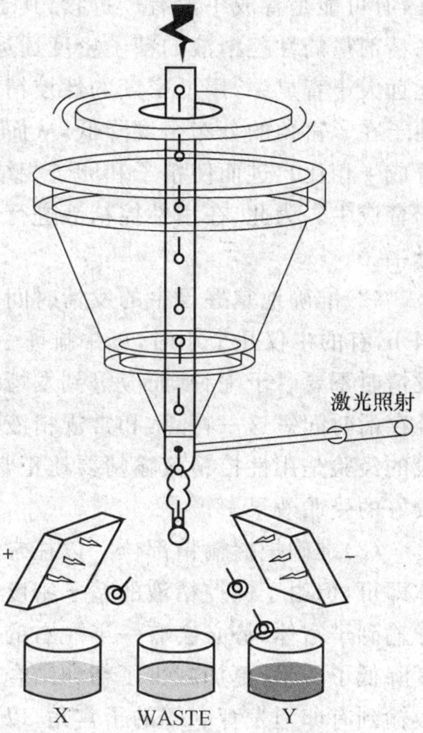


图5-16　精子分离模式图

1. 奶牛性控精液的特点

奶牛性控精液和常规精液相比有以下特点：

(1)精子密度低　奶牛性控精液的精子密度显著低于常规精液。目前奶牛性控精液的装管精子数量每0.25 mL只有200万～220万个，而常规精液的精子密度约为每0.25 mL 3 000万个。

(2)存活时间短　由于在分离过程中精子本身的能量消耗和对精子的物理损伤，导致其存活时间缩短。据报道，奶牛X性控冻精体外存活时间为5～12 h，比同种普通精子的存活时间短2～10 h。

(3)解冻后精子活力要比常规冷冻精液高　其主要原因是奶牛X性控精液在分离的过程中，除了保留X精子、筛除Y精子外，还将原精液中的死精子和畸形精子筛除掉了。

(4)所含X精子比例高　经分离后的精液所含X精子的比例远远高于常规精液，X精子分离纯度达到90%～93%。

2. 奶牛性控精液的应用

奶牛的性控精液主要应用于奶牛的人工授精、性控胚胎的生产和体外受精及显微授精等方面，其中以奶牛人工授精的应用最为普遍，通过近几年的示范推广，奶牛养殖户对性控技术已经具有一定的认知，尤其是对性控准确率基本没有怀疑。在性控精液的受胎率方面，尽管目前奶牛的性控精液存在着精子密度低和在体外存活时间短等不足，但如果选择适宜的输精牛，准确地掌握母牛的发情时间，选择适宜的输精部位，其受胎率就会达到或接近常规精液的水平。为此，在用性控精液进行人工授精时为提高受胎率应注意以下几个方面：

(1)选择适宜用于性控精液人工授精的母牛　从几年来的应用推广效果来看，用性控精液进行人工授精，育成牛的受胎率要明显好于经产母牛。究其原因：其一，有可能是育成牛没有产过犊，其子宫内环境要优于经产母牛；其二，考虑到每一输精剂量的性控精液的精子密度远远低于常规精液，而经产母牛子宫角的容积又远远大于育成牛，用低密度的性控精液给经产母牛输精，和育成牛相比势必会导致精子在子宫角的分布密度降低，从而有可能使到达输精管壶腹部的精子数变少（和育成牛相比），进而使精子和卵子相结合的机会降低，最终导致经产牛的受胎率低于育成牛。为此，在用性控精液进行人工授精时尽可能地选择育成牛或胎次低的母牛。

（2）准确地掌握母牛的发情时间　母牛发情时有外部表现的时间一般为 18～24 h，有的牛仅几个小时，母牛排卵一般发生在发情停止后的 8～12 h，因此母牛刚发情时不要急于配种，而应等到发情结束或接近排卵时配种，考虑到性控精液在体外存活时间短这一特点，和常规精液输精相比更要准确地掌握母牛的发情时间，一般的经验是用性控精液输精要比正常的常规精液输精时间推后 3～4 h，才能得到较好的受胎效果。

（3）准确把握输精部位　以往常规精液的人工授精一般要求将精液输到子宫体即可，但由于性控精液的精子密度只有常规精液的 1/10 左右，若像常规精液那样输到子宫体，势必会有一半左右的精子跑向非排卵侧子宫角，这等于又使精子密度降低了一半，更加减少了精卵结合的机会，因此用性控精液进行人工授精须将精液输到有卵泡发育一侧的子宫角，以增加精子和卵子结合的机会，几年的性控精液推广实践也证明向有卵泡发育一侧子宫角输精比子宫体输精受胎率会明显提高。具体做法是输精前首先通过直肠检查确认哪侧卵巢上有卵泡发育，并检查卵泡发育的状况，输精时在直肠内手的引导下，双手协同操作，将精液输入有卵泡发育侧的子宫角分岔部。

（4）利用性控精液诱导奶牛产双犊　牛属单胎动物且繁殖周期长，双胎率不足 1%，并存在异性双犊不育的问题。性控精液为富含 X 精子的精液，这就让奶牛产双母犊成为可能（图 5-17）。孙树春等（2007）将 28 头荷斯坦牛于发情周期任意一天，用孕酮栓处理母牛，同时注射雌二醇 2 mg，孕酮 50 mg，埋栓后的第 8 天肌内注射血清促性腺激素（PMSG）1 000～1 500 IU，第

图 5-17　用性控精液所产双母犊

10天取出阴道栓，同时注射氯前列烯醇0.4 mg。发情后直肠检查卵泡发育情况，并用性控精液适时输精，结果情期受胎率为53.6%(15/28)，双胎率为26.7%(4/15)。

在利用PMSG诱导奶牛产双胎时，值得注意的问题是个体对PMSG的反应差异较大，有些个别牛只反应过大，没有按预计的设想有2～3个卵泡发育，出现超排现象，两侧卵巢上都有2个甚至更多的卵泡发育，对待这样的牛只可以采取以下措施避免过多卵子受精而使妊娠失败。即在用性控精液输精时可选择有2～3个卵泡发育的子宫角，进行偏角深部输精，这样就可避免另一侧卵巢所排出的卵子也受精的情况，从而达到怀双胎的目的。

## 五、提高奶牛繁殖力的措施

### (一)评定母牛繁殖力的主要指标

#### 1. 发情率

比较不同畜群或不同方法处理后，表现发情母牛数占适繁母牛数的百分率或处理后表现发情母牛数占已处理母牛数的百分率。间接反映母牛的饲养管理状况和繁殖障碍存在情况。

$$发情率=\frac{表现发情母牛数}{适繁母牛数(已处理母牛数)}\times 100\%$$

#### 2. 受配率

受配率指本年度内参加配种的母牛数占适繁母牛数的百分率。主要反映畜群内适繁母牛发情配种情况。

$$受配率=\frac{配种母牛数}{适繁母牛数}\times 100\%$$

#### 3. 总受胎率

总受胎率指本年度末妊娠母畜数占本年度内参加配种母牛数的百分率。反映全年配种效果，即反映配种质量和母牛繁殖机能。

$$总受胎率=\frac{妊娠母牛数}{配种母牛数}\times 100\%$$

#### 4. 情期受胎率

情期受胎率指在一定期限内妊娠母牛头数占本期限内配种情期数的百分率，它反映受胎效果和配种技术水平。

$$情期受胎率=\frac{妊娠母牛数}{配种情期数}\times 100\%$$

情期受胎率又可分为第一情期受胎率和总情期受胎率。

(1)第一情期受胎率　即第一个情期配种后妊娠母牛数占第一情期配种母牛数的百分率。及早统计第一情期受胎率十分重要,如果发现情期受胎率过低,可及时改进配种技术。

$$第一情期受胎率=\frac{第一情期妊娠母牛数}{第一情期配种母牛数}\times 100\%$$

(2)总情期受胎率　指年末妊娠母牛总数占配种情期总数的百分率。主要反映牛群复配情况及配种技术水平。

$$总情期受胎率=\frac{妊娠母牛总数}{配种情期总数}\times 100\%$$

5.21 日妊娠率

21 日妊娠率指在 21 日内,全部应配母牛的实际妊娠率。即在 21 日发情周期内,究竟有多少适繁母牛在这期间最终经配种后真正妊娠。可简单理解为:21 日妊娠率兼有发情检出率(参配率)和情期受胎率的作用。

$$21\text{ 日妊娠率}=\frac{实际妊娠牛头数}{21\text{ 日内全部应配牛总数}}\times 100\%$$

21 日妊娠率更简便和更直接的计算方法是:任何一个 21 日发情周期内的发情检出率(参配率)乘以该发情期受胎率之积。但计算结果多少会受该期死淘率的微小影响。

6. 分娩率

分娩率指本年度内分娩母牛数占妊娠母牛数的百分率。反映妊娠母牛饲养管理(保胎防流)的水平。

$$分娩率=\frac{分娩母牛数}{妊娠母牛数}\times 100\%$$

7. 繁殖率

繁殖率指本年度内出生犊牛数占上年度末适繁母牛数的百分率。反映牛群在一个繁殖年度的增殖效率。

$$繁殖率=\frac{本年度内出生犊牛数}{上年度末适繁母牛数}\times 100\%$$

8. 犊牛成活率

犊牛成活率指断奶时成活犊牛数占出生时活犊牛数的百分率。主要反映母牛育仔性能和犊牛生活力，间接反映饲养管理水平。

$$成活率=\frac{断奶时成活犊牛数}{出生时活犊牛数}\times 100\%$$

9. 繁殖成活率

繁殖成活率指本年度内成活犊牛数占上年度末适繁母牛的百分率。是衡量繁殖效率的硬指标。

$$繁殖成活率=\frac{本年度内成活犊牛数}{上年度末适繁母牛数}\times 100\%$$

10. 产犊指数(胎间距)

产犊指数(胎间距)是指母牛相邻两次产犊间隔的天数。它能科学、准确地反映母牛的繁殖力，它与牛群经济效益有着密切关系，因此是母牛繁殖的一个重要的生物学及经济学指标。奶牛理想的适宜产犊间隔应该是 365 d，也即奶牛在产后 85 d 内配种，再经过 280 d 的妊娠期，便可达到一年 1 胎。但这一理想状态很难达到，目前奶牛的产犊间隔已延长至 395 d。

11. 繁殖效率指数

该指标直接与参加配种和犊牛断奶前死亡的母牛数有关，在其他条件相似的前提下，可比较不同牛群的管理水平。

$$繁殖效率指数=\frac{断奶成活犊牛数}{参加配种的母牛数+从配种到犊牛断奶前死亡母牛数}$$

(二)影响繁殖力的因素

牛的繁殖力指牛维持正常生殖机能、繁育后代的能力；繁殖是奶牛生产中的重要环节，在奶牛生产中占有非常重要的地位。影响奶牛繁殖的因素主要有以下几种。

1. 遗传因素

牛是单胎动物，双胎率约为 0.5%，且双胎的遗传力很低，双卵率和双犊率遗传力分别为 0.07 和 0.03。奶牛的繁殖力是一个低遗传力性状，通过遗传选育提高奶牛繁殖力十分困难。但培育具有高繁殖力特性的家畜新品种或新品系，一直受到发达国家的重视。

2. 营养水平

营养对母牛的发情、配种、受胎以及犊牛成活起决定性的作用。所以对繁殖母牛应给予合理的饲养,搭配合理的日粮。能量水平长期不足,不但影响幼龄母牛的正常生长发育,而且可以推迟性成熟和适配年龄,造成一生的有效生殖时间的缩短。成年母牛如果长期能量过低,会导致发情征状不明显或只排卵而不发情。牛产后能量过低,也会推迟产后发情日期,对于妊娠母牛来讲,由于能量不足而带来流产、死胎、分娩无力或出生软弱的犊牛等现象,从而造成母牛的平均产犊间隔拖长、繁殖力降低。相反能量水平过高也影响母牛的受胎率。蛋白质缺乏,不但影响牛的发情、受胎和妊娠,也会使牛体重下降、食欲减退,还会使粗纤维的消化率下降,影响牛的健康与繁殖。矿物质中,磷对牛的繁殖力影响最大,缺磷会推迟性成熟,严重时性周期停止。此外,一些微量元素如钴、铜、碘、锰等对牛的繁殖和健康起着不可缺少的作用。维生素 A 不足时容易流产或产死胎、弱胎,常常发生胎衣不下等情况。

3. 生态环境因素

家畜生活的自然环境中,光照、温度的季节性变化,都具有一定的刺激作用,通过生殖内分泌系统,引起生殖生理的反应,对繁殖力产生影响。母牛在炎热的夏季,配种受胎率降低。冬季发情、受胎率低,主要是由于光照时间短和单一营养不均衡所致。夏季的高温会缩短发情持续期并减少发情的表现。总之,有利于奶牛提高繁殖力的理想环境条件:凉爽的气候、适宜的湿度、较长的光照和丰富的营养。

4. 管理

管理好牛群,尤其是抓好基础母牛群,这也是提高繁殖力的重要因素。主要包括:①组织合理的牛群结构,这是获得良好繁殖成绩的基础之一。乳用牛群基础母牛占牛群的比例为 50%~70%。②合理的生产利用。乳用牛不正确的挤奶会造成牛体过分消耗,体质下降,使性机能紊乱和抑制,导致发情不正常或受胎着床困难,降低受胎率。对妊娠母牛利用过度也会引起流产。配种前应对母牛群的发情规律及繁殖情况进行调查,掌握牛群中能繁殖已妊娠及空怀、流产的头数及比例。了解每头母牛过去的繁殖情况及发情特点,对于空怀流产母牛要及早检查和治疗,清理和淘汰失去繁殖能力的母牛和牛群中的不良个体。

5. 疾病

引起不孕的疾病包括传染性和非传染性两类。传染性疾病有布氏杆菌病、滴虫病。非传染性疾病有阴道炎、卵巢炎、输卵管炎、子宫内膜炎、子宫囊肿、子宫颈炎等。疾病、气候、营养或泌乳等情况可引起母牛不发情也不排卵。子宫内膜炎或其他生殖道疾病是不发情的原因之一,持久黄体是不发情的另一原因,卵巢发育不全也会造成不发情。

6. 产奶量

产奶量与繁殖力呈负相关。高产奶牛的繁殖力降低，主要表现在产后发情间隔延长，受胎率降低。

7. 输精技术

某些新手，由于经验不足，业务水平低，不能及时发现母牛发情，引起漏配，鉴定发情牛不准确引起误配，或配种不适时（过早、过晚）不能受精，以及人工授精时精液处理不当，造成精液品质下降，输精操作不规范，输精部位不正确。另外，精子活力或密度不够等，均会降低母牛繁殖率。提高配种员的业务水平和操作技能，在人工授精技术过程中，一定要遵守操作规程，从发情鉴定，清洗和消毒器械、采精、精液处理、冷冻、保存及输精，是一整套非常细致严密的操作，各个环节紧密联系，任何一个环节掌握不好，都能造成失配、不孕的后果。人工授精员除掌握一般技术外，要特别熟练掌握直肠检查技术，能区别子宫、卵巢正常与否；善于鉴别真假发情牛、早期妊娠牛。严防损伤母牛泌尿生殖道。精液要准确输到要求部位，提高母牛受胎率。

8. 精液品质

种公牛的精液品质则是关键因素。严格按照操作规程解冻精液后，精子活力必须达到 0.35 以上才能进行输精。

提高繁殖力的途径，主要是针对影响繁殖力的因素，从加强营养和饲养管理，提高技术和繁殖疾病的治疗入手，采取各种有效的措施，应用现代先进的繁殖技术，开发潜在的繁殖力，最大限度地提高家畜繁殖能力。

（三）提高奶牛繁殖力的技术措施

提高牛繁殖力应从公、母牛两条途径和种畜选育、饲养管理、繁殖技术、繁殖管理四个方面采取综合措施。

1. 加强选种选育

繁殖力受遗传因素影响很大，不同品种和个体的繁殖性能也有差别，尤其是种用公畜，其品质对后代群体的影响更大，因此，选择好种用公、母牛是提高家畜繁殖力的前提。同时每年要做好畜群的更新，对老、弱、病、残的母畜应有计划地淘汰，提高适繁母畜的比例（一般是 50%～70%）。

2. 科学的饲养管理

科学的饲养管理是保证种畜正常繁殖机能的物质基础。营养缺乏，会使母牛瘦弱，内分泌机能失调，常出现不发情或不排卵，妊娠后易造成早期胚胎死亡或流产。营养缺乏的种公牛则表现为性欲下降，精液品质差。相反营养过度、管理不当（如缺乏运动），易造成家畜体内脂肪堆积过多，失去种用价值。因此要对公、母牛实施科学饲养与管理，保持良好体况、性欲和正常繁殖能力。

3. 做好发情鉴定和适时输精

根据母牛发情的内部变化及外部表现准确判定发情时间，适时输精，以保证活力旺盛的精子与卵子在受精部位受精。特别对于发情不正常的母牛更应做好发情鉴定（防止误配和漏配）。这样才能提高受胎率。

4. 做好早期妊娠诊断

采用早期妊娠诊断技术，能够及早确定母牛是否妊娠，做到区别对待。对已确定妊娠的母牛，应加强保胎，使胎儿正常发育。对未孕的母牛，应认真及时地找出原因，采取相应措施，不失时机地补配，减少空怀时间。

5. 防治不育症

公、母畜的生殖机能异常或受到破坏失去繁衍后代的能力统称不育。对母畜直接称为不孕。对于先天性和衰老性不育，因难以克服，应及早淘汰；对于营养性和利用性不育，则应通过饲养管理和合理的利用加以克服；对于一般性疾病引起不育，应采取积极治疗措施，使其尽快恢复繁殖能力。

6. 应用推广繁殖新技术

在有条件的地区和单位，应大力推广人工授精、繁殖控制、胚胎移植及胚胎工程等新技术，从公、母牛两个方面提高其繁殖力。

7. 建立、健全家畜繁殖管理制度

做好家畜繁殖规划，建立、健全以生产责任制为中心的各项繁殖规章制度，认真做好相关记录，定期分析畜群繁殖动态，采取相对应措施。

# 第六章　挤奶技术流程

正确的挤奶操作不仅可以改善生鲜乳的质量，而且对提高奶牛生产性能、减少乳腺炎的发生也具有重要意义。本章重点介绍奶牛手工挤奶和机器挤奶操作流程。本流程对挤奶人员要求、乳头药浴液的配制、挤奶操作规程、挤奶机的清洗维护、挤奶的操作手法等方面提供参考性意见，适用于各种奶牛小区、规模奶牛场、挤奶站点、专业奶牛养殖户。

## 一、术语和定义

(1)泌乳期　母牛产犊后，从泌乳开始至泌乳结束的整个期间。

(2)泌乳　乳汁在乳腺内形成、贮存和排出(挤乳和吮乳)乳汁的过程。

(3)产奶量(全泌乳期产奶量)　母牛个体自产犊后开始至下次临产前干奶为止的产奶量累积总和。

(4)挤奶量　泌乳期内1头奶牛每一次挤奶操作挤得的奶量。

(5)挤奶时间　泌乳期内1头奶牛每一次挤奶所对应的持续时间。

(6)过度挤奶　挤奶操作中，奶汁已经停止流出乳头的情况下，继续进行挤奶，称之为过度挤奶。

(7)真空　在机器挤奶方式中，挤奶系统内工作气压低于外界大气压的状态称之为真空。

(8)脉动频率　挤奶器中，每分钟内，大气和真空状态交替变化的次数。

(9)脉动节拍比　每一次大气和真空状态交替变化中，各自所占用的时间之比值。

(10)“S”形套杯　挤奶杯组上杯时，将奶杯内衬外部连接的短奶管折叠，防止空吸，使奶杯呈“S”形接触乳头，直至与奶牛乳头根部紧密相接。

## 二、挤奶人员要求

①应经上岗培训，人员相对固定。

②每年定期进行体检，并持有疾病预防控制中心出具的健康证。应符合 GB/T 16568—2006 中的有关规定。

③着工作服、帽、胶鞋（定期清洗工作服，始终要做到工作服清洁卫生），工作时间精神高度集中，挤奶时佩戴无刺激性的硅胶手套。

④富有爱心，爱护牛只，禁止赶牛时殴打奶牛。

## 三、消毒液

（1）挤奶前消毒液　推荐使用国家许可的奶牛专业消毒液，也可使用 40℃左右 0.02%～0.03%高锰酸钾温水溶液，但需现用现配。

（2）挤奶后乳头药浴液　推荐使用国家许可的专用乳头药浴液，也可使用以下任一种药浴液，但需现用现配。

①碘伏药浴液配制：在量筒中将 100 mL 碘伏（0.5%～1.0%有效碘）加 900～1 900 mL 水。

②洗必泰药浴液配制：在量筒中将 100 mL 洗必泰（0.5%～1.0%）加 900～1 900 mL 水。

③次氯酸盐药浴液配制：在量筒中将 40 g 次氯酸钠或次氯酸钾（4.0%）中加入 960 g 水。

④新洁尔灭药浴液配制：在量筒中将 5 mL 新洁尔灭溶液（5.0%）加 1 L 水。

## 四、挤奶方式

挤奶方式分为手工挤奶和机器挤奶（包括管道式、提桶式和手推车式）。

### （一）手工挤奶

鉴于手工挤奶的工作量，每名挤奶员工只能负责 25 头以内的奶牛。所以，目前国内的千头牧场很少以手工挤奶完成每日的挤奶工作。但是由于手工挤奶的很多操作流程和挤奶手法需要在机器挤奶过程中使用，本文对手工挤奶也进行详细介绍。

1. 挤奶前准备

①挤奶员身着工作服、帽，洗净双手。

②经常修剪奶牛乳房上过长的毛，刮净尾根部分的毛。

③温和地将躺卧的牛赶起，待牛站起后，立即用粪铲清除牛床后 1/3 处的垫草

和粪便。

④经常刷拭牛的后躯，避免黏附在牛身上的泥垢、碎草等杂物落入乳中。

⑤准备好清洁的集乳桶、盛有温消毒液的乳房和乳头擦洗桶及毛巾或一次性纸巾。

⑥用专用消毒湿毛巾擦拭乳头和乳房。每次洗后应用消毒液消毒毛巾（每头牛 1 条毛巾），并拧干后再用，如图 6-1 所示。

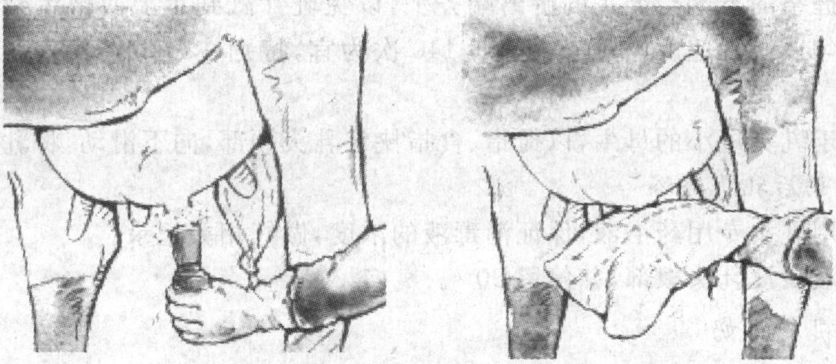

图 6-1　挤奶前乳头药浴和乳房擦拭

⑦用双手按摩乳房表面，以后轻按乳房各部，使乳房膨胀，皮肤表面血管怒张，呈淡红色，皮温升高，这是乳房放乳的象征，要立即挤乳。

⑧挤奶前乳汁检查：将前 3 把奶挤在乳汁检查杯中，观察乳汁有无异常，如图 6-2 所示。如有，应收集在专门容器内，不可挤入奶桶内，也不可随便挤在牛床上。

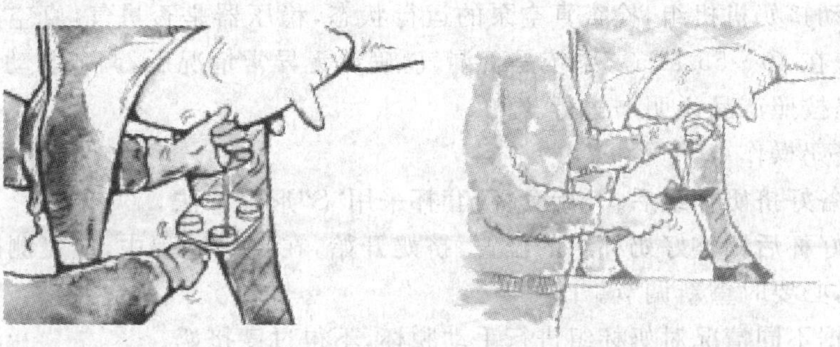

图 6-2　挤奶前乳汁检查

2. 挤奶操作

①挤奶前用消毒液消毒好手指（也可采用一次性橡胶手套）。

②在牛的右侧后 $\frac{1}{3}\sim\frac{1}{2}$ 处，与牛体纵轴呈 50°～60°的夹角。要将奶桶夹在两

腿之间，左膝在牛右后肢关节前侧附近，两脚向侧方张开（呈八字），这时就可开始挤奶。

③一般是先挤前侧 2 个乳头，这叫“双向挤乳法”。此外还有单向（先挤一侧 2 个乳头）、交叉（一前一后乳头）以及单乳头挤乳法，只有在特殊情况下才应用。

④挤乳时，要用手的全部指头把乳头握住，从手底几乎看不见乳头，用全部指头和关节同时进行。

⑤使握拳的下端与乳头的游离端齐平，以免乳汁溅到手上而被污染。尽量做到用力均匀。挤乳速度以每分钟 80～140 次为宜，特别在母牛排乳速度快时应加快挤乳。

⑥对于乳头短小的母牛，以拇指、食指挟住乳头颈部，向下滑动，将乳捋出。

3. 挤奶后乳头药浴

①使用乳头专用药浴液，保证消毒液的浓度，做好相关记录。

②药液浸没乳头根部，并停留 30 s。

（二）机器挤奶

1. 手推车式机器挤奶

(1)挤奶前准备

①同“（一）手工挤奶　1. 挤奶前准备”。

②将前 3 把奶挤在专用乳汁检查杯中，观察乳汁有无异常。

③用乳头消毒液对乳头进行药浴消毒，过 30 s 后用消毒毛巾或纸巾擦去消毒液。

④启动挤奶机机组，检查真空泵的运行状态，稳压器是否进气，真空度是否正常（一般应在 40～55 kPa)，系统是否漏气，确认无异常情况后，调节脉动器脉动频率，应严格按照产品说明书进行。

(2)挤奶操作

①准备好挤奶杯组后，开始套杯，套杯采用“S”形套杯法。

②套好杯后调整好奶杯组的位置，挤奶开始，在挤奶过程中，应复测脉动频率是否稳定，必要时重新调节。

③根据不同情况对奶杯组进行手动脱杯，不得过度挤奶。

(3)挤奶后乳头消毒

①使用乳头专用药浴液，保证消毒液的浓度，做好相关记录。

②药液浸没乳头根部，并停留 30 s。

2. 管道式机器挤奶

管道式挤奶是目前国内规模牛场中比较流行的方式。如果按照奶厅 24 h 连续运转，每人每周工作 4～5 d，每日 3 班轮转，每班 8 h 来计算，对于有 500 头泌乳牛的牛场，需要 30 个左右的挤奶栏位；考虑到药浴时间等因素，熟练挤奶工人每批挤奶 10～12 头奶牛比较适宜，管理水平较高的牛场挤奶工有 15～18 人即足够。

目前常见的管道式挤奶厅主要有中置式、并列式、鱼骨式和转盘式挤奶厅。各牛场须考虑牛场规模、挤奶工的运动距离、投资成本等因素来进行选择。

(1)挤奶前准备

①同“(一)手工挤奶　1. 挤奶前准备”。

②在牛奶过滤器内装入一次性牛奶过滤袋。

③关闭奶水分离器上的喷水阀及自动排水阀(严格按产品说明书操作)。

④关闭浪涌放大器处的吸水真空扣夹(中置式)。

⑤打开挤奶台入口牛门，关闭出口牛门。

⑥准备干净的毛巾(每头牛 1 条)。

⑦准备好乳头消毒液。

⑧检查真空泵油位是否正常。

⑨将转换器转换到奶罐方向。

(2)挤奶操作

①待挤奶牛进入挤奶台。

②站好位后，关闭进口门。

③将前 3 把奶挤在乳汁检查杯中，观察乳汁有无异常。

④用乳头消毒液对乳头进行消毒，过 30 s 后用干净毛巾或纸巾擦去消毒液。

⑤用消毒的毛巾清洁牛只的乳头，准备好挤奶杯组后，尽快将挤奶杯紧紧地安装在每个乳头上，套杯采用“S”形套杯法(图 6-3)。

⑥套好杯后调整好奶杯组的位置，挤奶开始。挤完奶后，根据不同情况对奶杯组进行手动或自动脱杯，防止过挤。建议使用具有挤奶时间自动记录系统，同时配备电子耳标和相应的识别器，可以提高奶厅的管理水平。图 6-4 展示了一种牛场使用的电子耳标识别器，通过该装置自动识别牛号，从而可以自动记录每头牛当次挤奶的时间、产奶量、上杯次数等信息。

(3)挤奶后乳头消毒

①使用乳头专用药浴液，保证消毒液的浓度，做好相关记录。

②药液浸没乳头根部，并停留 30 s。

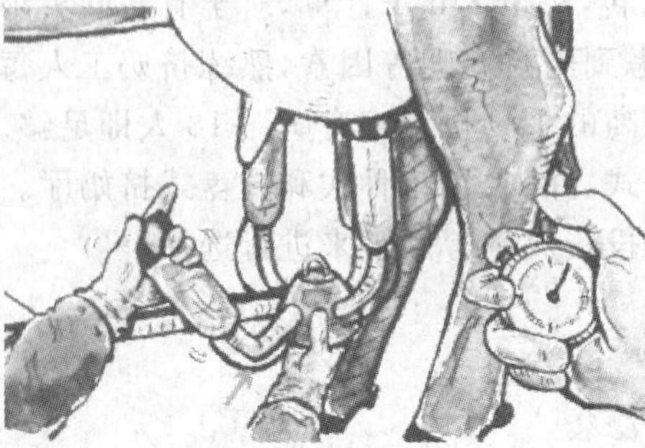

图 6-3 "S"形套杯法

图 6-4 电子耳标识别器

3. 挤奶机及奶桶的清洗

(1)提桶式挤奶机及奶桶的清洗

①挤奶后,立即用清水漂洗所有器皿,除去表面残奶。

②拆开挤奶机,将奶杯、内衬、提桶盖、连接管等浸泡于专用洗涤剂(按照产品说明配制)中 3～5 min。

③用热水(70～80℃)加专用洗涤剂清洗,并用毛刷刷洗表面,以确保有效清洗。

④再用清水将洗涤剂冲洗干净(用水不低于 GB 5749—2006 生活饮用水卫生标准)。

⑤将洗净的奶桶、奶罐等器皿倒置于专用支架上,通风干燥。

⑥每周 1 次清洗真空管路,以防污染、堵塞,方法是用软管吸入清洗剂,从隔离罐底部流出,避免水吸入真空泵。

(2)管道式挤奶机的清洗

①清洗前准备。

a. 将所有的奶杯组装在清洗托上。

b. 将奶水分离器上的清洗开关及自动排水开关打开(严格按产品说明书操作)。

c. 打开浪涌放大器上的进水阀。

d. 将清洗转换器转到清洗位置。

②清洗操作。

a. 预清洗:先用清水冲去挤奶桶及管道中的残奶;35～40℃的温水,直接排出,直至水清为止。

b. 循环清洗:每次挤奶后,用 70～80℃的热水加碱液(用 pH 试纸检测值应达到 12)及消毒剂循环流动 8～10 min,每周使用 70～80℃的热水加酸液(用 pH 试纸检测值应达到 3.5)清洗 1 次;排出的清洗液温度不得低于 40℃。

c. 后冲洗:用清水冲洗,冲掉洗涤剂和消毒剂,直到排出的水清洁为止,pH 试纸检测值应符合 GB 5749—2006 中的有关规定。图 6-5 为挤奶设备的管道内清洗实拍图。

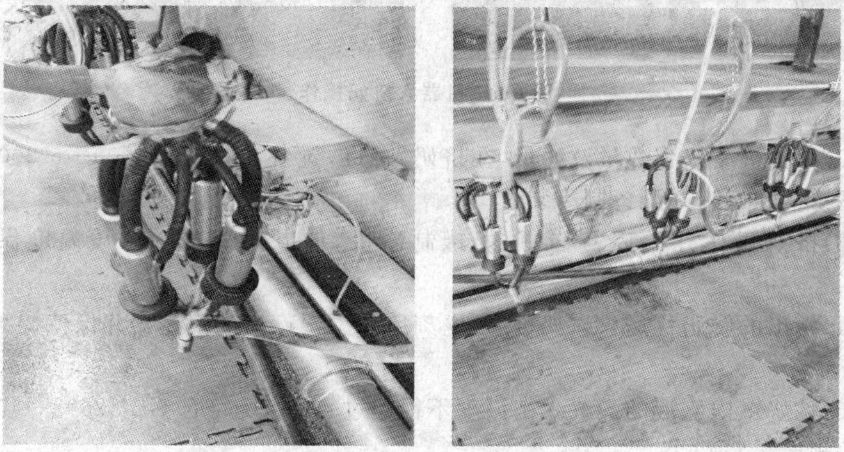

**图 6-5　挤奶设备的管道内清洗**

4. 挤奶设备的维护和保养

每周检查挤奶机所有胶垫,必要时更换。挤奶设备的维护和保养按设备使用说明书定期进行。

5. 机器人挤奶

随着挤奶工劳动力成本的不断上升,美国南达科他州、日本北海道地区开始尝试机器人挤奶机,国内仍然比较少见。挤奶机器人无须专门的挤奶工培训,从清洗、按摩乳房到脱杯、机器清洗全部可以自动完成。每台挤奶机器人每天可以完成 60～110 头泌乳牛的挤奶过程,即使在千头牧场也仅需 1 名操作人员。该技术仍然处于起步阶段,具有较多缺陷,如设备投资大(管道式挤奶设备的 3～8 倍)、效率低、乳房结构要求高、疾病适应能力差、牛场风险高。但是该项技术的应用前景将随着其不断成熟和人力成本的不断提高而得以展现。图 6-6 为机器人挤奶操作的实拍图。

## 五、鲜奶的贮藏

(1)鲜奶从挤出至加工前应防止污染,质量应符合 GB 19645—2010 的规定。

图 6-6　机器人挤奶操作

(2)根据进站奶牛数量及奶量，在挤奶站、点，置备 1～2 台 1 000～5 000 L 容量的不锈钢贮奶罐并配备制冷装置。

(3)挤奶操作开始后，启动贮奶罐制冷机，使贮奶罐冷却介质温度保持在 0～1℃。

(4)挤出的鲜奶移送入贮奶罐后，立刻启动贮奶罐上的搅拌器并保持持续运转搅拌。

(5)贮奶罐内奶液的最终平衡温度不得超过 4℃。应符合 GB 12693—2010 中的有关规定。

(6)贮奶罐中鲜奶贮藏时间最长不得超过 24 h。

# 第七章　奶牛疾病防治

## 一、普通病的防治

（一）瘤胃酸中毒

瘤胃酸中毒是以前胃机能障碍为主的一种代谢性酸中毒。病的特征为消化紊乱、瘫痪和休克。

【病因】奶牛短时间内采食大量富含碳水化合物的谷物类饲料、精料、块根类饲料、酸度过高的青贮饲料或苹果、葡萄以及酒厂发酵不完全的酒糟等引起。

【诊断要点】采食大量上述饲料后 3～5 h 突然发病，呈现食欲废绝，磨牙虚嚼，流涎，瘤胃胀满，蠕动音消失，脉搏增数，呼吸加快，明显脱水。后期卧地不起，角弓反张，进而昏迷而死。根据病史和临床症状极易确诊。

【治疗】可用 1%碳酸氢钠反复洗胃至胃液呈碱性，同时静脉注射 5%碳酸氢钠 1 500 mL 解除酸中毒。

（二）前胃弛缓

前胃弛缓是奶牛最为常见的疾病。由于前胃机能紊乱常表现为奶牛食欲下降或绝食，前胃蠕动减弱或停止，并经常伴有便秘或腹泻现象。

【病因】本病的病因较多，长期饲喂劣质粗硬的饲料、精料过多、突然换料、天气突然变化及糟渣类饲料用量过大等；也可因瘤胃膨胀积食、传染病、寄生虫病（如蛔虫病、梨形虫病等）等疾病继发。

【诊断要点】病牛呈现精神沉郁、食欲减退或废绝、极少饮水、反刍迟缓、嗳气减少。听诊时瘤胃蠕动音减弱或消失。粪便呈块状或条索状，并附有黏液。先出现便秘而后腹泻，有时便秘腹泻交替出现。严重时病奶牛脱水，卧地不起。根据临床症状及病因极易确诊。

【治疗】先停食 1～2 d，而后喂给优质易消化的干草和饲料。药物可用苦味酊

60 mL、稀盐酸 30 mL、番木鳖酊 20 mL、酒精 100 mL 加水 500 mL 混匀灌服。也可用 10%氯化钠 500 mL，10%氯化钙 50～100 mL 和 20%安钠咖 15 mL 静脉注射。或用 6%酒石酸锑钾 100～200 mL 灌服，同时用人工盐 250 g 或硫酸镁 500 g 加 1 000 mL 常水灌服。

（三）瘤胃积食

瘤胃积食也叫急性瘤胃扩张，以瘤胃内积滞过量食物，致使体积增大，胃壁扩张，运动机能紊乱为特征的一种疾病。

【病因】日粮中精料比例过高，粗饲料比例过低；奶牛短时间内偷吃大量精料；瘤胃迟缓、重瓣胃阻塞及创伤性网胃炎诱发。

【诊断要点】食欲减退，反刍减少或停止；鼻镜干燥；腹痛不安如回头望腹、后肢踢腹及摇尾弓背等；腹围增大，尤以左下腹部增大明显；排粪次数增加，但每次排粪量较少；触诊发现瘤胃坚实；听诊时瘤胃蠕动音减弱，蠕动次数减少，严重时瘤胃蠕动停止；呼吸困难。根据临床症状结合病因即可确诊。

【治疗】轻度瘤胃积食的病牛可采用饥饿疗法，即在发病后立即停喂饲料 1～2 d，同时保证充足的饮水，仅喂少量优质干草。严重瘤胃积食的病牛采用泻下疗法，加快内容物排出。硫酸钠或硫酸镁 500～1 000 g 溶于 5 000～10 000 mL 水中灌服；或灌服液体石蜡 1 000～1 500 mL；而后补充体液 5 000 mL 以上，包括 5%糖盐水 2 500～3 000 mL、5%碳酸氢钠 1 000～1 500 mL 和 25%葡萄糖溶液 500 mL。

洗胃疗法：用 4%碳酸氢钠溶液洗胃，将内容物洗出。同时静注 10%氯化钠 500 mL、20%安钠伽 10 mL。

药物治疗效果不佳时采用瘤胃切开术，取出内容物。

（四）瘤胃臌胀

瘤胃臌胀也称胀肚、气胀，是奶牛常见的疾病。病的特征为瘤胃过度臌胀、呼吸困难、嗳气和反刍受阻、瘤胃叩打具鼓音。

【病因】日粮配合不当或调制不充分时，奶牛采食到过量易发酵饲草饲科，如青草、白薯块、青苜蓿、精料等；或误食有毒饲草如毒芹、毛茛等；或采食大量的发霉变质饲料等情况下，均极易造成瘤胃内容物在短时间内急剧发酵，产生大量气体，导致瘤胃臌胀。此外，食道梗阻、瘤胃积食、创伤性网胃炎等疾病，也可诱发牛瘤胃臌胀。

【诊断要点】发病后奶牛腹部急剧膨胀，左侧肷窝明显隆起，敲打时能听到鼓音；听诊时瘤胃蠕动音极弱难以听到；食欲、反刍废绝；病奶牛惊恐不安，四肢开张，呼吸困难，严重时张口伸舌，口角流涎；随着病情加剧，卧地不起，最终因极度呼吸困难而死亡。根据临床症状极易确诊。

【治疗】治疗原则是排气减压、制酵、泻下和补充电解质。

病情较轻时，可采用木棒口腔消气法，即取1根30 cm长、2.5 cm粗的光滑木棍横插在牛的口腔内，将木棍的两端露出口角的部分，用细绳拴于牛角上，再在口腔中的木棍上涂抹食盐，通过牛的舔食动作，将胃内气体逐渐排出；用食醋500～1 000 mL，加植物油500～1 000 mL，一次灌服；灌服泻剂，硫酸镁500～1 000 g、液体石蜡1 000～1 500 mL、松节油30～40 mL，加水适量，一次灌服。

病情严重时，需立即排气减压。具体操作：将胃管经食道插入瘤胃，将气体从胃管中排出。或用套管针放气，将套管针刺入瘤胃后拔出针芯，缓慢排出气体。注意掌握排气速度，切忌放气过速。

当应用上述方法排气受阻时，即可进一步确诊为泡沫性臌胀病，需采用消泡药物治疗，灌服消泡剂——聚合甲基硅油30～60片。

【预防】奶牛的日粮应调制配合均匀；禁止用霉烂变质饲料饲喂奶牛；不要轻易突然变更饲粮配合比例；饲养管理科学化、程序化、制度化。

（五）肺炎

肺炎的临床特征是体温升高、咳嗽、呼吸困难和肺部听诊有异常呼吸音。本病多见于犊牛和体弱牛，以冬、春寒冷季节发病较多。

【病因】原发性肺炎，即直接由病毒、细菌、真菌、寄生虫及不良的物理性和化学性因子所致。继发性肺炎，当奶牛患有子宫炎、乳腺炎及创伤性心包炎等时，原发病灶的病原微生物经血液或淋巴转移入肺所致。

【诊断要点】病初症状不明显，偶尔见咳嗽。随着病的发展，病牛精神沉郁，食欲减少至废绝，反刍停止。粪干、少，有的腹泻，产乳量骤减。鼻漏初为多量透明浆性，后量少，呈黏性、脓性，最后又变为多量浆性。咳嗽初呈干咳、伴痛苦状，后为湿咳。呼吸次数增加，每分钟达40～90次，站立时头颈直伸，鼻翼扇动，有的见张口呼吸，黏膜发绀。体温升高至40～41℃，呈弛张热。心跳加快达90～100次/min，心音初增强、后微弱。肺部听诊可见肺泡音减弱或消失，病灶周围组织肺泡音增强；肺部叩诊患病区呈半浊音或浊音。

根据其临床特征表现弛张热，短促咳嗽，呼吸困难，听诊局部肺泡音减弱或消失，局部肺泡音增强，有捻发音，叩诊局部有浊音区，可做出诊断。

【治疗】对病牛应加强护理，单独饲养，给予易消化、适口性好的饲料。治疗原则是抗菌、消炎，阻止炎症的扩散；强心、利尿，减少渗出；已渗出时，应促使渗出物吸收。

抗菌、消炎可选用广谱抗菌药物：从牛场具体情况出发，选用敏感性高的抗菌药物。除青霉素外，可选用新霉素 4 mg/kg 体重，肌内注射，每日两次，连续注射 7 d；四环素 5～12 mg/kg 体重，一次静脉注射，每日 2 次；也可选用卡那霉素、土霉素、氯霉素、磺胺二甲嘧啶、磺胺溴二甲嘧啶等。

减少渗出和促进渗出物的吸收：速尿，剂量为 250 mg，一次肌内注射，每日 2 次。同时用 5%葡萄糖生理盐水 500～1 000 mL、25%葡萄糖液 500 mL、10%水杨酸钠 100 mL、40%乌洛托平 20～30 mL、20%安钠咖液 10 mL，一次静脉注射。

缓解呼吸困难，可使用支气管扩张药物、非皮质固醇类和抗组织胺类药物：阿托品 0.048 mg/kg 体重，一次肌内注射，每日 2 次。地塞米松 10～20 mg/kg 体重，一次肌肉或静脉注射，每日 1 次。盐酸扑敏宁 1 mg/kg 体重，一次肌内注射，每日 2 次。

中药治疗：处方为百合、桔梗、冬花、天冬、寸冬、连翘、花粉、百部、枝子、黄芩、紫苑各 30 g，知母 40 g，兜铃、甘草各 24 g，粉碎成末，一次口服，每日 1 剂，连服 3 剂。

【预防】加强饲养管理，减少刺激呼吸道的各种应激因素，增强机体体质，提高抗病力。

（六）酮病

【病因】精料过多，且可溶性糖及优质干草缺乏，胰岛素分泌不足、干奶期过肥的奶牛，产后糖、脂肪、蛋白质的代谢及其相互转变紊乱而容易引起酮病。也可继发于前胃弛缓、产后瘫痪、中毒、肝病等。或光照不足、缺乏运动以及微量元素、维生素 $B_{12}$、维生素 A 等缺乏所致。

【诊断要点】主要发生于舍饲高产奶牛，尤以 3～5 胎次、产后 8 周内泌乳盛期多见。酮病的临床经过有急性和慢性之分，取决于病的严重程度。

病初表现消化不良，前胃弛缓，异嗜。多数牛开始就呈现精神沉郁，个别奶牛先兴奋，进而沉郁，以后呈现步态不稳，四肢轻瘫，头颈侧弯而卧的半昏睡状态。酮病的识别症状以呼出的气体、排出的尿液和分泌的乳汁中，散发出类似烂水果气味为特征，牛奶加热后酮味更浓。最初心跳、呼吸加快，随后减慢，体温偏低。实验室检验时，血钙、血磷减少，血糖、碱贮、生糖氨基酸均降低，血脂升高。血、尿、奶中酮体均升高，可达 40～60 mg。尿呈酸性，密度低，尿在地上泛起泡沫特多。

慢性酮病（也称隐性酮病）症状不明显。主要病变为肝肿大、质地脆弱、色黄，多半呈现脂肪肝的变化。

根据高产牛、经产牛突然发病，以消化机能障碍为特征，病奶牛喜吃粗料不愿吃精料，即可做出初步诊断。实验室检测血、尿、奶中酮体可确诊，即取试剂(亚硝基铁氰化钠 1.0 g，无水碳酸钠 20.0 g；干燥硫酸铵 20.0 g 混合研磨而成)0.2～0.5 g 于滤纸或凹玻片上，加病牛血浆、尿或奶少许，3 min 内呈红色反应者为阳性。

【治疗】治疗原则为补充糖和生糖物质，减少酮体生成，加速酮体氧化。

根据病因调整日粮。增加优质干草、块根等可溶性糖的喂量，并增强运动，以改善消化机能。

静脉滴注 25%葡萄糖 500～1 000 mL，并配合应用维生素 C、维生素 A、维生素 $B_1$ 和维生素 $B_{12}$ 等；静脉滴注 10%氯化钙或葡萄糖酸钙溶液 200～300 mL；5%碳酸氢钠溶液 500～1 000 mL；灌服白糖、红糖 500～1 000 g；每日 1 次，连用 5～7 d。

此外，配合应用健胃剂、瘤胃兴奋剂、强心剂等对症治疗。

【预防】干奶期和泌乳盛期的奶牛加强饲养管理，调整饲料中糖与可消化蛋白的比例为 0.8～1.2。干奶期过肥的奶牛应降低日粮标准，干草和草粉的比例不低于 30%，青贮不低于 30%，精料不高于 30%，块根约占 10%，同时加强运动，定期检查血、尿、奶中酮体含量。产前 1 个月间隔 10 d 灌服 1 次酵母-糖-酒精合剂(酵母 100 g，葡萄糖 200 g，酒精 50 mL，加水 500 mL 混匀)，对该病有较好的预防作用。

(七)乳腺炎

【病因】本病主要由无乳链球菌、停乳链球菌、金黄色葡萄球菌、大肠杆菌、沙门氏菌、变形杆菌、假单胞菌、酵母菌、棒状杆菌、支原体及放线菌等病原，通过挤奶进入乳腺引起感染所致。常因挤奶技术不当或外伤等引起。

【诊断要点】隐性乳腺炎是乳腺炎的最常见形式。乳房和乳汁均无眼观变化，但用体细胞计数或化学检查等方法可检出乳汁变化。

临床型乳腺炎，轻度感染时，仅见产出异常乳，如乳中有凝块、片状沉淀、絮状沉淀、水状乳、奶油状乳、沙粒状物或乳的颜色改变出现淡棕黄色、微粉红色等。严重感染时，除产异常乳外，表现出明显的全身症状，出现轻度或中度发热(39～41.5℃)，心跳加快，食欲减退；泌乳量下降或停止产乳；乳区肿胀、疼痛、发热、触摸时坚硬、面团样或呈捏粉样，有时可见局部化脓及脓肿破溃。

临床型乳腺炎根据临床表现容易确诊。必要时结合病原检查及体细胞计数或化学检查等方法检测乳汁变化。

【治疗】可采用抗生素疗法，全身或乳房局部用药，可选用青霉素 G、链霉素、普鲁卡因青霉素、氨苄青霉素、新生霉素、红霉素、头孢菌素及氨基糖苷类等。用药前最好进行药敏试验。

全身症状明显的采用补充体液疗法，静脉注入5%糖盐水500～2 000 mL、5%碳酸氢钠500～1 000 mL。

乳房药浴，可用1%碘伏、季铵盐类、洗必汰、次氯酸钠等进行药浴。

【预防】加强日常卫生管理，使用正确的挤奶技术，特别是挤奶后应饲喂奶牛，并使其保持站立姿势，直到乳房完全干燥，乳头管完全闭合。

(八)蹄变形

蹄变形又称变形蹄，是奶牛的一种常见蹄病。蹄的形状发生外观改变而不同于正常蹄形。其发生特点是高产牛、年老牛发病多；后蹄多于前蹄。

【病因】日粮配合不平衡，矿物质饲料钙磷供应不足或比例不当，精粗料比例不当。管理不当，厩舍阴暗、潮湿，运动场泥泞，粪、尿不及时清扫，牛蹄长期于粪尿、泥水中浸渍，致使蹄角质变软。不重视保护牛蹄，不定期修整牛蹄。与遗传有关，公牛蹄变形能影响后代，易引起后代蹄变形。

【诊断要点】蹄变形牛全身变化不明显，精神、食欲正常。严重蹄变形，常会引起牛的肢姿改变，两后肢呈"X"状，弓背，行走不便；变形蹄易引发蹄糜烂，冠关节炎，球关节化脓等蹄病，奶牛食欲减退，产乳量下降，卧地不起。临床上多见长蹄、宽蹄和翻卷蹄。

【防治】加强饲养管理，饲料品质要好，搭配合理，充分重视钙、磷比例；运动场应保持清洁干燥，及时清除粪便；严禁单纯为追求高产而片面加喂精饲料的现象；对已见有蹄变形的高产奶牛，日粮中可加钙粉50 g，长期饲喂，同时肌内注射维生素$D_3$ 10 000 IU，每日1次，连注7～10 d；加强选育，对公牛后代蹄形要普查，凡蹄变形的公牛或后代蹄变形多的公牛，可不用其精液；严格执行蹄卫生保健制度，定期修蹄，防止蹄变形加重。

(九)腐蹄病

腐蹄病是蹄的真皮坏死、化脓的一种疾病。以后蹄多发，成年奶牛发病最多，雨季最为流行。

【病因】饲养管理不当，如日粮中钙、磷缺乏和比例不当；运动场泥泞潮湿，蹄长期浸泡于污秽的泥坑、粪尿之中；石子、铁片、煤渣等异物引起蹄的外伤等，都可导致细菌感染。病原为坏死杆菌、链球菌、化脓性棒状杆菌和结节状梭菌等。

【诊断要点】急性症状见频频提举病肢，患蹄打地、踢腹，跛行，喜卧。蹄部检查见趾间皮肤红、肿、敏感，系部直立或下沉，蹄冠呈红色、暗紫色，温热、肿胀和敏感。前蹄发病，患蹄向前伸出。慢性病例病程较长，随着患蹄深部组织化脓，形成呈微黄、灰白色、周围有炎性的化脓区，与健康组织分界清楚。当炎症波及腱、趾间韧带、冠关节或蹄关节，全身症状明显，体温升高，跛行严重，有恶臭脓性的分泌物。通常腐蹄病经过修蹄，找出病灶、扩创消毒都能治愈，如伴发关节的化脓，则治疗困难。

【治疗】患急性腐蹄病时，应消除炎症，可用抗生素和磺胺类药物进行全身治疗。金霉素、四环素 0.01 g/kg 体重，或磺胺二甲基嘧啶 0.12 g/kg 体重，静脉注射，每天 1～2 次，连续 3～5 d。青霉素类 250 万 IU，肌内注射，每天 2 次，连用 3～5 d。对整群发病者应着眼于全群治疗。

【预防】本病应加强预防，牛棚、运动场应及时清扫，保持牛蹄清洁、干燥和防止外伤发生；加强饲养，日粮要平衡，充分重视矿物质钙、磷的供应和比例，防止骨质疏松症的发生；定期用 4%硫酸铜溶液喷洒牛蹄，及时修蹄，保证蹄部健康。

## 二、寄生虫病的防治

### （一）蛔虫病

【病原】本病病原为弓首科的牛新蛔虫（牛弓首蛔虫），虫体粗大，表皮较薄，柔软，半透明且易破裂，淡黄色。虫卵近于球形，淡黄色。

【诊断要点】有胎内感染和乳汁感染方式。主要发生于 5 月龄以内的犊牛，在自然感染情况下，2 周龄至 4 月龄的犊牛小肠中寄生有成虫；在成年奶牛中，仅在内部器官组织中寄生有移行阶段的幼虫。

受害最严重的时期是犊牛出生两周后，表现为精神不振，口腔有酸臭味、后肢无力，不愿走动，嗜睡。食欲不振，吮乳无力或停止吮乳，消瘦，腹胀，有疝痛症状；腹泻，排出稀糊样灰白腥臭粪便，有时排血便；大量虫体寄生时，可引起肠阻塞或穿孔。犊牛死亡率较高。

根据临床症状和流行病学可做出初步诊断，确诊需在粪便中检出虫卵或虫体。检查粪便可用直接涂片法，沉淀法或漂浮法。

【治疗】药物可选用左旋咪唑，8 mg/kg 体重，一次口服或肌内注射。丙硫咪唑，10～15 mg/kg 体重，一次口服或肌内注射。驱蛔灵，200～250 mg/kg 体重，一次口服。伊维菌素，0.3 mg/kg 体重，一次皮下注射或口服。

【预防】在本病流行的地区，犊牛应于 10～30 日龄进行预防性驱虫。注意保持牛舍和运动场的清洁，垫草和粪便要勤清扫，并发酵处理。

### （二）绦虫病

【病原】本病病原主要为莫尼茨绦虫，危害最严重。虫体黄白色长带状，由头节、颈节和许多体节组成，最长可达 5 m。成熟体节(含大量虫卵)及虫卵随粪便排出体外，被中间宿主地螨吞食，牛吞食地螨感染致病。

【诊断要点】本病常呈地方性流行。多呈现慢性经过，最初表现为食欲减退，被毛粗乱，下痢与便秘交替发生，粪便中混有乳白色孕卵节片，进而病牛出现贫血、消瘦及犊牛生长发育迟缓等症状，少数病牛因极度衰竭并发其他感染而死亡。

根据临床症状及流行病学可做出初步诊断，确诊需在粪便中检出虫卵或虫体。检查粪便可用直接涂片法、沉淀法或漂浮法。可选用驱绦虫药进行诊断性驱虫以确诊。

【治疗】定期驱虫，在舍饲转放牧前对牛进行 1 次驱虫，以减少牧地污染；放牧 1 个月内进行第二次驱虫，1 个月后进行第三次驱虫。药物可选用吡喹酮 50 mg/kg 体重，灌服，每天 1 次，连服 2 次即可。丙硫咪唑 15～20 mg/kg 体重，灌服。氯硝柳胺(灭绦灵)60 mg/kg 体重，制成 10％水悬液，灌服。硫双二氯酚 40～60 mg/kg 体重，灌服。

【预防】适时进行预防性驱虫，至少春秋季各进行一次；注意饮水卫生，夏季避免吃露水草；加强饲养管理，合理补充精料，增加畜体的抗病力；加强粪便管理，将粪便收集进行生物热处理，以消灭虫卵和幼虫。

(三)螨病

螨病又叫疥癣，俗称癞病，由疥螨和痒螨引起。以剧痒、湿疹性皮炎、脱毛和具有高度传染性为特征。

【病原】痒螨或疥螨寄生于牛的皮内或皮肤表面，全部发育过程都在牛体上进行。

【诊断要点】犊牛因皮嫩最易感染。本病多发于秋冬季节，此时阳光不足，皮肤表面湿度大，适合螨虫的发育、繁殖。健康牛主要通过接触病牛或螨虫污染的栏、圈、用具而感染发病，具有高度接触传染性。

临床症状以剧烈痒感、湿疹性皮炎、脱毛、结痂和病灶逐渐扩散为特征。该病常导致奶牛发育不良，逐渐消瘦，直至死亡。

实验室检查，通过直接检查、温热检查或集虫法检出虫体即可确诊。

【治疗】可用伊维菌素 0.2 mg/kg 体重，间隔 5～7 d 用药两次，疗效极佳。其他常用的药物主要有蝇毒磷、亚胺硫磷、二嗪农等，使用方法有药浴和涂抹等。治疗时所用的工具及患畜体表脱落的痂皮、毛发等均应彻底消毒，防止散布病原。

【预防】对本病应采取综合措施，特别应注意畜舍卫生，保持通风干燥。控制饲养密度，避免过度拥挤，发病牛要立即严格隔离。

## 三、传染病的防治

### (一)结核病

牛结核病是由结核分枝杆菌引起的人畜共患的慢性消耗性传染病，以组织器官的结核结节性肉芽肿和干酪样、钙化的坏死病灶为特征。

【病原】本病病原主要是由牛分枝杆菌，人结核分枝杆菌，禽分枝杆菌也可引起本病。

【诊断要点】潜伏期一般为16～45 d，有的可达数月。一般呈慢性经过。病初，无明显症状；患病日久，表现为日渐消瘦，精神不振，咳嗽，毛粗无光，皮肤失去弹性，食欲不佳，产奶量下降。有时病牛表现为极度消瘦，站立时背拱起，腹卷缩，前肢外展，两后肢向前伸向腹下，咳嗽明显，有时鼻孔或口腔喷出脓性的痰。呼吸困难，伸颈呆立，病牛的体表淋巴结肿大。胸部叩诊出现浊音区，听诊时可听到摩擦音。病情严重时，病牛卧地不起，呼吸极度困难，气喘，贫血，孕牛发生流产。持久性腹泻，粪便稀薄如油状，腥臭混有液。心悸亢进，终因起卧无力，衰竭而死。

患乳房结核时，乳房表面出现大小不等凸凹不平的硬结，乳房淋巴结发硬、肿大。产乳量减少，乳汁稀薄，呈淡黄水样或呈深黄浓厚状，混有脓块，最后停止产乳。

根据临床症状、血清学、细菌学及结核菌素变态反应诊断而确诊。

【预防】采取定期检疫、淘汰阳性牛、消毒及培养健康牛群等综合措施控制。

### (二)布鲁氏菌病

布鲁氏菌病是由布鲁氏菌引起的人畜共患传染病，以生殖器官和胎膜发炎，引起流产、不孕和关节炎、睾丸炎为特征。

【病原】本病的病原为布鲁氏杆菌。

【诊断要点】病畜和带菌动物是本病的主要传染源。病原菌可随同流产胎儿、胎衣、羊水、子宫渗出物、精液、乳汁、脓汁排出体外，污染饲草、饲料、饮水和周围环境，经消化道、交配和皮肤感染，吸血昆虫也能传播该病。

潜伏期一般在14～120 d。孕牛主要表现流产，流产常发生在妊娠的第6～8个月。流产前数天表现有流产预兆象征，可见阴唇、乳房肿大，荐部和肋部下陷。流产时，胎水多清朗，有时混有絮片。流产后，胎衣有的能排出，更多的是发生胎衣滞留，有恶臭，恶露在1～2周后消失。胎衣滞留可引起子宫内膜炎，造成长期不孕。早期流产胎儿，一般在产前死亡。但有时流产的胎儿十分衰弱，不久即死亡。公牛的主要症状是阴茎红肿，有睾丸炎和附睾炎。还可见到关节炎，关节肿胀、疼痛。

根据流行病学特征、临床症状、血清学及细菌学诊断而确诊。

【预防】养殖场在引进牛只时，一定要做好检疫，防止引入患病牛和隐性感染牛。在发病的疫区，应及时清除畜群中的病牛，搞好定期检疫、隔离、淘汰、消毒、杀虫、灭鼠、培育健康幼畜，必要时进行免疫接种。对于曾发现病牛的牛群坚持进行检疫，每年至少两次，及时淘汰病牛和阳性牛。

(三)口蹄疫

口蹄疫是由口蹄疫病毒所致的偶蹄动物共患的急性接触性传染病，以牛最易感，人也可以感染。以口腔黏膜、蹄部和乳房皮肤发生水泡和溃烂为特征。

【病原】本病病原为口蹄疫病毒，具有多型性和变异性。病毒的这种特性给该病的检疫、防疫带来很大困难。

【诊断要点】犊牛较老龄牛易感性高，病畜是最危险的传染源。病毒随分泌物和排泄物排出体外。本病有强烈的传染性，一旦发病，传播速度很快，往往造成大流行。暴发流行具有周期性的特点，每隔1～2年或3～5年发生1次。本病的发生没有严格的季节性，一般冬、春季较易发生大流行，夏季缓慢或平息。

潜伏期一般为2～7 d，最短为24 h，最长为14 d。病牛舌面形成水泡，水泡破裂时流出泡沫样口涎，拉成线条状，垂于地面。此时体温升高达40～41℃，稽留8～48 h。病牛精神不振，食欲减退，反刍停止，饮欲增强。发生卡他性口膜炎和鼻炎，舌面、唇内、齿龈和颊黏膜见有明显的水泡或烂斑。鼻镜干燥龟裂，有时可见有水泡或烂斑。乳头、乳房的皮肤、蹄叉、蹄冠及蹄踵部出现水泡、烂斑。孕牛往往发生流产或早产，严重的死亡。犊牛的水泡症状不明显，主要表现出血性胃肠炎和心肌麻痹，病死率较高。奶牛患本病，一般取良性经过，病死率很低，通常不超过1%～3%。一旦病情转为恶性口蹄疫，则发生心脏停搏而突然死亡，病死率可达20%～50%。

根据流行病学特征、临床症状及血清学试验而确诊。

【预防】发生疫情时，立即划定疫区，严格封锁，就地扑灭，并立即上报主管部门。疫点周围和疫点内未感染牛，立即接种疫苗。污染的圈舍、饲槽、工具和粪便用2%氢氧化钠溶液消毒。最后一头病牛痊愈或死亡14 d后，无新病出现，经彻底消毒，并报主管部门方可解除封锁。

(四)牛病毒性腹泻-黏膜病

该病简称牛黏膜病或牛病毒性腹泻，是由牛病毒性腹泻-黏膜病病毒引起的一种热性传染病。

【病原】引起本病的病原是牛病毒性腹泻病毒。

【诊断要点】患病动物与带毒动物是本病的主要传染源。病畜的分泌物和排泄物中含有病毒，可通过直接或间接接触传染。新疫区急性病例多，任何年龄的牛均可感染发病，死亡率高；老疫区急性病例少，死亡率低。本病常年发生，通常多发于冬末和春季。

潜伏期 7～14 d，多数是隐性感染，症状不明显。新生犊牛多表现为急性症状。

急性型：发病突然，高热达 40.5～42℃，2～3 d 内口腔黏膜可出现散在的糜烂或溃疡，粪便呈水样、恶臭，含有大量的黏液和纤维素性伪膜，带有气泡和血液。不及时治疗 5～7 d 死亡。

慢性型：多数由急性型转来，病牛呈间歇性腹泻，进行性消瘦，慢性臌胀，蹄部变形，口腔和皮肤的慢性溃疡，贫血、白细胞减少，多数病牛于 2～6 个月内死亡。

【治疗】无特效治疗方法，仅能用消化道收敛药及胃肠外输入电解质溶液的支持疗法。

【预防】采取综合性预防措施，对牛群进行定期检疫，淘汰阳性牛，对其污染的环境进行彻底消毒。进行免疫接种，疫苗有弱毒苗和灭活苗，母牛在配种前注射，免疫期为 1 年，可有效预防本病。

## 四、奶牛常见病的综合预防措施

### (一)科学的饲养管理

(1)分群饲养、科学的饲喂方法　奶牛不同的生理时期所需的饲料量和营养不一样，应按年龄、不同的泌乳阶段确定饲养标准，按时、定量饲喂，避免随意或突然变换饲料。

(2)保证饮水充足和饮水质量　缺水可影响体温调节，影响物质代谢及代谢产物及有毒物质的排泄，可诱发疾病及引起中毒，因此有条件的牛场应设置自动给水装置，以满足饮水量，保证牛体正常代谢。同时应保证饮水卫生，防止疾病的发生。

(3)控制饲养环境　适宜的饲养密度，注意舍内通风换气，减少有害气体的产生，同时要注意防暑保温，舍内温度以 9～16℃、湿度以 50%～70%为宜。搞好环境卫生，防止多种呼吸道疾病、消化道疾病和皮肤疾病的发生。

(4)减少应激对奶牛的影响　北方地区冬季、春初天气寒冷，应做好防寒保暖工作，同时做好断奶、转群以及围产期牛只的过渡工作，减少应激。在饲养上可适当增加精料，增加抵抗力。

(5)保证适当的运动　每天上、下午让奶牛在舍外自由活动 1～2 h，使其呼吸新鲜空气、沐浴阳光，以增强心肺功能，促进钙盐利用，防止难产和产后瘫痪等。

(6)预防各类中毒病的发生　毒素和有毒物质不仅使牛发生中毒病，而且损伤牛体免疫功能，可诱发或继发其他疾病。因此，不得饲喂霉败饲料、有毒的植物、霉烂的谷草、变质的糟渣、带毒的饼粕，注意饲料的调制、搭配和贮藏。妥善保存农药、化肥及其他有毒药品以免误作饲料或污染用具或容器引起中毒。避免工业"三废"和农药污染水源，防止水源性毒物中毒。一旦发现中毒现象，必须马上查明原因，立即采取相应解毒措施。

(二)严格执行消毒制度

(1)环境消毒　对于牛舍周围环境、场区及道路可采用2%～3%的火碱进行消毒，最好用专用的消毒车进行喷洒，或撒生石灰消毒，每周1次。场周围、场内污水池、下水道等每月用漂白粉消毒1次。

(2)车辆和人员消毒　牛场出入门口要严格控制人员及车辆的出入，在紧急防疫期间，应禁止外来人员进入生产区参观，其他时间确实需要进入的，必须进行严格消毒。车辆的整个车体进行药物喷洒，再通过消毒池；人员必须穿隔离衣和一次性隔离鞋套，并在消毒间消毒至少5 min后方可入内。饲养人员应定期体检，如患人畜共患病时，不得进入生产区，应及时在场外就医治疗。喷雾消毒和洗手用0.2%～0.3%过氧乙酸药液或其他有效消毒药液，每天更换1次。

(3)牛舍和用具消毒　可利用安装的喷雾或喷淋系统加入消毒药物对牛舍进行整体消毒，如没有安装，可用消毒车进行消毒。定期对饲喂用具、料槽、饲料床等进行消毒，可用0.1%新洁尔灭或0.2%～0.5%过氧乙酸进行消毒。日常用具，如兽医用具、助产用具、配种用具、挤奶设备和奶罐等在使用前后均应进行彻底清洗和消毒。

(4)带牛环境消毒　定期用0.1%新洁尔灭、0.3%过氧乙酸、0.1%次氯酸钠等进行带牛环境消毒。消毒时应避免消毒剂污染到牛奶。

(5)牛体消毒　挤奶、助产、配种、注射及其他任何对奶牛接触操作前，应先将有关部位进行消毒。

(6)饮水消毒　水槽至少一周清刷1次，保持饮水清洁，并可适当放入高锰酸钾既起到消毒作用又可预防奶牛腹泻。

(三)做好免疫和检疫工作

(1)按照免疫程序做好免疫接种工作，做到应免尽免　结合本场的实际情况，对有潜在威胁的疫病进行疫苗接种，并根据抗体水平检测免疫效果。重点做好重大疫病和主要人畜共患传染病疫苗的免疫接种工作。

(2)做好主要疫病检疫工作　做好布鲁氏菌病、结核和副结核等疫病的检疫工作，及时发现阳性牛并按照规定进行无害化处理。

（四）定期驱虫

驱虫对于增强牛群体质，预防或减少寄生虫病的发生，具有十分重要的意义。应在发病季节到来之前，用药物给牛群进行预防性驱虫。预防性驱虫的时机，根据调查寄生虫病季节动态确定。一般是每年春秋两季各进行 1 次全牛群的驱虫，通常结合转群、转饲或转场实施。犊牛在 1 月龄和 6 月龄各驱虫 1 次。驱虫后排出的粪便应集中处理，防止散布病原。

# 第八章　奶牛生态养殖下粪污处理技术模式

随着奶牛养殖业的迅速发展，我国奶牛的存栏量急剧增加。据中国奶业协会数据，2014 全国奶牛存栏数为 1 470 万头，2015 年全国奶牛存栏达 1 594 万头。据测定，一头 500～600 kg 成年奶牛，每天排粪量 30～50 kg，排尿量 15～25 kg，污水 15～20 L。而根据上面两组数据，保守估计我国奶牛养殖业每年产生的粪便 1 亿 t 以上，尿液及污水 1.6 亿 t。由于奶牛粪便产生量很大，而且大部分奶牛养殖场缺少甚至没有任何综合利用措施，缺少粪污处理设施，使得奶牛粪便及废水任意堆放和排放，大量粪便污水未经处理直接排入水体，加剧了河流、湖泊的富营养化。奶牛粪便包含的 $H_2S$、$SO_2$、NO、$NO_2$、$NH_3$ 和 $CH_4$ 等大量有害气体，造成了严重的大气污染。奶牛粪便的大量堆积、流散，使土壤孔隙阻塞，造成土壤透气、透水性下降而板结，严重影响土壤质量。而奶牛养殖过程中水的大量流失，也极大地增加了奶牛养殖的成本。

因此，奶牛粪便对环境造成的污染越来越引起大家的关注，奶牛粪便的科学处理和有效利用迫在眉睫。目前牛粪处理的技术主要有牛粪饲料化、能源化和肥料化。牛粪饲料化主要是通过机械干燥法获得饲料，易损失部分养分，且一次性投资大、能耗大，易造成环境二次污染，因此很难推广；牛粪能源化主要是厌氧发酵产生沼气，但一次性投资和运行成本较高，且受地区、季节的影响较大，在寒冷北方受到一定的限制；牛粪肥料化是目前应用较为广泛的粪便处理方法，粪便直接施入土壤是最简单、最经济的方法，但需要牛场周围配套的土地，而制作成品有机肥则需要一定的场地和设施，市场的需求也限制了有机肥的加工。因此，探索经济有效且环保，奶牛生态养殖下的粪污处理模式一直是国内研究的热点。

## 一、奶牛粪作为卧床垫料技术

### (一)卧床对奶牛生产性能的影响

卧床是奶牛趴卧直接接触的环境，奶牛有 50%～60%的时间趴卧在牛床上休息和反刍,即每天 12～13 h。不良的卧床环境能使奶牛的趴卧时间减少到每天 4 h,严重干扰到奶牛的休息。而奶牛趴卧时流经乳腺的血流量可增加 20%～25%,从而增加营养效率和产奶量。卧床同时也是环境性致病菌的主要聚集地。卧床环境的好坏对奶牛疾病的影响直接表现为乳腺炎、趾蹄病等。研究发现不同卧床表面细菌的增殖情况,可直接影响奶牛乳头末端接触环境性致病菌的种类和数量。细菌可由卧床转移到乳头末端,乳头末端的细菌数量与卧床细菌数量有关。奶牛乳腺炎的发生不但危害到奶牛自身的健康,影响生产性能,而且严重危害到人类饮用乳的安全。

（二）牛粪卧床优势

随着畜牧业的快速发展,全国畜禽粪便产生量也迅速增加,牛粪作为卧床垫料是利用方法之一。与橡胶板、沙子两种牛床垫料相比较,分不同季节通过对不同牛床垫料对奶牛产乳影响、肢蹄影响、产科疾病影响、细菌消长规律的测定及奶牛对不同牛床垫料喜好选择进行研究发现,奶牛粪作为卧床垫料在以下几方面存在优势。

(1)奶牛喜趴卧　奶牛喜好在柔软舒适的卧床上趴卧,而沙土相对于橡胶垫及干燥牛粪质地稍硬且不易平整。研究发现,平均 24 h 在牛粪卧床及橡胶垫卧床上奶牛趴卧时间、趴卧次数和卧床占有率相近,且显著高于沙土卧床。由于牛粪垫料具有吸水性和保水性特点,相对于橡胶垫卧床,牛粪卧床上湿度较大,温度较低,使得夏季相对凉爽,环境温度在 22～35℃时,奶牛在干燥牛粪卧床上趴卧时间、次数要高于橡胶垫上,奶牛受体温调节控制,夏季更喜好趴卧在干燥牛粪卧床上。

(2)生产性能提高　奶牛在不同卧床垫料环境下年平均每天产乳量的比较结果表明,牛粪和橡胶垫卧床年平均每天产乳量接近,并高于沙土卧床约 4 kg;牛粪和橡胶垫卧床年平均乳脂率和乳蛋白率均接近,并高于沙土卧床。相对于沙土,干燥牛粪和橡胶垫更适宜作为奶牛卧床垫料,有利于提高产乳量。

(3)节能环保　随着奶牛牛群规模的日益扩大,粪污的产生也越来越集中,将粪污收集并作为卧床垫料进行利用,不但能够实现节能减排,还能提高奶牛场的经济效益。牛粪垫料与橡胶垫料、沙土垫料比,成本低,舒适性好。

（三）奶牛粪卧床垫料制作工艺

奶牛粪卧床垫料制作工艺流程如图 8-1 所示。

1. 固液分离

固液分离是牛粪降低含水率的关键环节。将舍内的粪污经过冲洗或刮板处理收集到集污池中,再经过固液分离机实现固液分离。

2. 好氧发酵

(1)自然堆放式发酵　自然条件下将堆积奶牛粪,经好氧菌发酵,原理及进程

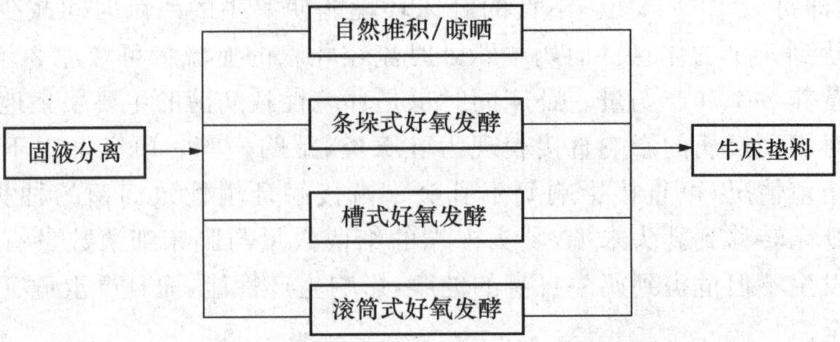


**图 8-1 牛粪制作牛床垫料工艺流程**

同条垛式好氧发酵，但堆积式好氧发酵耗时较长，一般需要 6 周左右。堆积式好氧发酵完成的牛粪经晾晒后含水率降到 50%以下即可用作牛床垫料。这种方法多适用于小型奶牛场。

(2)条垛式好氧发酵　条垛式堆放固液分离后的奶牛粪，经人工或机械设备对其进行不定期的翻堆供氧，或在垛底设置穿孔通风管，利用鼓风机进行强制通风供氧。奶牛粪中的有机物经微生物作用发酵分解，产生二氧化碳和水同时产生热量，使牛粪料堆中的温度上升。强制好氧发酵 10～12 d 后，将牛粪料堆摊开晾晒风干，使牛粪的水分含量降到 50%以下时，作为牛床垫料使用。如想进一步降低水分，需增加晾晒风干时间。这种方法多适用于大中型奶牛场。

(3)槽式好氧发酵　将固液分离后的固体牛粪堆放在太阳能堆肥车间的发酵槽内进行好氧发酵。发酵槽配备有机械翻堆设备，用于将物料翻搅，利于均衡物料整体发酵温度和调节物料水分向外蒸发。一般发酵 20～30 d 后即可腐熟。

(4)滚筒式好氧发酵　是一个使用水平滚筒来混合、通风的好氧发酵系统，可通过不断地旋转加快固液分离后的固体牛粪与氧气的接触混合过程，加快滚筒内牛粪的发酵腐熟进程。滚筒内牛粪的温度可以达到 65～70℃，这一过程持续 5～6 d 能够杀死大多数的杂草种子和病原体，之后经过一定时间的堆积晾晒进一步降低牛粪的含水率，即可作为牛床垫料使用。这种方法多适用于中小型奶牛场。

(四)牛粪卧床消毒管理技术规范

1. 牛粪卧床消毒周期

为减少奶牛环境性乳腺炎的发生，对牛粪卧床日常消毒管理尤为重要。试验中分别选用高效、安全的含氯消毒剂(84)、含碘消毒剂(聚维酮碘)和强氧化剂(戊二醛)对牛粪垫料进行喷淋式消毒，以对比牛粪卧床中细菌的消长规律。试验结果表明，当环境温度在 22～35℃时，奶牛场牛粪卧床适宜的翻整、消毒周期为 3 d，即第1天翻整、消毒后，第3天进行第2次翻整、消毒；当环境温度在10～22℃时，奶牛场牛粪卧床适宜的翻整、消毒周期为5 d，即第1天翻整、消毒后，第5天进行第2次翻整、消毒；当环境温度在－15～10℃时，奶牛场牛粪卧床适宜的翻整、消毒周期为6 d，即第1天翻整、消毒后，第6天进行第2次翻整、消毒。间隔周期内无须进行消毒。

2. 牛粪卧床日常垫料的补充

牛粪卧床垫料一般铺设30～40 cm，铺平卧床。卧床投入生产后，由于奶牛趴卧导致卧床上积累牛粪尿、床面不平及垫料损失等现象，必须及时清理粪尿、平整床面及补充垫料，以保证卧床清洁、平整、舒适。

3. 牛粪卧床日常管理规范

奶牛场牛粪卧床日常管理规范为牛粪固液分离后须充分发酵、消毒并晾干。牛粪卧床铺设厚度为30～40 cm，每天2次清除卧床及通道上的粪尿并平整床面，春、秋季每5 d翻整、消毒1次，夏季每3 d翻整、消毒1次，冬季每6 d翻整、消毒1次。

(五)奶牛粪作为卧床垫料存在的问题及建议

环境温度在－15～10℃时，牛粪卧床上湿度较大，温度较低，冬季相对冰冷，奶牛受体温调节控制，在橡胶垫卧床上趴卧时间、次数要高于干燥牛粪上。从疾病发生情况来看，牛粪垫料存在的关键问题是避雨堆放困难，阴雨天不易晒干，容易滋生细菌，易导致奶牛乳腺炎的发生。对肢蹄的损伤，橡胶垫卧床的发病率和细菌感染率明显低于牛粪卧床和沙土卧床，临床型和隐性乳腺炎在橡胶垫卧床的发病率明显低于牛粪卧床和沙土卧床，产后感染橡胶垫卧床的发病率明显低于牛粪卧床和沙土卧床。所以在疾病控制方面，橡胶垫卧床要明显优于牛粪卧床和沙土卧床。由此可见对牛粪卧床的消毒管理尤为重要。

同时有以下几点建议：①及时清除牛舍中新产生的牛粪，以减少新鲜牛粪对牛床垫料的污染；②控制牛粪垫料的水分在50%左右；③牛床垫料的更换频率控制在每周1次；④在有条件的奶牛场，适当增加牛粪垫料的好氧发酵时间，以最大限度地保证使用牛粪垫料的安全性。

## 二、奶牛粪生产双孢菇技术

(一)牛粪生产双孢菇前景

双孢菇是典型的腐生菌，通常生长在腐熟的有机质上，称草腐菌或草生菌，实质上是粪生菌，具有较高的营养和经济价值，畜禽粪便的质量和含量是决定双孢菇产量的重要因素。目前，用畜禽粪便生产双孢菇的技术多有报道，技术也较为成熟，其中就包含牛粪生产双孢菇。在用牛粪生产双孢菇时，培养基中干牛粪的比例为45%～55%，生产1 kg双孢菇需牛粪0.5 kg。按此计算，我国年产双孢菇300万t，可利用干牛粪150万t，折合鲜牛粪1 000万t。因此，用牛粪生产双孢菇不仅使牛粪无害化和资源化，还生产出具有较高营养价值和经济价值的食用菌，栽培后的培养料还可还田或者作饲料，从而使牛粪资源得到了多层次循环利用，可部分解决牛粪污染问题。

(二)奶牛粪生产双孢菇需要解决的问题

目前生产双孢菇所用牛粪多是肉牛粪和草原地区的牛粪，而奶牛粪使用得比较少，研究报道得也比较少。实际生产中肉牛粪数量少，草原的牛粪不易收集，满足不了双孢菇生产的需要。而奶牛粪生产量大，可以满足大量生产双孢菇的需要。利用奶牛粪生产双孢菇是科学处理奶牛粪的探索方法之一。

而用奶牛粪生产双孢菇需要解决的问题：一是奶牛粪含水量高，可达90%左右，不易干燥，而用烘干等方法费用较高，寻找低成本的快速干燥法亟待解决；二是奶牛粪的纯度要求较高，粪中的含土量不能超过20%，否则影响双孢菇的正常生长；三是奶牛粪在配制成培养基之前不能出现无序发酵或长期厌氧发酵，否则牛粪的酸度增加，可溶性碳水化合物被大量消耗，菌群结构发生变化，不再具备引导稻草等其他培养基成分继续发酵的能力，而无法生产出双孢菇，这也是保证奶牛粪可用于双孢菇生产的先决条件；四是奶牛粪的营养成分含量与肉牛粪、草原牛粪不同，培养基的配制技术也应该进行研究，特别是对双孢菇周围的奶牛场的粪便进行有针对性的研究，制订符合实际的培养基配方，更有利于双孢菇的生产；五是研究探索奶牛粪有效利用的方法，提高奶牛粪的利用率；六是探索奶牛场有利于双孢菇生产的牛粪贮存方式。

(三)奶牛粪制备双孢菇培养料技术方法

1. 原料要求

(1)奶牛粪

自然干燥奶牛粪：建立一水泥地面或夯实地面的奶牛粪晾晒场，即在距离奶牛场100～200 m以外建立一堆粪场。堆粪场为水泥地面或夯实地面，周围挖有一深约20 cm，宽1.5～2.0 m，长度根据奶牛场规模确定的浅沟。将人工收集的奶牛粪平铺在堆粪场上，堆积高度为10～15 cm，间隔1周人工翻粪1次，自然干燥至含水量30%以下即可。

干湿分离奶牛粪：用干湿分离机将奶牛粪分离成牛粪和污水，污水进入污水池中，污水可以通过多级沉淀重复用于奶牛场粪便的冲洗。分离后的奶牛粪置晾晒场自然干燥至含水量30%以下。

(2)杏鲍菇废料　杏鲍菇废料放置阴凉、通风避雨处，建堆时采用料袋脱粒粉碎机粉碎，除去杏鲍菇废料外包装后使用。

(3)稻草　水稻收割后，将稻草自然晾晒干，收集后堆垛，防雨备用。

(4)玉米秸秆　将玉米秸秆收集后自然晾干，存储。建堆时将玉米秸铡为10～15 cm。

(5)玉米芯　玉米脱粒后将玉米芯自然晾干，防止发霉，建堆时将玉米芯破碎、压扁。

以上食用菌栽培基质主料、辅料应新鲜、洁净、干燥、无虫、无霉。

2. 培养料配方(每100 $m^2$ 用料)

奶牛粪生产双孢菇现有以下三种配方，农户可以根据当地养殖及种植情况，选取低成本且适宜的配方。

配方一：杏鲍菇废料 5 000 kg、自然干燥奶牛粪 1 200 kg、过磷酸钙 50 kg、碳酸钙 50 kg、有条件可加腌渍盐 50 kg。

配方二：玉米秸 2 000 kg、玉米芯 1 000 kg、干湿分离奶牛粪 750 kg、石灰 50 kg、石膏 50 kg、过磷酸钙 50 kg、尿素 15 kg。

配方三：稻草 2 000 kg、干湿分离奶牛粪 1 500 kg、石灰 50 kg、石膏 50 kg、过磷酸钙 50 kg、尿素 30 kg。

3. 培养料发酵

(1)建堆场地　选择地带开阔、排灌方便、靠近菇棚的水泥地面或夯实的场所。

(2)菇棚建设　生产双孢菇温棚采用热镀锌管、钢筋焊接而成。棚室长 45 m，棚室宽 12 m，棚高 4.6m。棚顶及四周为薄膜覆盖，上覆保温被，每个温棚设有 1 个小门。温棚搭建竹制栽培架 6 层，架长 10.7m，宽 1.2 m，高 50 cm，南北向搭建。

(3)建堆　干粪预湿，建堆底宽 200～350 cm，堆高 150～200 cm。堆底码砖透气或竹竿透气，底层铺 30 cm 杏鲍菇废料、秸秆等，上覆 5 cm 厚奶牛粪，再铺 15 cm 杏鲍菇废料、秸秆等，再覆奶牛粪，第三层后浇透水，料堆至要求的高度。

(4)发酵翻堆　堆料温度升到 65～70℃时，2～3 d 后进行第一次翻堆；当料温达到 75℃以上 2 d 后翻第二次堆，加入其他辅料；当料温达到 70℃以上 2 d 后第三次翻堆，第三次翻堆用石灰调酸碱度，pH 达到 7.5～8，水分达到 65%，眼观颜色为深褐色、手握有弹性。

(5)二次发酵　原料上架后，采用锅炉加温法加温，进行第二次发酵，料温达到

60～65℃后保持 4～8 d，持温阶段 48～56℃大于 72 h，同时每隔 5 h 通风 1 次，每次 0.5 h，焖堆 3 d，检查料有弹性、不黏手为宜。

4. 栽培技术

(1)栽培季节　双孢菇属中、低温型菌类，可在 6 月份进行原料发酵，7 月份播种，8 月上旬覆土，8 月末至 9 月初开始出菇，至 10 月末结束，第二年 5 月前后继续出菇，6 月末整个过程结束。也可以 3 月份进行原料发酵，4 月份播种，5 月份覆土出菇，10 月份结束。

(2)菌种　菌种应选用符合 NY/T 528—2010《食用菌菌种生产技术规程》。

5. 生产过程及管理

双孢菇栽培工艺为备料—堆制—混合—发酵—上架—二次发酵—播种—覆土—出菇—采收。培养料堆制发酵、备土、播种、覆土、出菇管理、采收、包装、运输及贮存应符合 DB13/T 1087—2009《北方无公害双孢菇规模化生产技术规程》。

播种：每平方米用 500 mL/瓶菌种 1.5 瓶，第一次播种 2/3，轻刮料面，再撒剩余的菌种，喷淋保湿，20～24℃定植、吃料，5 d 后每天通风。

菌丝生长管理：播种后关闭棚门窗，保温保湿，温度控制在 20～25℃，相对湿度控制在 70%左右发菌 4 d。当菌丝生长到料面面积的 85%以上时将门打开 1/3，通风换气，促进菌丝向料内生长。料面菌丝达到 95%时，门窗打开，加大通风，促使料面干燥，迫使菌丝向料内生长，减少杂菌的污染。当菌丝生长到料层厚度 1/2 时，用竹签打孔，自料面打到料底，每 15 cm 打 1 签，改善料内的通气状况，排出废气，进入新鲜空气，促使菌丝向深层生长。

覆土：菌丝“吃料”结束时，撬料透气，覆土 3～4 cm，刮平、喷水。

出菇：覆土后 15 d，温度控制在 14～18℃，当床面如白色米粒样原基普遍形成，待大部分发育到黄豆大小时，喷 1 次用量为 2.5 $kg/m^2$ 的出菇水。形成菇蕾后，每天开窗通风，保持空气相对湿度 80%～90%，温度在 15～20℃，菌盖充分长大而未开伞时采收，及时把残留的菇柄清除。每潮采收后，停水 2 d进行清床并少量补土，然后调湿，喷转潮水。

病虫害防治：病虫害防治应符合 DB13/T 1087—2009 和 DB21/T 1811—2010 要求。

培养料废料处理：废料发酵处理后成为生物肥料。

(四)推广应用与经济效益

用奶牛粪种植双孢菇技术在承德市进行了推广应用。承德市位于河北省东北部，属于山区，经济发展相对滞后。由于地理位置的关系，适合种植蘑菇。平泉县有“中国食用菌之乡”的称谓，全县有 57 家企业从事食用菌加工经营，带动 4 万户农民参与食用菌生产，食用菌总量突破了 8 000 万盘（袋），产量 8 万 t，产值达到 8 亿元。因此，用奶牛粪种植双孢菇，既能降低奶牛养殖造成的环境污染，又能创造较好的经济价值。我们在承德市平泉县民丰食用菌专业合作社、承德县三沟镇春民食用菌种植专业合作社及周边进行示范和推广，累计应用面积 20 万 $m^2$，新增总产值 774.105 万元。

（五）后续研究方向

目前，国内奶牛粪的处理主要还是停留在半人工或人工清粪，清出的牛粪运到贮粪场发酵后再运到农田还田处理，干湿分离奶牛粪在奶牛场应用较少，应该大力推广这一技术。要提高双孢菇产量，降低生产成本，还需要进一步对培养料的发酵控制、科学配方进行深入研究。

## 三、种养结合粪污处理技术——奶牛粪生产有机肥技术

1. 奶牛粪生产生物有机肥的应用前景

首先，资源化利用程度高。奶牛粪富含大量有机质和氮磷钾及其他微量元素等植物必需的营养物质，还含有各种生物酶和微生物，利用奶牛粪生产有机肥，实现牛粪循环利用，做到化害为利、变废为宝，为有机农业发展提供数量巨大、品质良好的肥料来源。其次，生态效益不容忽视。通过集中好氧堆肥规模化处理使牛粪中的有机质得到降解，达到稳定的目的，有利于提高土壤的有机质和肥力，改良土壤结构，改善土壤理化环境和微生物环境，避免产生高温灼伤作物根系（俗称“烧苗”），以及物料发霉、发臭，造成土壤、水体、大气及农产品二次污染。同时，用奶牛粪生产有机肥可以减少化学药品对环境的污染。再次，经济价值显著。牛粪堆肥后可根据需要进一步加工成粉状有机肥和颗粒状有机肥产品，或者掺入化肥制成各种有机无机复混肥产品，实现商品化生产。

2. 奶牛粪生产生物有机肥工艺流程（图 8-2）

（1）牛粪收集　根据奶牛场实际情况，通过管道、沟渠、机械等设施将牛舍、运动场及奶厅的牛粪收集到集粪池。集粪池须配备混合搅拌器和牛粪输送泵。混合

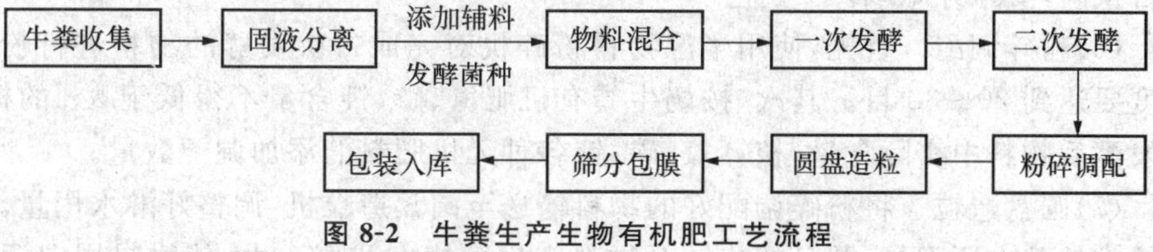


图 8-2　牛粪生产生物有机肥工艺流程

搅拌器能将大块牛粪和杂草纤维等搅碎切断，防止其堵塞牛粪输送泵。牛粪输送泵将集粪池中的牛粪输送至固液分离机进行固液分离，也带有搅拌切割功能。混合搅拌器和牛粪输送泵同时工作推动集粪池的牛粪液体做圆周运动，将其中的沙石等杂物集中到集粪池的中心位置，保证设备运行的安全。

(2)固液分离　利用牛粪输送泵将集粪池中的固液混合牛粪输送到牛粪分离机内，通过安置在筛网中的挤压螺旋装置，将牛粪脱水形成固态从出料口分离出来，而牛粪中的液体则通过筛网滤出。牛粪固液分离机可通过调整机头和筛网调整牛粪含水率。牛粪经固液分离后，固体部分可直接生产有机肥，液体部分经泵送、储存、灌溉、冲洗等程序后可以再利用。固液分离解决了消除臭味和奶牛粪中盐类物质污染地下水的环保问题。

(3)物料混合　用铲车将脱水牛粪在水泥硬化地面上摊开，若水分超过60%，应先晾晒降至55%左右，并通过添加石灰粉将pH调整至7.5左右，然后按照牛粪70%、辅料30%的配比，加入发酵菌种和各种辅料。辅料一般可用秸秆粉(玉米秸、地瓜蔓、花生秧和青干草等均可)。添加秸秆粉的目的主要是利用秸秆粉体积质量小、空隙大的特点吸附牛粪，有利于牛粪有氧发酵和消除臭味。

(4)一次发酵　一次发酵采用连续投料、连续出料的半封闭式发酵槽搅拌好氧发酵技术。安装在自动翻混机底部的旋转翻混刀片会对物料进行翻混搅拌，以增氧促进发酵和水分蒸发，同时切割结块物料和较长秸秆，利用离心作用将物料向出料口方向抛送约2 m距离，发酵池前端也可腾出2 m左右的空间，供连续投入新料用。发酵温度在1 d后达到50℃，3 d后达到70℃，保持15～20 d。经20～25 d，可将经发酵腐熟后的物料翻混移送至出料口。翻混机每天作业1～2次，一般作业速度为500 mm/min，一台翻混机可在8 h内完成4条发酵槽的翻混作业任务。

(5)二次发酵　将完成一次发酵的物料掺混二次发酵菌种后，在水泥硬化地面上堆成底宽1.5～1.8 m、上宽0.8～1 m、高0.8～1 m的梯形条堆，条堆之间间隔1.5～2 m。二次发酵需要21～28 d，每7 d可用骑跨自行式翻混机翻堆一次，也可人工翻堆。二次发酵完成时物料颜色由褐黄色渐变为黑褐色，物料温度降低至25℃左右，物料结构疏松，稍有氨味，物料内有白色菌丝，水分含量低于45%，若水分含量高，要摊开晾晒。

(6)粉碎调配　首先，使用半湿物料粉碎机对完成二次发酵的物料进行粉碎，细度要达到20～30目。其次，按奶牛粪有机肥氮、磷、钾含量不得低于5%的标准和发酵后物料中实际含量，核算氮、磷、钾各种无机肥料的添加调配数量。

(7)圆盘造粒　将粉碎调配好的物料输送至圆盘造粒机，调整好淋水用量。圆盘造粒的基本原理是：圆盘的旋转对物料产生摩擦力和离心力，使物料周向运动，相互摩擦挤压，团聚成合适规格的球状体并抛离出圆盘造粒机，再经输送带输送到热风旋转烘干机中，以不高于40℃的低温热风烘干，水分含量达到小于30%标准即可。

(8)筛分包膜　通常用滚筒式筛分机筛分经圆盘造粒的物料。筛分机先分离成品与需返工的物料，再对成品进行等级分离。随后经输送带将成品物料输送到包膜机，采用粉体扑粉或液体涂膜工艺包膜，使成品物料不仅观感好，还能有效地避免结块。

(9)包装入库　可选用斗式连续自动计量封口包装机进行奶牛粪有机肥成品包装。保存应注意防雨、防潮、通风、避光和便于装卸。

3. 奶牛粪有机肥质量标准

奶牛粪有机肥质量标准应符合NY 525—2012的规定。有机质质量分数(以烘干基计)≥45%；总养分(氮＋五氧化二磷＋氧化钾)质量分数(以烘干基计)≥5.0%；水分(鲜样)质量分数≤30%；酸碱度(pH)5.5～8.5。重金属限量指标(单位：mg/kg)：总砷(以烘干基计)≤15；总汞(以烘干基计)≤2；总铬(以烘干基计)≤150；总镉(以烘干基计)≤3。蛔虫卵死亡率和大肠杆菌群数指标，应符合NY 884—2012标准。

## 四、奶牛场粪污综合处理与循环利用技术应用

我国奶牛业经历了最近20年的快速发展，业已成为奶牛养殖大国，奶牛存栏量稳居世界第三。随着奶牛业的快速发展，奶牛养殖过程中出现的一些问题如饲养成本高、家畜发病率高、机械化和信息化管理水平低以及粪污处理难等逐渐涌现，尤其是粪污的环境污染问题最为突出，奶牛场粪污废弃物集中、蚊蝇滋生以及排污困难等实际问题日益突出，引起了各级政府的高度重视。2014年中央1号文件明确要建立农业可持续发展长效机制，促进生态友好型农业发展，支持规模养殖场畜禽粪便资源化利用，此前，国务院公布《畜禽规模养殖污染防治条例》，明确提出要防治畜禽养殖污染，推进畜禽养殖废弃物的综合利用和无害化处理，保护和改善环境，保障公众身体健康，促进畜牧业健康发展。

(一)奶牛场粪污综合处理原则

奶牛场粪污综合处理原则包括以下几点：

(1)粪污处理机械化　减轻劳动强度，提高生产效率。

(2)粪污处理减量化　加强雨污分流、固液分离和干清粪工艺；改进饲料加工或添加蛋白酶提高消化率；减少粪尿的排泄量和氮、磷的产生量。

(3)粪污处理资源化　处理后可作肥料、牛床垫料、饲料、燃料等、

(4)粪污处理无害化　采取物理、化学、生物处理方法，注意消毒、灭菌、腐熟等。

(5)粪污处理生态化　畜牧业和种植业的有机结合、良性循环和可持续发展。

(二)奶牛场粪污综合处理及循环利用工艺流程

奶牛场的粪污处理及循环利用工艺流程如图8-3所示。粪污后续处理区域与生产区之间设置50 m的绿化隔离带。

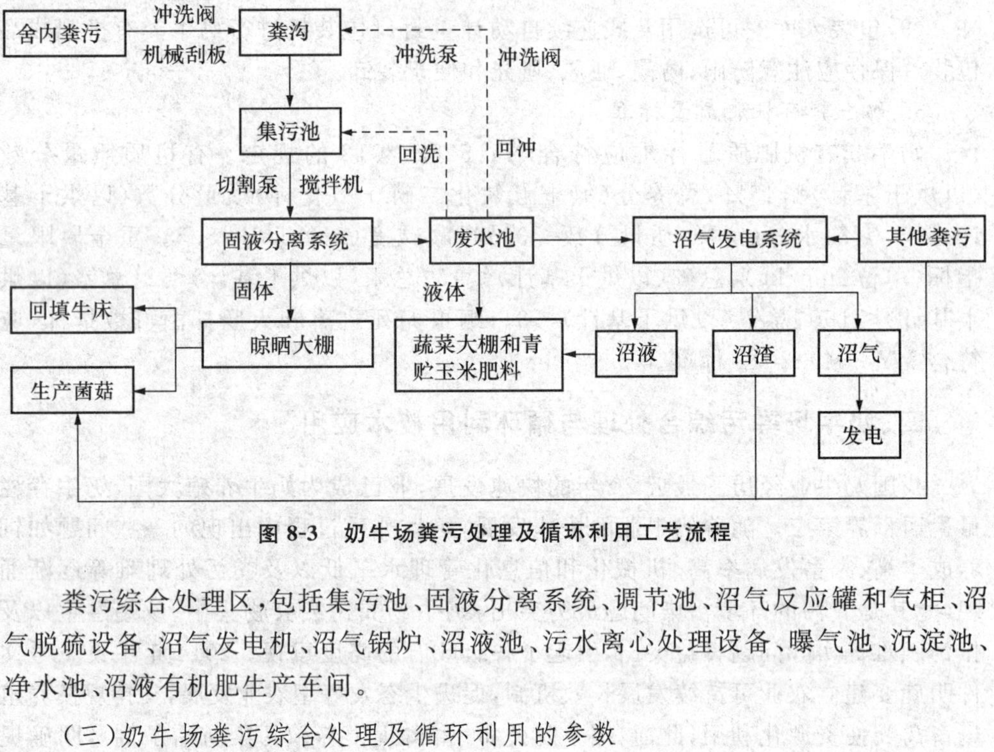


图8-3　奶牛场粪污处理及循环利用工艺流程

粪污综合处理区，包括集污池、固液分离系统、调节池、沼气反应罐和气柜、沼气脱硫设备、沼气发电机、沼气锅炉、沼液池、污水离心处理设备、曝气池、沉淀池、净水池、沼液有机肥生产车间。

(三)奶牛场粪污综合处理及循环利用的参数

奶牛场的粪污处理及循环利用工艺参数如表8-1所示。

1. 粪污收集

(1)牛舍到挤奶厅之间的走廊粪便，每天清理到附近活动区一侧。活动区内的粪污以及犊牛舍清理出来的牛粪根据情况每半年或者每季度，用铲车清理1次。

(2)牛舍内自由采食区和卧床后面的奶牛走廊，安装自动刮粪系统，设定每4 h自动刮粪1次(可根据牛场实际情况，设定刮粪时间间隔)。自动刮粪设备将粪污收集到地下排污管道，同时将挤奶厅清理出来的上厅牛遗留粪便一并排到排污管道。

表 8-1 奶牛场粪污处理及循环利用的参数

| 子系统 | 处理参数 |
| --- | --- |
| 舍内及运动场粪污清除系统 | 泌乳和干奶牛舍采用刮板系统，每栋泌乳牛舍需 4 套刮粪板环路，干奶牛舍需 1 套环路，共需 17 套刮板环路。粪污通过地下管道集中到集污池进行后续处理<br>青年牛舍及其运动场采用铲车清粪<br>犊牛舍采用人工清理粪便 |
| 沼气发电系统 | 沼气发酵罐 3 000 $m^3$，沼液沼渣池 150×400=60 000 $m^2$，可贮半年。沼气发电可供场内设备的运转。沼液通过地下管道作为蔬菜大棚和青贮玉米的肥料，沼渣可用于蘑菇基料 |
| 固液分离系统 | 废水存贮池 100×40=4 000 $m^2$，粪便堆放发酵场 100×50=5 000 $m^2$。废水可作为牛舍冲洗水，发酵后的粪便(含水 40%)回填卧床 |
| 菌菇生产系统 | 分离后的粪便、沼渣以及垫料废料生产菌菇，1～2 茬/年，可建大棚 100 个，每棚 100×12=1 200 $m^2$，总面积 120 000 $m^2$(180 亩)，可消纳 7 800 t 鲜牛粪(1 茬/年)。菌菇的废渣可用作蔬菜的肥料，菜菇轮作 |
| 蔬菜大棚和青贮玉米种植系统 | 约 2 750 亩，可消纳奶牛场产生的沼液、泥浆、粪便、废水等，而青贮玉米可用作饲料 |

(3)地下排污管道呈南北走势，设有一定坡度，在高处一端设有自动冲水装置，启动后可将地下排污管道内的粪污顺利地排到集污池。所用水源来自集污池内。

(4)集污池大小视牛场实际情况而定，可用混凝土整体浇筑，上面加装采光带封顶，便于冬季保温。

*2. 沼气发电系统*

(1)沼气生产和发电

①将集污池内的粪污添加到调剂池，在浓度调节到标准后，泵入到沼气反应罐。

②沼气反应罐上方设置气柜，生产的沼气从气柜进入脱硫装置，经过处理后进入发电机进行发电，所产生的电量用于粪污处理区其他设备的电力供应，以及牛场冬季取暖、餐饮等其他用电设备。

③生产沼气后产生的沼渣可用于还田施肥、培养菌菇等，产生的沼液溢流到沼液池或还田等。

(2)沼液处理　不能完全消耗的沼液需经过特殊处理达标后方可排放。

①启动污水泵将沼液泵入离心机，同时按标准加入聚丙烯酰胺和聚合氯化铝药物进行离心处理。

②加入到曝气池进行曝气处理。

③经过长时间曝气处理后的液体，泵入沉淀池，进行沉淀处理。

④经以上几项设施处理达标后排入清水池，等待排放。

3. 粪污固液分离处理和利用

(1)将收集到粪污池内的粪污，通过集污池内的搅拌器充分混合后，由污水泵提升到固液分离系统，经固液分离后，将固体放到收集仓，同时液体流回到集污池。

(2)固体收集仓满后，通过铲车运送到晾晒场。大部分通过晾晒后存放到牛床垫料仓库，用于牛床添加垫料，还可用于还田施肥。

4. 果蔬栽培与菌菇生产系统

(1)果蔬栽培与青贮玉米种植系统　建立蔬菜大棚，且每座蔬菜大棚都有一条管道与奶牛场沼气池相连通。来自养殖场的沼液可为果蔬栽培和青贮玉米种植提供充足的有机肥，实现果蔬生产有机化；同时，果蔬大棚产生的枝叶、秧苗及青贮玉米等又可作为奶牛饲料原材料，实现农业种植与奶牛养殖的循环发展。

(2)菌菇生产系统　经固液分离处理后的牛粪可配合废弃玉米秸秆等牛场废料用作菌类培养基，如生产双孢菇等，进一步扩大了农牧业循环链条。菌菇培养可采用"采菇轮作"方式，冬天种植蔬菜，夏秋季节培养双孢菇，这种菌菇培养每年可生产1～2次，经济效益显著。

(四)奶牛场粪污综合处理及循环利用的效益分析

奶牛场粪污综合处理及循环利用，不仅使养殖场80%以上的农业废弃物得到综合利用，降低了农业污染，改善了生态环境，另一方面也提升了养殖和种植业的品质，取得了生态与经济效益双赢。为畜牧业的良性、健康、有序发展奠定基础。

1. 经济效益

粪污处理区内的所有水泵、固液分离机、离心机等设备设施用电，都是来自沼气发电，以千头奶牛场计算，节约电费约28万元；生产的沼液有机肥每年可产生30万元左右利润；奶牛粪经综合处理后做卧床垫料，每年可节省垫料费用在18万元左右。产生的经济效益是显而易见的。

2. 社会效益

通过养殖场内粪污处理区建设，可增加当地劳动力就业岗位；同时可以带动和示范周边奶牛养殖企业注重清洁生产，综合利用废弃物；利用奶牛粪生产有机肥，补充周边有机肥市场。

3. 环境效益

以千头奶牛场计算，可减少废弃物排放 12 000 t，固体废弃物回收利用率大幅提升，污水实现零排放；在控制奶牛养殖粪便环境污染、改善生态环境质量的同时，为农业生产提供优质有机肥，为绿色有机农产品的生产提供肥源；牛粪的综合利用，增加了土壤的有机质含量，增加土壤肥力，改善土壤理化性状，提高了肥料的利用率，减少农业生产对化学肥料的依赖，提高了农产品品质；此外，以有机肥料生产为纽带，使畜禽养殖业和种植业有机结合，为绿色、低碳、循环农业的发展添加后劲。

# 第九章　人员职责和管理制度

## 一、人员管理

### (一)人员管理总则

1. 奶牛场所有工作人员必须持有防疫部门颁发的健康体检证,并进行岗前培训。

2. 严格遵守场内各项规章制度,坚守工作岗位,尽职尽责,努力工作,为实现月、季、年生产任务而奋斗。

3. 服从领导、听从指挥,严格执行作息时间,办好病、事假的请假手续。

4. 对各部门、各岗位人员采取绩效考核,明确各部门人员职责,责任到人,层层把关,每周每月都要评估绩效完成情况,并与工资挂钩。

5. 爱护公物、增产节支,树立集体主义观念,为提高奶牛场的经济效益贡献自己的力量。

6. 树立企业文化思想,传播企业经营理念,创造企业精神文明和信息化管理,培养自身的企业奉献精神。

7. 科学管理,文明生产,提高产量和质量,打造企业的核心竞争力。

8. 遵纪守法,不做不利于社会的事,不做不利于养殖场的事,做一名优秀的员工。

### (二)场长的岗位职责

1. 负责奶牛场的全面工作,合理安排各岗位人员,科学地组织生产与管理。

2. 负责监督和执行牛场的各项规章制度、操作规程和管理规范的落实。

3. 制订并实施场内各岗位的考核管理目标和奖惩办法。

4. 定期对所有技术人员和各岗位人员进行考评和工作检查,根据考核成绩对其进行奖惩。

5. 圆满完成全场各项任务，定期向上级领导汇报生产情况。

6. 努力学习，不断提高自身的管理和业务水平，定期组织对职工进行技术培训，提高牧场整体生产技术水平和职工的业务水平。

7. 例行增产节约、增收节支，降低生产成本，提高牛场的经济效益和核心竞争力。

8. 安全文明生产，杜绝一切事故和隐患。

（三）技术员的岗位职责

1. 协助场长制订月、季、年的生产计划和各类牛群的生产任务，包括：产奶、产犊、选种选配、草料消耗、牛群数量及药品计划等。

2. 协助场长改进工作，提出各阶段保证生产任务完成的技术措施和技术要求，实施技术指导，并检查各项技术措施的落实情况，发现并解决各项措施落实当中出现的问题。

3. 负责各牛群的饲养管理，根据各牛群的生产和生长情况，合理及时地调整饲养方案。

4. 负责制订饲料配制，青贮饲料的存储，发放饲料供应单，随时掌握每群牛的采食情况并记录在案，并负责各种饲料的检测与控制。

5. 熟悉牛场的所有设备操作规程，并指导和监督操作人员正确使用。

6. 总结饲养技术经验，实行科学管理，提高各岗位人员的技术水平，及时向上级部门和领导汇报工作。

7. 做好各项报表和记录，掌握牛群档案和各种资料的入档工作。

（四）兽医的岗位职责

1. 负责牛群的卫生保健、疾病监控与治疗，贯彻防疫制度，制订药品的采购计划，填写病例和有关报表，建立健全病例档案。

2. 制订和组织每年的疫苗注射和预防接种工作。

3. 必须贯彻落实“预防为主、防重于治”的原则。

4. 必须全天观察奶牛的精神状态，发病率高时，做到每次跟班检查治疗。

5. 认真检查全场的消毒情况，消毒室的设备运转情况和消毒液的情况，发现问题及时处理和反应。

6. 完成每月及全年奶牛场规定的死亡率、发病率及治愈率等各项指标，提供淘汰牛详细准确的资料。

7. 严格执行用药规则，坚持用药时的配伍禁忌，认真治疗，踏实工作，不能因个人原因而造成医疗事故。

8. 兽医室干净、药品码放整齐，用具卫生。

9. 加强产中和产后母牛的监护，24 h 胎衣不下的牛要进行处理或及时治疗，促使母体尽快恢复，保证其健康和生产性能。

10. 坚持出产房检查制度和产房母牛的上、下厅制度，并开具检查结果证明。

（五）配种员的岗位职责

1. 配种员要用进化的观点、选择的观点、遗传学的观点、畜牧学的观点及经济学的观点，科学地选种选配。

2. 每年年底负责制订下年奶牛的配种繁殖计划，参与制订奶牛的选配计划。

3. 全天观察或检查奶牛的发情情况，并掌握奶牛的初配年龄和体重（初配年龄一般掌握为 14 月龄，体重 380 kg)，做到适时配种。

4. 做好奶牛产后的监护工作和生殖疾病的预防和诊疗工作。

5. 及时记录奶牛发情、配种、妊检、流产及产犊治疗等技术数据，并存储电子档案，及时统计分析和报表，并填好停奶通知单，做到奶牛的及时停奶。

6. 做好精液、药品的出入库记录和汇总，并及时上报财务。

7. 按时整理、分析各种繁殖技术资料，及时上报并提出各种合理化建议，各项工作要及时与场领导及技术员沟通。

8. 完成好场内规定的各项技术指标，如：情期受胎率，（一般不低于 56%，推 2 个月算)，空怀率（不高于 6%)，发情率（月不低于 95%，年不低于 98%)，胎间距（一般不高于 390 d)，每头牛使用的精液数量（一般不高于 1.5 支）。

9. 配种室干净、用具卫生、各种资料齐全、摆放整齐有序。

10. 积极进取，认真工作，对各岗位人员进行繁殖技术培训，努力学习，掌握先进的配种和繁殖技术。

（六）挤奶员的岗位职责

1. 爱岗敬业，服从班组长的工作安排，认真完成本职工作。

2. 挤奶前，挤奶员双手要清洗干净，有疫情时要用 0.1%过氧乙酸溶液清洗。

3. 每头挤奶牛用 1 块纸巾或毛巾，不能混合使用，洗乳房纸巾或毛巾不能乱扔乱放。

4. 挤奶员在挤前三把奶时一定要用拳握式，挤出的奶要放入专用的容器，不得放入大罐，发现有血乳、块状乳、絮状乳或水洋状乳时，说明奶牛患有乳腺炎，要将奶牛马上下厅，并通知兽医人员。

5. 挤奶员要严格准确记录每头牛每天每次的产奶量。

6. 进牛或挤奶时，不能大声喧哗，更不能打牛，以免造成奶牛的不良反应，而影响产奶或引起流产。

7. 要保持个人，奶厅内、外环境卫生的整洁和干净。

8. 爱护挤奶设备，按照挤奶操作规程进行挤奶，并注意观察使用设备的运转情况，发现异常要及时汇报。

(七)产房人员的岗位职责

1. 产房 24 h 要有专人值班，根据预产期做好产房及所有器具的清洗、消毒等产前准备工作，保持圈舍的干净、干燥和舒适。

2. 围产前期奶牛临产前 1～6 h 应接入产房，并进行后躯消毒，保持环境安静，尽量让母牛自然分娩，开始分娩时要检查胎位是否正常，需要助产时，要在兽医的指导下进行。

3. 母牛产后 1 h 左右要进行第一次挤奶，挤奶时要挤出乳房内 1/3 左右的奶，挤奶时速度不宜太快，第二次可挤出乳房内的 2/3 的奶，24 h 后可正常挤奶。

4. 母牛产犊后要观察胎衣脱落情况，如果在 24 h 后还未脱落的要请配种员进行处理。

5. 犊牛出生后，要立即清除口、鼻、耳部位的黏液，距腹部 10 cm 左右距离处将脐带剪断，用 5%碘酒消毒，擦干牛体，称重、填写出生记录。

(八)成母牛饲养人员的岗位职责

1. 爱护牛只，熟练掌握所管理牛群的基本情况，按照饲养规范进行饲养，防止奶牛过肥或过瘦。

2. 每次填草前必须把牛槽清理干净，并检查是否有异物，要定期清理水槽及圈舍，划定卫生区干净整洁，无任何异物。

3. 饲养人员必须做到定人、定时、定量的三定原则，按照技术员下达的草料单，准确添加草料。

4. 要做到运动场的整洁，无不利于牛只生长的石头、砖块及积水，粪便要堆积以便清理，所用工具、草料必须堆放整齐。

5. 要协助技术人员对奶牛进行检疫、疫苗注射和配种等。

6. 全天观察牛只的精神状态和发情等情况，发现病牛、发情牛要做好记录并向技术员汇报。

(九)犊牛饲养人员的岗位职责

1. 犊牛饲养必须做到定人、定时、定量及定温的四定原则，按照技术人员下发的奶料单准确添加。

2. 注意观察犊牛的精神状态，发现病牛要及时找兽医治疗并做好记录。

3. 吃奶小犊牛要进行单栏饲养，并挂牌，牌上标明犊牛的出生日期、母亲编号，以免造成混乱。

4. 新生犊牛必须在 1 h 内吃上初乳，以增进犊牛健康。

5. 及时清理犊牛和栏内的垫料和粪便，舍内要保持卫生，定期消毒。

6. 喂奶桶和饮水桶要每天清理刷洗，保证各种容器干净卫生。

7. 协助资料员和技术员对犊牛的照相、称重等工作，做好各种记录和报表。

(十)育成牛和青年牛饲养人员的岗位职责

1. 饲养人员必须全天认真观察牛只的发情情况，发现有发情牛时，准确记录发情的时间并及时向配种员汇报。

2. 严格按照饲养规范进行饲养，熟练掌握每头牛的怀孕情况和健康状况。

3. 每次添草前必须把牛槽清理干净，并检查是否有异物，要定期清理水槽及圈舍，划定卫生区干净整洁，无任何异物。

4. 饲养人员必须做到定人、定时、定量的三定原则，按照技术人员下发的草料单，准确添加草料。

5. 熟记青年牛的配种日期和预产期，需要把青年牛转入围产期牛群时，要做到及时转群。

6. 要协助技术人员对奶牛进行检疫、疫苗注射和配种等。

(十一)饲草、饲料加工人员的岗位职责

1. 严格按照精饲料配方、全混合日粮配方进行准确的加工，饲料原料、成品料及各种饲草要按照不同的品种摆放整齐，并挂标示牌，以便搬运和清点。

2. 严格检查饲料原料、饲草的质量，若发现有发霉变质的原料和饲草，要严格分开，坚决杜绝用发霉变质的饲草、饲料原料加工成品。

3. 严格按照操作规程操作各种饲料、饲草机械，确保安全生产。

4. 每天按照技术人员的发草、料单给每个班组运送草料，并有完整的领草料、发草料记录，并有饲养人员的签字。

5. 每月汇总各类饲料、饲料原料及饲草的用量，配合财务人员清理库存。

## 二、档案管理

(一)标准化奶牛养殖场必须建立健全养殖档案

实行数据化管理，是提高劳动生产率、增加经济效益的重要保证；养殖档案的建立和管理，是根据农业部发布的《奶牛标识与养殖档案管理办法》，结合本场的实际情况建立的奶牛生产记录制度，奶牛场要由资料员、技术员、配种员、兽医人员及各岗位人员对日常生产工作进行记录，以便及时掌握饲养及生产情况，为奶牛场的发展更好地服务。

（二）系谱档案

1. 奶牛场调入奶牛时必须带有系谱档案，新出生的小母牛必须建立系谱档案。

2. 系谱档案包括：奶牛的品种、来源、出生地、产奶量、出生日期、体尺、体重、遗传情况（包括祖父、父亲、祖母、母亲），配种日期、调入和调出日期等。

3. 示意如下：

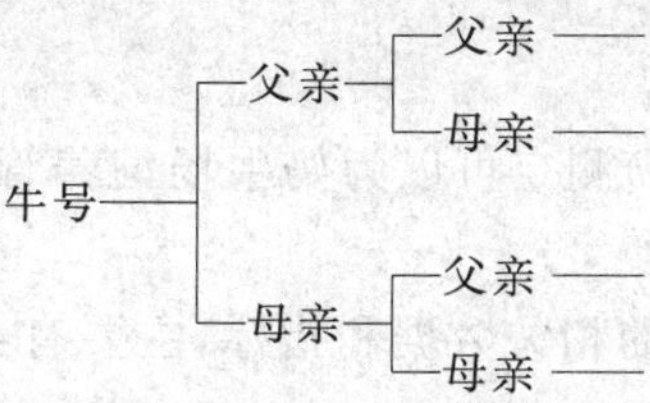


4. 奶牛编号，①统一编号：按照中国奶业协会(2004)43号文件要求，全国采用统一方法编号。②编号原则：编号由12位数字，分5部分组成，2位省(自治区、直辖市)代码＋2位区县编号＋2位牛场编号＋2位出生年度号＋4位牛场内序号。

（三）配种档案

1. 记录每次购进的精液数量、品种、产地、价格及种公牛号。

2. 记录奶牛的发情日期、配种日期、所用精液的种公牛号。

3. 记录母牛的预产期、产犊日期、小犊牛的出生日期及出生重。

4. 记录小犊牛的编号、性别、产后母牛及小犊牛的健康状况及繁殖疾病的治疗情况。

5. 记录奶牛的初配年龄、初配体重、情期受胎率、配种次数、全场的总受胎率、胎间距。

（四）兽医档案

1. 认真做好奶牛场的防疫和检疫记录，防疫和检疫记录包括免疫记录和检疫记录，免疫记录内容包括疫苗的名称、免疫接种日期、免疫总数、接种剂量、接种方法、疫苗的批号，责任人签名；检疫记录包括检疫日期、检疫名称、检疫的头数、阴阳性可疑数。

2. 建立奶牛疫病的诊断记录，内容包括：奶牛发病日期、临床症状、诊断方法、治疗方法和治疗效果。

3. 病逝牛无害化处理记录，内容包括：发病日期、治疗方法、死亡原因、死亡日期和处理方法。

4. 兽药及疫苗的进出库记录；内容包括：进出库日期、名称、数量、规格、批号、来源(去向)和剩余数。

5. 用药记录，内容包括：病牛牛号、发病时间、疗程、所用药物的商品名、有效成分、剂量及休药期。

6. 消毒方法记录，包括：喷雾消毒、熏蒸消毒、浸液消毒、紫外线消毒、喷刷消毒和火焰消毒等。

7. 记录生产兽药厂的“兽药经营许可证”和“工商营业执照”。

(五)DHI 测试档案

1. 奶牛生产性能(DHI)测定可以为奶牛场饲养管理提供决策依据，为育种工作提供完整而准确的资料。

2. 记录所测定每头牛的相关数据和指标，主要有：产奶量、乳脂、乳糖、干物质及体细胞数等。

3. 根据测定结果并收集奶牛群体的有关资料，经分析后形成反映奶牛生产的日粮饲养、繁殖配种、疫病防治、生产性能及信息化报告。

(六)饲料及饲料添加剂记录档案

1. 记录饲料、饲草的品种、来源、外观质量、数量及营养成分。

2. 记录饲料配方和全混合日粮配方，以及调整后的配方，并记录生产和产奶效果。

3. 记录饲料添加剂的品种、数量、批号、生产厂家、生产日期、适用范围、剂量，“饲料添加剂经营许可证”和“工商营业执照”等。

(七)建立奶牛养殖档案应注意的事项

1. 奶牛场档案记录要按时填写，要由专人管理，可建立成电子档案和纸质档案两种。

2. 档案记录可根据本地区的实际情况建立。

3. 档案记录单位要严格使用国家标准。

4. 记录的格式，除国家统一推广的奶牛场档案格式外，可根据奶牛场和本地区的实际情况进行建立和修订。

5. 奶牛场除建立奶牛养殖档案外，要严格建立奶牛场人事制度、人事档案和饲养人员的健康档案。

## 三、制度管理

### （一）人员管理制度

#### 1. 门卫管理制度

(1)严禁闲杂人员进入场内，未经养殖场负责人批准或陪同谢绝一切参观。

(2)搞好大门口的内、外卫生及防疫消毒工作，非生产车辆严禁进入场区，确需进入的必须要严格消毒。

(3)出入场区的物品要严格检查把关，实行登记并办理出入手续。

(4)严禁非门卫人员在门房逗留、聊天，严禁其他家畜、家禽等动物进入场区。

(5)要认真负责，坚守岗位，不得迟到早退，不得擅自离开岗位，做好交接班登记，夜班人员不得睡觉，要不定时地巡逻责任区的全部财产，因为工作不负责任，丢失损坏财物的照价赔偿，损失重大的解除劳动合同。

(6)要经常检查消毒室的消毒设施是否完好，消毒池是否有消毒液，若有异常及时报告有关部门进行修理或添加。

#### 2. 职工管理制度

(1)进入奶牛场工作的所有人员必须提前进行健康检查，并持有防疫部门的健康体检证。

(2)所有工作人员上岗前，必须进行岗前培训。

(3)严格遵守奶牛场内部各项规章制度，坚守岗位，尽职尽责、积极主动地完成好本职工作。

(4)服从领导、听从指挥、严格执行作息时间，做好出勤记录。

(5)认真执行生产技术操作规程，做好交接班手续。

(6)上班时间必须穿工作服，不得串岗，严禁打闹，不擅离职守。

(7)严禁在养殖区吸烟玩火，做到安全生产。

(8)艰苦奋斗，增收节支，积极工作，树立集体主义观念，为提高奶牛场经济效益及奶牛场的发展献计献策。

### （二）防疫灭病制度

1. 奶牛场的生产区和生活区要严格分开，生产区门口设消毒室和消毒池，消毒室内安装紫外线灯或喷雾消毒设施，洗手用消毒盆，消毒池内放置2%～3%的氢氧化钠或0.2%～0.5%的过氧乙酸（北方地区冬季可以放置生石灰）等物，消毒物品要经常补充或更换。

2. 奶牛场大门口设醒目的防疫须知标志，以备外来人员和车辆引起注意。

3. 非本厂车辆、人员不能随意进入场内，若一定要进入时必须进行严格的消毒后才能进入，绝对不能进入生产区。

4. 牛场管理人员及工人上班时应换好清洁的工作服，戴好工作帽及穿胶鞋，并且要通过消毒室进行 5～10 min 的消毒后方可进入生产区。

5. 要经常保持牛场的环境卫生，做到运动场无石头、砖块、积水、塑料布及其他异物，做到牛槽、运动场、卧床每天清扫，垫料经常更换，粪便及时清理、定点堆放和发酵处理。

6. 牛场内的胎衣、死尸应该深埋处理，绝不允许在场内分解死体。

7. 每个月的月初要用消毒液对整个生产区进行彻底消毒 1 次，若遇到外界有疫病时要半个月或一个星期彻底消毒 1 次，消毒液的使用要根据外界发病的情况经常更换。

8. 每年的 3 月、9 月份要对牛场的奶牛进行口蹄疫疫苗接种。

9. 每年的 3—4 月份要对全群进行无毒炭疽芽孢苗的防疫注射，密度不低于 95%。

10. 每年的 3—4 月份要对全群进行布氏杆菌病的检疫，密度不低于 90%或每年注射布氏杆菌疫苗或内服猪型 2 号苗或羊型 5 号苗等。

11. 每年的 3—4 月份要对全群进行结核病的检疫，密度不低于 90%。

12. 每年生产及技术人员都要进行 1 次结核、布病的检疫。

13. 建立健全人员健康档案，病牛隔离制度，病后登记制度，凡有结核、布病或其他人畜共患的传染病的人员一律不准上岗，凡是病牛一律都要单圈饲养治疗，以免造成传染。

14. 防疫要严格按照《中华人民共和国动物防疫法》的规定，贯彻预防为主的方针，净化奶牛重要疫病，防止疾病的传入或发生，控制奶牛传染病和寄生虫病的传播。

(三)饲料及饲料添加剂使用控制措施及制度

1. 饲料原料的选择：收购饲料原料时，要选择生态条件良好，远离污染源的地方种植的饲料原料，要对收购的原料进行农药残留、品质、营养成分等检查化验，确保合格后方可使用。

2. 饲料原料要有一定的新鲜度，感官上要求应具有该品种应有的色、臭、味和组织形态特征，无发霉、变质、异味等，原料中有害物质及微生物允许量符合饲料卫生标准要求。

3. 饲料添加剂使用的产品应是《允许使用的饲料添加剂品种目录》所规定的品种，并在使用时按照产品说明书所规定的用法用量使用。

4. 配合饲料、浓缩饲料和添加剂饲料中不应使用任何药物。

(四)环境保护措施及制度

1. 新建牛场必须进行环境评估，确保奶牛场建成后不污染周围环境，周围环境也不污染牛场。

2. 新建牛场必须同步建设相应的粪便和污水处理设施，已建成的牛场必须在原有的基础上进行技术改进，做到无害化处理和无害化排放。

3. 牛场的废弃物处理实行减量化、无害化和资源化的原则。

4. 牛粪要定点堆积发酵处理或用来生产沼气，进行绿色有机利用。

5. 牛场应对空气、水质、土壤及环境参数定期进行监测，并根据监测情况采取改善和处理措施。

(五)兽药的使用控制措施及制度

1. 加强奶牛的饲养管理，采取各种措施，改善饲养条件，增强奶牛的免疫力，防止奶牛的发病和死亡，最大限度地减少化学药品和抗生素的使用，贯彻“预防为主，防治结合”的原则。

2. 如有病牛，确需使用药物时，要经过兽医的临床诊断后再对症下药，兽药的使用应有兽医开具的处方，并是兽医亲自使用或在兽医的指导下使用。

3. 用于预防、治疗和诊断疾病的兽药应符合《中华人民共和国兽药典》《中华人民共和国兽药规范》《中华人民共和国兽用生物制品质量标准》《兽药质量标准》《进口兽药质量标准》和《饲料药物添加剂使用规范》的相关规定。

4. 所用兽药应来自只有“兽药生产许可证”和产品批准文号的生产企业或具有“进口兽药许可证”的供应商，所用兽药的标签应符合《兽药标签和说明书管理办法》的规定。

5. 在使用允许的抗菌药、抗寄生虫药和生殖激素药物时，应注意要严格遵守规定的给药途径、使用剂量和注意事项；严格遵守规定的休药期。

6. 使用过氧乙酸 A、B 液，强力消毒灵等消毒防腐剂对饲料环境、圈舍和器具进行消毒，但不使用酚类消毒剂。

7. 在使用药物治疗时，要严格按照“配伍禁忌”，不使用过期的药物，过期的药物要进行无害化处理。

8. 禁止使用致畸、致癌、致突变作用，对人体有伤害和有污染的兽药。

9. 奶牛场的奶牛要建立病例，并且要有免疫程序记录，即病牛的牛号、发病时间、疗程、所用药物的商品名及有效成分。

（六）挤奶厅的环境要求及制度

1. 挤奶厅

（1）挤奶厅的墙面应粘贴瓷砖，要求光滑、便于清洗消毒，地面要做到防滑又要便于清洁。

（2）挤奶厅的地面每次挤奶后要及时清洗消毒。

（3）储奶间只能用于冷却和储存鲜牛乳，不得堆放任何化学物品或有毒有害物品及杂物；禁止吸烟，要安装纱窗或纱门，防止昆虫、苍蝇飞入。

（4）储藏罐外部要保持清洁、干净、没有灰尘，盖子要保持关闭状态，罐内每次吸奶时要清洁干净。

2. 挤奶操作

（1）挤奶前要对奶牛进行健康检查，观察或检查奶牛是否有乳腺炎，有乳腺炎的奶牛马上下厅。

（2）挤奶前要对乳头进行药浴，选用专用的乳头药浴液。

（3）挤奶前要用毛巾或纸巾将乳头擦干，保证一头牛 1 块纸巾或 1 块毛巾。

（4）将头三把奶挤到专用容器中，检查牛奶是否有凝块、污状物或水样，如果牛奶正常，可以上机挤奶。

（5）挤奶结束后，要迅速进行乳头药浴。

3. 挤奶设备的清洗

（1）要选择经国家批准，对人、奶牛和环境安全没有危害，对生鲜乳无污染的消毒剂。

（2）每次挤奶前应用清水对挤奶设备进行冲洗。

（3）挤奶完毕后要及时用温水（35～40℃）对挤奶设备进行预冲洗，直到冲洗水变清为止。

（4）预冲洗后立刻用 pH 11.5 的碱洗液循环清洗 15 min。

（5）碱洗完成后，马上进行酸洗，酸洗液 pH 为 3.5，循环清洗 15 min，完成后再用温水冲洗 5 min，清洗完成后管道内不应有残水。

（6）挤奶设备要定期做好维护保养工作，除日常保养外，每年应由专业技术人员全面维护保养，以便使设备进行正常的运转。

（七）财务制度

1. 奶牛场要严格遵守国家规定的财务制度，树立核算观念，建立一套完整的核算体系，各生产单位、班组都要实行最基本的经济核算。

2. 建立物资、产品进出、验收、保管及领发制度。

3. 做好年初的预算和年终的决算工作，以便实现牛场的经济指标和下年的经济决策。

4. 财务管理要本着增收节支、勤俭节约的原则，各项支出必须用于奶牛场的生产、经营、服务等活动以及日常管理等相关事项。

5. 奶牛场的财务支出必须由主管财务领导审批，财务工作人员审核，原始凭证合法，方可入账。

6. 在年初和年终财务人员要向职工代表大会公布全场财务预、决算，每个季度要向场领导汇报场内财务执行情况。

# 第十章 信息技术在奶牛饲养管理中的应用

21世纪是计算机技术飞跃发展的时代，现代信息科学技术已经渗透到各个领域。畜禽养殖场生产信息化管理和数据互联网共享作为畜牧业生产信息化、现代化的重要手段和平台，为新农村建设和农民增收，以及调整农业产业结构、转变畜牧业增长方式、打造机械化、数字化、自动化、精细化、智能化的现代新型精品畜牧业发挥了重要作用。奶牛业是资源节省潜力最大的养殖业，牛奶产量也因此占到全球畜产品总产量的60%以上。牛奶生产不同于肉、蛋的生产，不可能实现全进全出的生产方式，如果仅依靠人工，根本无法实现奶牛的精细饲养。目前，我国千头以上奶牛场规模已经达到世界第一，而信息化技术应用与发展还处于初级阶段。国家奶牛产业技术体系首席科学家李胜利教授曾指出，“中国奶业进一步发展，必须攻克信息化难题”。因此，信息化是牧场现代化的必经之路。

## 一、奶牛场信息化管理简介

奶牛场信息化管理就是将奶牛生产管理技术与计算机技术、互联网信息技术相结合，应用软件工程学方法，针对奶牛场生产管理的实际需求研发一系列的应用管理程序和配套设备，实现规范化操作、精细化管理、精准化饲喂，提升奶牛舒适度，提高奶牛养殖管理水平和综合效益。由此产生的一系列应用程序、配套设备或集成的技术系统，统称为奶牛场信息化管理系统。该系统可以对奶牛的各项原始生产数据进行自动分类、分阶段存储，并进行分析和评估，给出初步结果，避免由于人为因素造成的原始数据错误，也为工作人员对奶牛疫病等情况进行早期、准确判断提供参考。以上各项信息均可通过软件应用界面进行分类显示，必要时也可进行人工的添加、修改和删除，可操作性和实用性较强。系统还实现了对奶牛场员工信息的数字化统一管理和各部门之间的数据共享，促进了各部门间工作的协调合作，大大提高职工团队工作的凝聚力和执行力。

很多人常常将奶牛场信息化管理系统简单理解为一个软件程序，以为只要安装、使用了牧场管理软件就是实现了信息化管理，殊不知这只是完成了“信息化”的第一步，依然没有摆脱传统牧场采集数据不真实、录入不及时的弊端，进而导致软件分析结果出现错误、决策出现失误等情况。随着移动互联网和信息技术的快速发展，奶牛养殖业开始逐步由传统的粗放式、经验式、模糊管理的生产模式，向着现代的精细化、数字化、智能化管理的生产模式转变，形成了“互联网＋”或者物联网奶业发展新特征，奶牛场信息化管理系统也被赋予了更为广泛的含义。因此，真正意义上的奶牛场信息化管理系统，应该是依托信息感知和信息传输等物联网技术，同时结合云计算的强大技术支撑能力，获取奶牛生长环境信息、生理信息、行为信息等数据的系列化、集成化的综合管理系统。通过对奶牛信息的全方位、多角度的感知，为奶牛生产、经营、管理、服务决策等提供可靠的信息来源，实现牛只信息电子化、生产自动化、人员标准化的高效管理，不断提高“智慧牧场”的生产水平。其中，物联网作为一个新名词进入了人们的视野。它是通过射频识别(RFID)、智能传感器、激光扫描仪、全球定位系统(GPS)和移动通信等设备与技术，按照约定的协议，把任何物品与互联网连接起来，进行信息交换和通信，以实现智能化识别、定位、跟踪、远程监控和管理的一种智能化网络。目前，物联网技术涵盖了牛只信息管理软件，牛舍温度、湿度自动调节系统，发情监控、健康状况监控系统，挤奶识别系统，饲料投喂系统等。通过物联网技术，可以实时监控环境和干物质采食量，记录产奶量等生产性能，有效节省人力、物力和水电费用。

## 二、开展奶牛场信息化建设的重要意义

在奶业领域全面发展和应用现代信息技术，使之渗透到奶业生产、加工和销售及附属的经济、技术等各个环节，加快了对传统奶业的改造，大幅提高了奶业生产效率和生产水平，大大促进了奶业持续、稳定、高效发展。以信息化的方式改造传统奶业，把奶业发展推进到更高阶段。与传统奶业相比，信息化克服了资源的局限，为实现可持续发展的现代奶业目标提供了必要条件。

### (一)生产管理信息化是牧场信息化的基础

奶牛场生产管理信息化的主要目标是收集养殖过程中产生的各种数据和信息，然后通过对这些信息的整理和分析，挖掘奶牛个体的生理特点、生产性能、遗传特性、健康状况等，据此制订提高生产性能，降低生产成本及减少风险的措施和方案。生产管理信息化主要包括牛群信息、饲料营养配方、繁殖育种管理、兽药保健及智能预警等。硬件方面包括牧场管理软件、发情检测系统、自动精准饲喂系统及自动产奶量记录系统等。只有通过多种信息化技术手段，对奶牛的每一天变化了如指掌，才能做到“一牛一方”精准饲养、精细管理，才能保证牛只的高产和健康，提

高奶牛的产出效益。实现精细化管理的基础就是借助互联网技术，推行牧场信息化建设，实施信息化养牛。

(二)经营管理信息化让牧场管理更智能

生产管理是从技术的角度提高生产效率，而经营管理是从管理的角度提高效益。经营管理的目标是通过合理组织生产力，使供、产、销各个环节相互衔接，密切配合，人、财、物各种要素合理结合，充分利用，以最少的劳动消耗和物质消耗，生产出更多的优质生鲜乳。诸如原料库存、物资管理、销售管理、财务管理都需要利用计算机进行管理，并利用管理软件进行分析和预测，做出更客观合理的决策。对于一个规模牧场的管理者而言，要管理好牧场，每天需要处理大量的信息，通过牧场的信息化建设，可以很好地解决这个问题。在做好基础信息录入等工作之后，管理者只需利用软件生成各种生产报表，参考技术标准，检查牧场存在哪些问题，这样大大简化了牧场管理程序，让管理者有更多的精力投入到其他重要事情上。

(三)牧场信息化是提高生产效率的重要途径

根据国外奶业生产经验，牧场信息化是提高牛群管理水平及奶牛单产的重要途径。例如，以色列在资源极度匮乏的条件下，通过优秀的牛群管理，奶牛单产世界领先，而他们将这一成就归因于奶牛育种、营养和数字技术的进步。以色列荷斯坦牛平均单产超过 9 t，数字养殖技术的普及功不可没，目前以色列有90％以上的奶牛场使用了数字化的养殖装备。山东某奶牛场通过使用生产信息化管理系统，奶牛平均日产奶量由 28.3 kg 提高到 32.8 kg，提高了 15.9％；平均乳脂率由 3.1％提高到 3.9％，提高了 25.8％；每天的饲料成本由 23.7 元/头下降到 22.6 元/头，下降了 4.6％；人均饲养泌乳母牛数由 25 头/人，提高到 60 头/人，增加了 140％；泌乳母牛发病率由 19.2％下降到 6.4％。不计算节省的人工费用和治疗费用两项，仅考虑饲养成本降低、产奶量上升和原料乳质量提高，每头泌乳母牛的纯收入提高了 57％。所以，与传统生产管理相比，牧场信息化显著提高了工作效率和经济效益。

(四)牧场信息化是精细化饲养管理的前提

奶牛养殖不像猪禽生产那样实行全进全出的生产工艺，泌乳牛群中个体间存在年龄、胎次、泌乳阶段的差异；同时，奶牛产奶量个体间的差异大于品种间差异，无法实现个体产奶量的标准化。奶牛养殖过程的精细化，实质上是营养供给的个体化和精准化，使奶牛享受到严格而又周到的管家式服务。奶牛信息化管理系统可以很好地解决上述问题，能够对奶牛的运动量、体重、产奶量、乳成分等进行自动测量和记录，通过计算机系统对数据的分析，指导饲养管理，让管理人员随时掌控奶牛的状态信息，确切掌握奶牛的体况，包括体重、生理参数和生产水平，然后制订出合理的繁殖、配种计划、饲养计划、干奶措施和淘汰计划等，并随时发出决策控制信息到每个关键环节，让奶牛按照其生理规律、产奶规律和干物质采食规律合理生产。

## 三、国内外信息化管理技术发展与应用现状

### (一)国外发展与应用现状

国外发达国家把奶牛养殖产业的发展水平作为现代农业特别是畜牧业发展水平的重要标志。目前，物联网技术已经在国外奶牛养殖中得到大量应用，使奶牛养殖业发生了质的飞越。国际上，信息技术在奶牛业中的应用大约起始于 20 世纪 50 年代末期，通过几十年的研发与应用，现在已经发展到比较成熟的阶段。

以色列奶牛养殖产业在世界上处于领先地位。1979 年，以色列的阿菲金公司推出世界上第一台牛奶计量器。1984 年，该公司又推出世界上第一个计算机牧场管理系统——阿菲牧(AfiFarm，国内称为阿菲金智能牧场管理系统)。这是一套完整的奶牛场信息管理系统，包括牛奶流量计量器、身份识别器、奶牛管理和分析软件以及饲喂系统。其子系统发情监测系统(AfiAct)，是一套专门用来监测母牛发情的监测系统，该系统由固定在牛腿上的计步器和固定在挤奶厅里的感应器组成，通过记录奶牛的运动频率来了解母牛的发情，极大地提高了母牛受孕率。

美国国内有许多种类的奶牛管理系统，包括环境监控、疾病诊断、健康报告以及牛奶质量控制等。从 20 世纪 50 年代开始，美国奶牛群改良协会 DHIA 开始用大型计算机进行奶牛生产记录管理，到 70 年代配置了电话数据自动查询系统，80 年代就有了微型计算机管理信息系统。1990 年，Henry 等提出免疫传感器的概念，现今已有用于诊断奶牛乳腺炎的免疫传感器问世。2004 年初，美国北达科他州立大学科研人员就研究出了使用 RFID 技术来检测疯牛病的方法。2006 年，Matti Pasteil 等研制出了具有奶牛身体健康检测功能的挤奶机器人。

还有许多奶业发达国家都发展建立了自己的信息化管理系统。荷兰在 20 世纪 70 年代中期就开始采用基于奶牛编号的自动识别器，并按产奶量实施精饲料定量配给技术，是欧洲最早实现奶牛场管理自动化的国家之一。2010 年，日本的 Masato Futagawa 等设计了基于电导率传感器和温度传感器的奶牛健康实时监测系统，为疾病的及时发现与治疗提供了依据。另外，应用广泛的系统还包括德国 WestFalia 公司开发的奶牛群及挤奶时间计算机管理系统——DairyPlan21 牛群管理系统，英国 FullFood 公司开发的自动牛群管理系统 Crystal 系统，瑞典 Delaval 公司开发的 Alpro 牛群自动管理系统，新西兰 MASSEY 研制的 DairyMan

管理系统，等等。

（二）国内发展与应用现状

国内奶牛自动化信息技术的研究起步较晚，但发展速度较快。我国奶牛智能化养殖技术发展起始于 2003 年，科技部在“863”计划中设立了数字畜牧业课题（600 万元），其中部分内容是奶牛的智能化养殖技术（50 万元）。由于信息技术和畜牧科技发展的滞后，信息技术在我国奶牛场中的应用比较缓慢，普及率较低，技术应用还主要集中在少数大型规模化养殖场。目前，国内研制的一些牧场管理软件系统和相关设备逐步在各种规模的奶牛场应用，但大部分产品性能仍需进一步改进和提高，与国外成熟的信息化产品技术水平仍有一定距离。

在牧场管理软件方面，1983 年，朱益民等就开始使用 DBASE 语言研制奶牛信息专用数据库；1991 年陈德人建立了奶牛生产信息电脑管理系统；田雨泽等研制了奶牛生产性能监测信息管理系统。目前，比较有名的畜牧软件公司有上海益民科技有限公司开发的“奶业之星”系列软件程序、南京丰顿科技有限公司开发的奶牛场信息管理系统 DMS 和奶牛场智能管理系统、北京历源金成科技有限公司的新牛人管理系统、中农博思科技发展公司开发的“乳业专家”系列牧场管理软件等。特别是国内自主研发的奶牛场云计算管理系统，在数据智能分析和控制等方面达到了世界领先水平，在软件个性化定制、可操作性、整合性、服务的持续和稳健方面做出了自己的特色。

在牧场数据自动化采集设备和技术研发方面，2002 年，张广军等研制出新型高性能红外二氧化碳传感器，有效提高了传感器的精度、实时性和有效性。2012 年，陈大竟等设计了一款大范围高灵敏度纳米尺度氨气传感器，能精确测定牛舍内氨气含量。2014 年，韩静等针对封闭牛舍内小气候变化对奶牛生产性能产生不利影响的问题，研制出一套全自动无线智能环境采控器，可对牛舍内多点温度、湿度、有害气体浓度及光照等信息进行采集，并在牛舍内液晶显示屏上实时显示采集到的信息。2006 年，柳平增等设计了奶牛发情期自动检测系统，根据奶牛发情期活动量明显增加的特点，设计了奶牛计步器来采集奶牛的活动信息，并通过无线传输形式将信息传输给管理机进行处理，监测奶牛发情期以便奶牛及时配种。2009 年，倪志江等设计了基于射频识别技术和单片机技术的智能化个体奶牛精确饲喂机，实现了个体奶牛精饲料量的精确饲喂。2013 年，李文等设计出一种奶牛自动计量食槽，能自动识别奶牛个体，记录个体采食量，其配套管理软件还能分析奶牛个体采食量变化情况、个体间采食量差异情况和饲料供应及消耗情况等。

总之，随着近年来奶牛规模化养殖的发展，无论是国际上还是国内的奶业信息化水平都在迅速提升，软件公司纷纷开发相关应用系统，畜牧机械公司不断开发新型信息采集和反馈的现代化机械设备，规模奶牛养殖企业也竞相加快信息化进程，智能化设备生产能力和应用能力显著提升。现在，奶牛自动称重系统、奶厅自动计量记录系统、自动挤奶机器人系统、奶牛发情监控系统、TMR 饲喂监控系统等，正在被越来越多的规模奶牛场引进使用。

## 四、关键信息技术简介

### (一)奶牛场信息管理软件系统

通过 DC305、阿菲牧、DMS、新牛人等牧场管理软件，将奶牛编号、品种、来源、繁殖信息、生长测定、体型评定、牛群结构、牛群周转、疾病诊治和防疫信息等档案资料进行汇总登记，建立一套完整的电子档案，实时、动态掌控奶牛群体生产状况，形成完整的动态牛只档案库和牛群结构分析，进而实现奶牛生产周期和流程的自动预警、控制与管理。专业化的牧场信息管理软件系统，不但具备牛、人、物、财的统一管理功能，还具备实时数据采集功能，包括与牧场已运行的各种进口或者国产的智能数字化设备(挤奶设备、TMR 设备、检测仪器等)实时连接，双向通讯。

### (二)RFID 奶牛个体信息电子识别管理系统

在饲养规模较大、饲养水平较高、个体生产能力较高的奶牛场中，在奶牛个体手工标记与肉眼识别上，存在工作难度大、分辨效率低、错误率高的缺点，很难准确全面地掌握奶牛群体的生产水平和个体状态，已不能满足现代化牛场管理的要求。无线射频识别技术(RFID)作为一种全新的非接触的快速自动识别技术，很好地解决了牛号识别难题，正在被越来越广泛地应用于现代化、规模化奶牛养殖业中。RFID 识别系统一般由 2 部分构成，即电子标签(应答器 tag，图 10-1)和阅读器(读头 reader，图 10-2)。电子标签固定在奶牛耳部，或戴在颈部，其位于阅读器的可识读范围时，阅读器自动以无接触的方式将电子标签的约定识别信息调取出来，从而自动识别奶牛信息。因此，该技术可以应用在奶牛生产中的诸多方面，包括牛只日粮自动配给、牛奶产量统计分析，奶牛个体识别、疫病监测防控、产品质量控制及个体溯源追踪等。通过电子耳标，人们可以方便地通过专用阅读器对每一头牛进行自动识别。这样，就使得诸如个体甄别、数据统计、行踪控制、自动饲养、行为管理等许多科研、饲养、管理、调查工作有了实现自动化、信息化的技术手段，对牛只的跟踪管理能力会大为提高。电子耳标作为识别防伪的标签，是实现牛只自动化、智能化管理的基石，能够将每个动物的耳号与其品种、来源、生产性能、免疫状况、健康状况、畜主等信息一并记录起来，一旦发生疫情和畜产品质量等问题，即可追踪其来源，分清责任，堵塞漏洞。

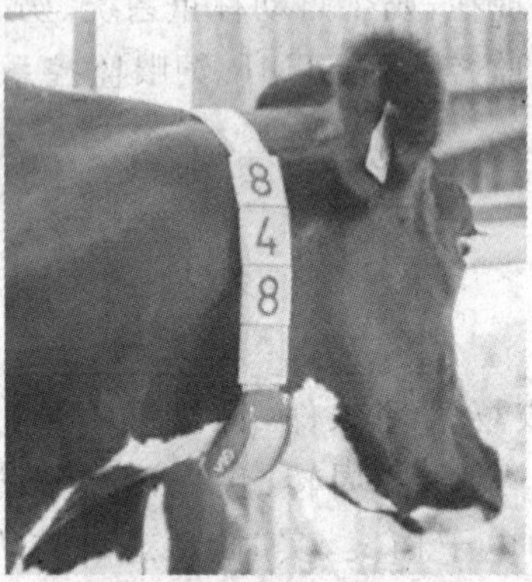


图 10-1 电子标签

图 10-2 阅读器

（三）奶牛发情监测系统

该系统的原理如图 10-3 所示，通过对奶牛行走、躺卧、爬跨等日常活动数据进行分析，建立奶牛活动量与发情关系的预测模型，进而准确判断奶牛的发情期，提高发情揭发率。奶牛发情监控系统通常包括牛号识别与活动量采集发射系统、数据接收系统、数据分析处理通知系统三大部分。

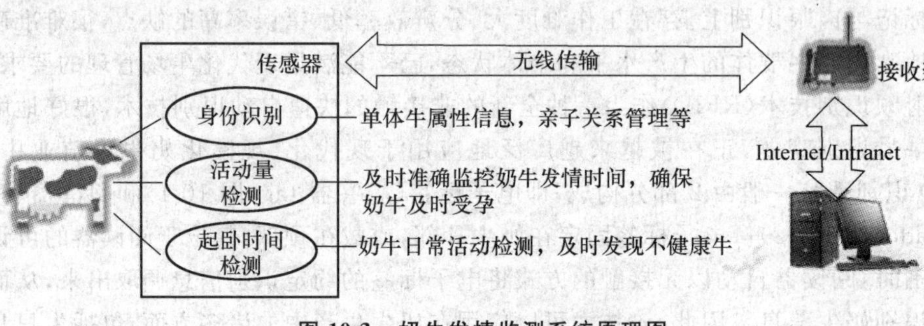


图 10-3 奶牛发情监测系统原理图

1. 牛号识别与活动量采集发射系统

一般由安装在牛身上的计步器（腿部）或电子项圈（颈部）组成，如图 10-4、图 10-5 所示，内置牛号识别单元、活动量记录单元和无线通信发送单元，用以识别牛号、统计活动量和定时发送数据。

图 10-4　计步器

图 10-5　电子项圈

2．数据接收系统

其核心是无线通信接收单元(图 10-6)，主要用来收集计步器或项圈发送过来的牛号、活动量等无线数据，并将数据传送给分析处理通知系统。

图 10-6　无线通信接受器

3．数据分析处理通知系统

它是利用计算机接收和保存牛号和活动量数据，并通过计算牛活动量差异推算出牛的发情周期(图 10-7)，判断该牛当前是否处于发情状态，如果是则给出提示，告知技术管理人员进行相应处理。

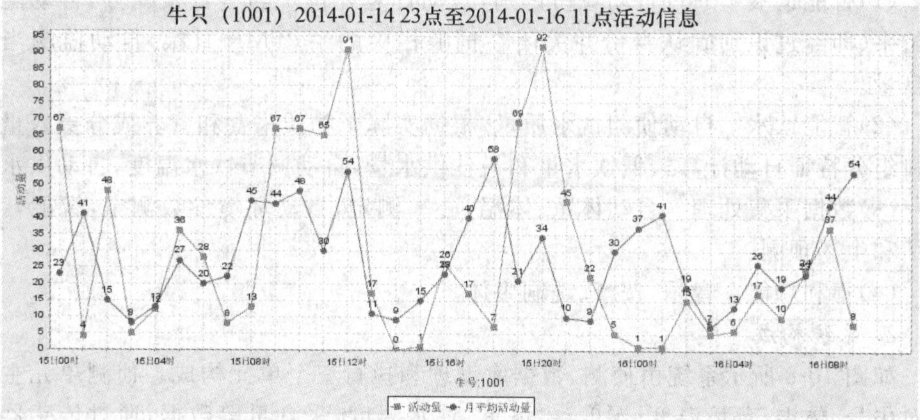


图 10-7　奶牛发情监控数据信息分析结果

通过电子发情监控系统，可以实现对牛只发情行为24小时不间断监控，大大提高了发情揭发率，能达到90%左右，克服了人工观察发情的不连续性和漏检等问题。

(四)奶牛自动精准饲喂系统

该系统(图10-8)在发达国家奶牛场已广泛使用。系统用计算机控制，根据奶牛的产奶量、奶牛的品质、体重、生理周期、环境因素等相关参数，结合奶牛饲养过程所需要的营养，准确地完成饲料投喂工作，实现奶牛的自动化精细喂养，从而充分发挥每头奶牛的产奶潜能，提高产奶量，同时减少饲料浪费，降低生产成本。

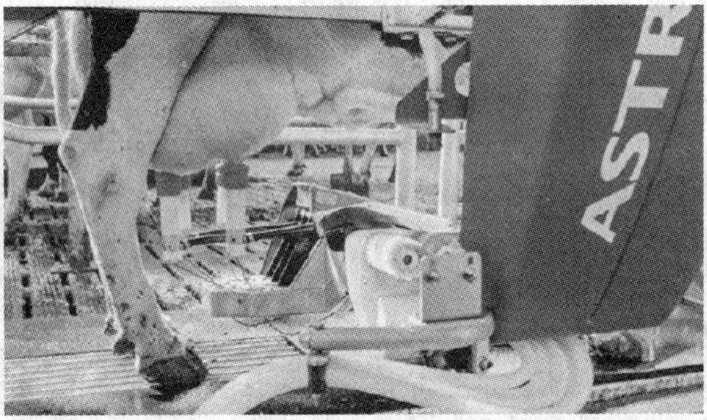


**图10-8 奶牛自动精准饲喂系统**

1. 主要功能

(1)智能饲喂 通过自动身份识别，自动计算在位牛当餐日粮配方，自动配制在位牛(即经过识别确认身份并关闭在饲喂栏中的牛)TMR日粮，自动监测当餐采食量。

(2)智能饮水 自动侦测饮水质量，根据实际干物质采食和营养成分摄入量及饲料组分特征自动计算最低饮水量和最佳供水量，自动调节饮水温度，自动供水。

(3)数据采集处理 自动体重、体温、心率测定，自动环境参数测定，智能营养评估和生产预测。

(4)福利功能 音乐，按摩、洗刷牛体。

2. 系统构成

如图10-8所示系统由侦测、数据库管理和执行三个单元构成。侦测单元主要是对牛号、体温、环境温度、湿度、牛体重、饮水温度、采食量等数据，通过传感器采集，将数据传送到数据库管理系统。用一台计算机进行数据库管理，实现数据录入，数据分析，通过产奶量记录模块、智能配方模块、定量控制模块进行配方计算和生成控制指令。执行单元主要由 TMR 系统、供水系统及福利系统构成。

3. 工作流程

首先，奶牛自由进入饲喂栏。关闭栏门，系统自动识别牛身份，确认饲喂操作开始。开始播放音乐，自动测定体重、体温、心率和环境参数，系统查询数据库调用牛只状态数据，生成动态需要量标准，自动计算个体 TMR 配方。自动配料，TMR 混合机加工 TMR，投放饲槽，实时监测采食量，计算本餐实际干物质采食量，根据采食量计算饮水量，检查水源，定量供水。智能按摩和洗刷牛体。饲喂结束，打开栏门，推动牛只出栏，音乐结束。作业结束。

（五）自动挤奶机器人

自动挤奶机器人在欧美少数发达国家的牧场里出现过。它的机械手臂上装有激光或者红外探测装置，能够精准地找准奶头。找准奶头之后，会首先对奶头进行消毒清洗，然后以非常舒适的力度对奶牛进行挤奶。挤奶机器人一般安装在奶牛圈舍旁边，奶牛一旦需要挤奶，会自动排队等待机器人服务。机器人的作用不仅仅是挤奶，还要在挤奶过程中对奶质进行检测，检测内容包括蛋白质、脂肪、含糖量、温度、颜色、电解质、pH 等，对不符合质量要求的牛奶，自动传输到废奶存储器；对合格的牛奶，机器人也要把每次最初挤出的一小部分奶弃掉，以确保品质和卫生。挤奶机器人还有一个作用，即自动收集、记录、处理奶牛体质状况、产奶量、每天挤奶频率等，并将其传输到电脑网络上。一旦出现异常，会自动报警，大大提高了劳动生产率和牛奶品质，有效降低了奶牛发病概率，节约了管理成本，提高了经济效益。

（六）自动称重系统

也叫行进式自动称重系统。系统设置在牛的行走通道中，在系统入口处有一用于牛号识别的感应器，当牛只从系统通过时，在自动称得牛只体重的同时，牛号也自动识别，这样体重就和特定的牛号相对应，体重数据通过数据线传入计算机数据库。通过自动称重系统，不仅提高了称重工作的效率和准确性，还可以监控牛只体重变化，分析生长发育情况，分析、调整牛只营养摄入情况，及时发现病牛等。

（七）自动清粪机器人

机器人清粪工艺能实现牛舍的全自动清粪，运行轨迹可预先设置程序，通过 GPS 定位，具有机械刮粪板所有的优点，其初期成本较高，且只适用于漏缝地板。像机器人挤奶设备一样，其先进的自动化功能正逐渐被越来越多的用户所使用。采用机器人清粪设备（图 10-9），管理人员能简便地编制机器人在牛舍内的清扫路线。它能将污粪通道刮得非常干净，包括每个角落，其以 3.6 m/min 的速度移动，因而对动物不会造成伤害。机器人适合所有棚式牛舍，面积和距离对机器人都不是问题。它能靠自己的轴作旋转运动。其优点集中体现如下：动物友好性、没有障碍、对任何牛舍进行全自动清扫。

图 10-9 自动清粪机器人

(八)奶牛场环境自动监测控制系统

该系统采用光照、空气温湿度、氧气浓度、氨氮浓度传感器对养殖环境进行实时感知，通过无线信息传输节点将数字信号传输到系统后台，经过服务器分析处理后形成图形化后显示输出。系统提供各种统计功能并支持数据导出，能够针对指标超标等情况自动报警。当环境指标超标时，中心控制系统会发出指令，自动开启和关闭牛舍内风机、电磁阀、卷帘门、遮阳板等设备，对牛舍空气温度、湿度、通风量和光照进行调控，实现环境控制的智能化管理，达到无人值守的目的。

(九)智能化犊牛自动饲喂系统

系统在电脑的控制下，通过奶嘴，对带有感应项圈或电子耳标的犊牛进行自动哺喂代乳或鲜乳。它是随现代化规模养牛业的发展应运而生的产物，是新型的犊牛机械化饲养设备，采用的是更适合犊牛生物特性的新型饲养方式，也是人工控制条件下犊牛健康饲养和福利饲养的一场科技创新。犊牛自动饲喂设备既可以通过奶嘴饲喂代乳粉，随时搅拌随时喝，也可以饲喂鲜奶，随时加温随时喝，温度适宜、恒定保温。根据不同年龄阶段和每头犊牛的具体情况，按营养需要，可以在电脑中输入饲喂定量，其能控制犊牛自动饲喂设备进行精细和准确的饲喂，满足每头犊牛的营养需要，促进瘤胃发育，真正做到了定时、定质、定温、定量的“四定”精准饲喂。另外，管理者可以通过手机随时随地全面管理监控所有犊牛，第一时间看到每头犊牛的详细饲喂情况，及时获取每头犊牛的各种饲喂信息，标定哺乳量异常的犊牛并发出警报，尽早发现问题，及时处理和治疗，防范各种不测事件的发生。犊牛自动饲喂设备配置自动酸碱液清洗功能，饲喂机可对奶头进行内部及外部清洗、消毒，也可设定每次犊牛吸吮后进行清洗，保证饲喂环境的清洁。

目前，在市面上销售的全自动智能犊牛饲喂系统(图 10-10)主要有瑞典利拉伐公司的 CF 系列全自动犊牛饲喂系统，德国优本 Urban 与 GEA 基伊埃(上海)牧业科技有限公司自动饲喂系统，荷兰 Lely Calm 犊牛饮奶站，以及内蒙古易润大都林科技发展有限公司的 DDL—DNSW 型犊牛饲喂车等。智能化犊牛饲喂系统实现了自动配奶、标准饲喂和个体优化饲喂，能够让犊牛更早反刍。同时，可以培育更高日增重的健康犊牛，减少死淘率。使用智能饲喂技术的断奶效果更好，具有卫生条件良好、操作简便、稳定可靠和节约时间等特点，能够满足现代犊牛培育的需要。

图 10-10 全自动智能犊牛饲喂系统

## 五、奶牛生产信息化技术的作用

(一)奶牛信息数据化

通过完成牛只基本档案登记、生产性能测定、体型评定、体况评分等基础信息，与繁殖记录、产奶记录、兽医保健等信息关联，建立完整的奶牛生产信息库，提供实时、动态的牛群结构、生产状况分析报表，准确掌握牛群、个体的生产状况，若发现异常，能及时查出问题及产生的原因，提供合理的解决方案，对奶牛进行全方位、多角度的科学管理。

(二)人员管理标准化

通过对牛群的实时动态管理，能够使育种、繁殖、产奶、饲喂、疾病防治、人员物资等按照标准化技术规范管理，真正做到事前有标准、事中有控制、事后有考核，便于对牛场各岗位人员的管理与考核，可以准确统计、报告每个员工在任意工作时间段内的工作量和工作完成情况，实现定量考核。

(三)牛场管理智能化

在奶牛场应用信息化管理技术，首先，可以实现牛只数据库与自动化设备的数据对接与更新，通过与官方数据中心自动链接，实现资源共享和专家适时服务；第二,自动完成实时产奶信息登记与分析,集成与数控挤奶设备的数据导入接口程序,根据历史产奶记录、牛群结构信息预测和制订产奶计划,并跟踪、反馈计划执行情况。第三,实现对生产全程的监督与预警,通过比对预先设置的生产目标和参数,进行日常工作的预警提示服务。

## 六、奶牛场信息化建设中存在的问题

从我国奶牛业的整体来看,信息化尚未全面普及,各种生产数据的处理手段和措施相对落后,数字化程度很低,这就是我国奶牛业信息化的现状。

(一)牧场负责人对信息化建设重视程度不够

国内多数奶牛养殖场负责人信息管理意识淡薄,过于强调 TMR 饲料营养对产奶性能的重要性,而忽视了对各种生产数据的整体关注,从奶牛育种、繁殖到疫病防控、成本控制等环节,数据采集、处理和传输手段落后,甚至缺失,直接导致牧场缺失了可持续发展的坚实基础。尽管越来越多的牧场已经开始了信息化建设,但问题依然突出。

(二)牧场缺少优秀的信息化管理复合型人才

信息化建设初具雏形的奶牛养殖企业,其信息化管理停留在生产数据的搜集与记录上,缺少数据整理、深入分析的复合型管理人才,无法从牧场生产的调控、运营的管理和财务决算等各个方面进行综合应对。

(三)信息化软件和硬件产品兼容性差

在信息化建设方面,牧场能够选择应用的管理软件和配套设备产品种类丰富、品牌众多,有挤奶设备厂商开发的智能奶厅管理系统,有 TMR 制作设备厂商开发的 TMR 饲喂监控系统,有覆盖奶牛生产运营全程的信息化管理系统,还有发情监测系统、环境监测系统等,生产商既有国外的,也有国内的,开发应用的思路各不相同。这些信息化产品,数据不能有效共享,各自为政,存在着零散化、兼容性差等缺点,呈现一种支离破碎的状态,因此,这种情况就导致了在一个牧场内往往存在两个以上的信息化管理系统,功能叠加,数据重复,不仅在数据管理上造成冗余烦琐,还大大提高了对牧场软件和硬件操作人员的技术要求和工作强度,反而引起技术管理人员的负面情绪,不利于信息化建设工作的深入开展。

(四)信息化技术产品功能模块的利用率不高

绝大多数牧场引进信息化管理系统后,能够迅速利用生产中常用的个体登记、繁殖、产奶和 DHI 等功能模块,除此之外,诸如育种、饲料进出库、检疫、疫病防控、人员管理、生鲜乳销售和财务等模块很少触及,利用率非常低,相关数据维护基本为零。此类现象在奶业实际中，相当普遍。这就造成了牧场信息化管理关键环节的缺失，不利于管理者从整体运营上对生产进行管控。

（五）政府区域网络化监管尚未完全落地实施

目前，由于大多数牧场尚未安装统一、适宜的信息化管理系统，而且即使已安装使用信息化管理系统的奶牛场，由于管理系统的程序编译语言不同，设计理念和架构存在差异，导致无法将奶牛场收集整理的数据统一连接到政府区域网络化监管平台中。因此，政府在开展区域网络化监管工作中阻力较大，需要破解的技术难题较多。从而使政府监管部门无法了解牧场的真实管理水平，无法在牧场间创造良性竞争氛围；牛群数据不规范，指标不统一；技术服务难以开展；信息化监管无法自动汇集数据形成牧场对比报表；信息系统不适应互联网架构，无事务日志记录，带来很多监管漏洞。

## 七、奶牛信息化建设的发展对策

在市场经济条件下，奶牛信息化的发展在奶牛生产中具有特别的重要作用。对于奶牛场决策者而言，如何面对复杂变化的市场形势，及时作出科学高效的决策，已经成为奶牛场能否生存和发展的一个基本条件。

（一）加强引导、扶持示范

强化政府部门的引导作用，加大政策和资金投入，奶业信息化建设和发展需要大量资金，国家应重点支持大型数据库和电子信息服务网络的建设，并制定相应的政策，引导社会资金积极投入信息化网络建设。加快各地区奶业基础信息建设，加大硬件建设和软件投入，根据各地区奶业实际发展情况和特点，以市场为导向，建立与之相适应的信息化体系。

（二）大力增强信息意识和人才队伍建设

政府与奶牛养殖企业应加强对技术人员的信息化应用培训，加强自身素质的建设，提高认识水平和信息处理的业务能力，采取各种措施发展本场的生产信息处理系统。培训的内容不仅要包括信息技术方面，还要包括养殖、疾病诊断、环境卫生等方面，从而全面提高养殖人员的整体素质、增强其对奶业信息的利用能力和信心。

（三）扶植、培育和壮大网络化社会服务体系

大力发展和完善现有奶牛信息管理系统，依托现有信息化建设基础，开发、集成奶业专业化数据管理服务平台，组建网络化、社会化技术服务团队，为牧场提供专业服务。通过建立一个真实、准确、及时、有效的信息数据共享云平台，加强信息

的实时采集、整理和分析工作，“让专业的人干专业的事”，解放牧场负责人工作束缚，减轻人员需求和资金压力，更好地发挥信息化牧场在管理上的优势。

（四）组建区域性的政府网络监管服务平台

随着奶牛规模化养殖的持续发展，以及新型云计算技术的成熟应用，为建立信息化的奶业技术服务、科技创新、成果转化的系统，打造全方位的区域性政府网络监管平台，奠定了扎实基础。只要政府加大资金投入，针对各个牧场不同的信息化管理系统，开发对应的数据对接、转换和传输程序，依托互联网的连接，加入政府网络监管云平台，生成各级政府所需的各类实时数据报表，即可实现区域性网络化监管的职能，加强政府在相关产业政策和质量安全方面工作的决策和指导能力。

总之，牧场信息化是牧场现代化的必经之路，它对提高我国牧场管理水平、奶牛养殖技术水平、牛群遗传改良甚至奶制品安全等都有着重要作用。目前市面上的牧场信息化软件开始呈现更加智能化、更加多样化、更加便携移动化，相信经过各方不断的探索努力，牧场信息化应用将更加深入，我国奶业整体水平也将得到质的飞跃。

# 参考文献

[1]王丽丽,黄雷,金晓东,等. 奶牛畜床垫料的卫生学评价[J]. 畜牧与兽医,2016(03):73-76.

[2]王丽丽,黄雷,张进红,等. 奶牛牛粪卧床消毒管理技术初探[J]. 黑龙江畜牧兽医,2016(03):114-116.

[3]李和平,任俊玲,吴广军,等. 不同处理方式奶牛粪便理化性质比较[J]. 畜牧与兽医,2016(01):149-150.

[4]李建斌, 孙少华, 田雨泽, 等. 应用 DHI 提供的 SCC 数据控制奶牛乳房炎[J]. 当代畜牧, 2004 (2):17-19.

[5]叶纪梅,王加启,赵国琦. 体细胞数过高对乳制品品质的影响 [J]. 中国奶牛,2003(5):41-43.

[6] SCHUTZ M M . Genetic evaluation of somatic cell scores for Unitied States dairy cattle [J] . Journal of Dairy Science,1994,77(7):2113-2129.

[7]崔胜 . DHI——牧场管理的有效工具 [J]. 乳业科学与技术,2005 (3):142-144.

[8]华实,齐新林,谭世新 . DHI 是提升奶牛管理水平的核心[J]. 中国奶牛,2011(5):56-59.

[9]张琨,刘光磊,张长斌,等. 国内外乳尿素氮参考标准研究进展[J]. 中国奶牛, 2014(10):60-62.

[10]王东卫,曹志军,李胜利,等. 牛奶尿素氮含量与奶牛繁殖性能的关系[J].动物营养学报,2010,22(6):1509-1514.

[11]兰亚莉,徐照学,肖红卫,等. 应用 DHI 对某奶牛场奶牛生产性能的综合分析[J]. 中国牛业科学,2011,37(3):24-26.

[12]冀芳,霍鲜鲜,高民,等. 应用奶牛群体改良体系对奶牛生产性能的影响[J]. 动物营养学报,2012,24(3):543-549.

[13] COOK N B, BENNETT T B, EMERY K M, et al. Monitoring nonlactating cow intramammary infection dynamics using DHI somatic cell count data [J]. Joural of Dairy Science, 2002(5):1119-1126.

[14] RAJALA-SGHUTZ P J, GROHN Y T, MCCUUOCH C E, et al. Effect of clinical mastitis on milk yield in dairy cow [J]. Joural of Dairy Science, 1999

(82):1213-1220.

[15]吴建良,姜俊芳,蒋永清．奶牛牛群改良(DHI)技术及其在奶牛业中的应用[J]. 黑龙江畜牧兽医,2012.09:74-77.

[16]李建国,高艳霞．规模化生态奶牛养殖技术[M]. 北京:中国农业大学出版社,2012.

[17]闫明伟．牛生产[M]. 北京:中国农业出版社,2011.

[18]杨久仙,刘建胜．动物营养与饲料加工[M]. 北京:中国农业出版社,2011.

[19]张睿．奶牛粪便状况与健康状况的关系[J]. 养殖技术顾问,2012(10):39.

[20]肖建国，李栋，陈绍祜．TMR 机械及相关技术在奶牛生产中的应用[J]. 中国奶牛,2008(10):60-62.

[21]贺忠勇，周娟．奶牛 TMR 日粮制作技术与管理方式初探[J]. 山东畜牧兽医,2010,31(8):21-22.

[22]李胜利，都文，杨敦启，等．中国农大 TMR 便携分级筛(BX-4 型)应用[J]. 荷斯坦,2011(6):100-101.

[23]王仪明，郁谦，魏臻武．TMR 饲料质量评价体系的研究[J]. 中国奶牛,2012(2):50-53.

[24]李威．做好奶牛 TMR 工作的保障措施[J]. 中国乳业,2010(11):28-30.

[25]李德林，张学炜，李敏，等．奶牛 TMR 质量监控体系的构建[J]. 中国奶牛,2009(11):20-22.

[26]戚建允．奶牛全混合日粮(TMR)的制作与质量评估[J]. 中国奶牛,2012(11):52-53.

[27]王加启．现代奶牛养殖科学[M]. 北京:中国农业出版社,2006.

[28]农业部．农办牧〔2008〕3 号《奶牛标准化规模养殖生产技术规范(试行)》.2008-01-09.

[29]百度百科．干草[OL]. http://baike. baidu. com/link? url = WdC-ey7y8Nn1 g4bIbJcLNjcJO9kmGnBd8MdeCfkHtcFtIOg8l6tNni4bvvF7vX7jlvqW5rhU3tOVXJlS4-DELK.

[30]王凯．奶牛青绿多汁饲料的种类及饲喂注意事项[J]. 现代畜牧科技,2016(10):67.

[31]杨赛．利用廉价农副产品固态发酵生产奶牛生物饲料的研究与应用[D]. 陕西:西北大学,2005.

[32]黄洁,徐萍,申跃宇,等．糟渣类副产品饲料在奶牛日粮中的应用[J]．饲料研究,2010(08):60-63.

[33]戈新,王建华,赵金山,等．奶牛全混合日粮配合与营养检测技术的探讨[J]．中国奶牛,2005(04):17-20.

[34]严建刚．饲料添加剂与畜产品品质的相关性讨论[J]．饲料广角,2016(07):20-21.

[35]郭玉琴,何欣．非蛋白氮添加剂[J]．饲料研究,1998(10):10-11,9.

[36]刘博群,鞠美庭,刘金鹏,等．我国青贮技术发展的关键问题及解决对策[J]．生态经济(学术版),2013(01):231-236.

[37]马树岐．豆科牧草低水分青贮[J]．中国饲料,1996(07):11-13.

[38]葛剑,刘贵河,杨翠军,等．紫花苜蓿混合青贮研究进展[J]．河南农业科学,2014(09):6-10,17.

[39]全国畜牧业标准化技术委员会．青贮设施建设技术规范 青贮窖:NY/T 2698—2015[S]．北京:中国农业出版社,2015.

[40]覃方锉,赵桂琴,焦婷,等．含水量及添加剂对燕麦捆裹青贮品质的影响[J]．草业学报,2014, 23(6):119-125.

[41]张成禄．浅谈青干草的调制技术[J]．畜牧兽医科技信息,2016(3):126-127.

[42]安永福,苗玉涛．奶牛简约化养殖技术[M]．石家庄:河北科学技术出版社,2015.

[43]王泽奇,徐华．农区奶牛养殖技术[M]．北京:中国农业科学技术出版社,2014.

[44]甄玉国,郭洪权,司明义．哺乳犊牛的饲养管理[J]．吉林畜牧兽医,2012,5:52-53

[45]付龙,王树茂,宋斌,等．初生犊牛的饲养管理[J]．中国畜禽种业,2013,3:81-82

[46]付太银,李墨林,周磊．犊牛的饲养管理[J]．当代畜牧,2014,1:50-51.

[47]赵新宇,冯登侦,吴强．奶牛场犊牛饲养管理应注意的问题[J]．农业科学研究,2015,36(1):78-81.

[48]谢玉才．犊牛的饲养管理技术[J]．中国畜牧兽医文摘,2015,31(3):53-54.

[49]周贵,房兆民,韩春生．乳用犊牛的饲养管理[J]．吉林畜牧兽医,2010,31(1):31-33.

[50]王梦，丛慧敏，吕善潮，等．犊牛的饲养管理[J]．中国奶牛，2012，18：56-58.

[51]乌兰图亚．犊牛的饲养管理[J]．当代畜禽养殖业，2015，3：15.

[52]白元生，姚倩倩，焦光月，等．犊牛的饲养与管理技术[J]．中国牛业科学，2015，41(3)：55-57.

[53]林荣德，陈德华，尹少宇，等．犊牛腹泻与下痢[J]．现代化农业，2 000，4：20-21.

[54]徐桂杰，王萨仁图雅，房波．犊牛饲养管理过程中应注意的问题[J]．当代畜禽养殖业，2012，7：50-51.

[55]张治华，李贞敏．浅谈犊牛的饲养管理[J]．当代畜禽养殖业，2013，10：13-14.

[56]程翠萍．母牛的饲养管理技术[J]．当代畜禽养殖业，2014，6：14-15.

[57]刘瑞鑫，罗鲜青，王启芝．青年奶牛的饲养管理经验[J]．河南畜牧兽医，2009，30(1)：12-13.

[58]李思会，刘云发．育成牛的饲养管理[J]．中国畜牧兽医文摘，2014，30(7)：49.

[59]张延和，韩润英．育成牛的饲养管理[J]．中国畜禽种业，2015，3：87.

[60]刘春清．育成牛的饲养与管理[J]．中国畜牧兽医文摘，2014，30(11)：68.

[61]周学新，李宽阁，李德富．育成牛与初孕牛的饲养管理[J]．畜牧兽医科技信息，2007，8：47.

[62]丁冬梅．浅谈泌乳奶牛不同阶段饲养管理技术[J].中国畜禽种业，2015，11：101-102.

[63]热比亚木·肉孜．高产奶牛饲养管理问题与解决途径研究[J].中国畜牧兽医文摘，2016，07：96.

[64]王锦荣，杨章平，臧胜兵等．荷斯坦奶牛生长发育规律研究[J].安徽农业科学，2013，08：148-150.

[65]张炳利，黄河．奶牛干奶期饲养管理要点[J].黄牛杂志，2005，01：81-83.

[66]张莲．奶牛围产期饲养管理[J].畜牧与饲料科学，2011，08：90-91.

[67]马玉胜．奶牛泌乳期内不同时段的饲养管理技术要求[J]．养殖与饲料，2003，12：15-16.

[68]高福久，丁向阳，赵雅楠．冬季奶牛饲养管理要点[J]．黑龙江畜牧兽医，2010，02：72-73.

[69]毕永胜，马娟，李海芳．夏季奶牛饲养管理应注意的几个问题[J]．科技信息，2007，22：271，285．

[70]梁学武．现代奶牛生产[M]．北京：中国农业出版社，2002．

[71]王福兆，孙少华．乳牛学[M]．4版．北京：科学技术文献出版社，2010．

[72]徐照学，奶牛饲养技术手册[M]．北京：中国农业出版社，2000．

[73]泰勒，恩斯明格．奶牛科学[M]．张沅等，译．4版．北京：中国农业大学出版社，2007．

[74]孙树春，田树军．牛繁殖员[M]．北京：中国农业出版社，2012．

[75]李民，孙树春．牛胚胎移植技术[M]．北京：中国农业科学技术出版社，2002．

[76]桑润滋，孙树春等．实用畜禽繁殖技术[M]．北京：金盾出版社，2008．

[77]李喜和．家畜性别控制技术[M]．北京：科学技术出版社，2009．

[78]张廷青．张博士实战解析——奶牛高效繁殖[M]．北京：化学工业出版社，2014．

[79]孙树春等．X精液诱导奶牛双胎产双母犊试验[J]．黑龙江畜牧兽医．2009(9)：40-41．

[80]孙树春等．用B-超检测奶牛发情后第7天黄体大小与受胎率关系的研究[J]．畜牧与兽医，2010，42(2)：46-48．

[81]李文瑞等．奶牛定时输精技术研究[J]．中国畜牧杂志，2017，53(3)：63-66．

[82]肖定汉．奶牛病学[M]．北京：中国农业出版社，2002．

[83]李建国，安永福．奶牛标准化生产技术[M]．北京：中国农业大学出版社，2003．

[84]齐长明．奶牛疾病学[M]．北京：中国农业科学技术出版社，2006．

[85]赵月兰．规范化健康养殖奶牛疾病防治技术[M]．北京：中国农业大学出版社，2015．

[86]肖定汉．奶牛养殖与疾病防治[M]．北京：中国农业大学出版社，2004．

[87]杨泽霖．奶牛模式化饲养管理与疾病防治实用技术[M]．北京：中国农业出版社，2007．

[88]李成富．实用奶牛喂养与疾病防治[M]．郑州：河南科学技术出版社，2008．

[89]邓于臻．奶牛疾病快速诊断与防治[M]．广州：广东人民出版社，2009．

[90]蒋兆春．奶牛健康养殖与疾病合理防控[M]．北京：中国农业出版

社,2010.

[91]徐世文．寒地奶牛常见疾病防治技术精选[M]．北京:中国农业出版社,2010.

[92]秦建华,张龙现．动物寄生虫病学[M]．北京:中国农业出版社,2013.

[93]桑润滋．奶牛养殖小区建设与管理[M]．北京:中国农业出版社,2005.

[94]吴国娟．无公害奶牛养殖技术与疾病防治[M]．北京:中国农业科学技术出版社,2002.

[95]徐照学．奶牛饲养与疾病防治手册[M]．北京:中国农业出版社,2003.

[96]侯引绪．奶牛疾病诊断防治[M]．赤峰:内蒙古科学技术出版社,2003.

[97]李雁龙．奶牛疾病防治手册[M]．北京:科学技术文献出版社,2006.

[98]吴清民．兽医传染病学[M]．北京:中国农业大学出版社,2002.

[99]黄雷,王丽丽,李彦猛,等．不同卧床垫料对奶牛趴卧行为的影响[J]．畜牧与兽医,2016(01):67-70.

[100]金晓东,邱殿锐,王丽丽,等．不同卧床垫料对奶牛生产性能的影响[J]．当代畜牧,2015(30):4-7.

[101]王亚男,卢巍,冯曼,等．循环农业典范——滦平鑫宝山牧业有限公司[J]．当代畜牧,2015(30):70-71.

[102]霍妍明,刘瑞臣,陈国亮,等．规模化奶牛场夏季消毒模式效果研究[J]．中国动物保健,2015(07):29-30.

[103]李和平,任俊玲,吴广军,等．干湿分离奶牛粪制备培养基生产双孢菇对比试验[J]．北方园艺,2015(13):139-141.

[104]霍妍明,薛晓霜,陈国亮,等．规模化牛场春季消毒模式效果研究[J]．黑龙江畜牧兽医,2015(10):82-84.

[105]霍妍明,陈国亮,薛晓霜,等．规模化牛场寒季消毒模式效果研究[J]．中国动物保健,2015(02):30-32.

[106]郭建军,邱殿锐,孙晓东,等．河北省奶牛场粪污处理模式和运行情况调研报告[J]．当代畜牧,2014(14):17-20.

[107]孙长征,马学良,黄华．利用牛粪生产商品有机肥工艺技术与设备[J]．中国奶牛,2008(10):57-60.

[108]段永兰．畜禽粪便生产生物有机肥的发酵技术和发展前景[J]．湖北畜牧兽医,2011(02):12-13.

[109]李宏双,邱殿锐,郭建军,等．冀北山区散栏奶牛舍夏季风机降温效果的研究[J]．中国畜牧兽医,2016(04):1105-1110.

[110]信息化是牧场现代化的必经之路[J].北方牧业,2016,6:5,7.

[111]翟改霞,贺刚,戴晓军,等．智能化犊牛饲喂系统及国外典型机型[J].农业工程,2015,5(4):5-8.

[112]邵广．规模化奶牛场信息化管理[J].现代畜牧科技,2016(7):18,20.

# 附录1　我国奶牛的饲养标准

我国奶牛的饲养标准(ZBB 43007—86,NY/T 34—2004)见附表1至附表6。

**附表1　成年母牛维持的营养需要**

| 体重/kg | 日粮干物质/kg | 奶牛能量单位/NND | 产奶净能/MJ | 可消化粗蛋白质/g | 小肠可消化粗蛋白质/g | 钙/g | 磷/g | 胡萝卜素/mg | 维生素A/IU |
|---|---|---|---|---|---|---|---|---|---|
| 350 | 5.02 | 9.17 | 28.79 | 243 | 202 | 21 | 16 | 63 | 25 000 |
| 400 | 5.55 | 10.13 | 31.80 | 268 | 224 | 24 | 18 | 75 | 30 000 |
| 450 | 6.06 | 11.07 | 34.73 | 293 | 244 | 27 | 20 | 48 | 19 000 |
| 500 | 6.56 | 11.97 | 37.57 | 317 | 264 | 30 | 22 | 53 | 21 000 |
| 550 | 7.04 | 12.88 | 40.38 | 341 | 284 | 33 | 25 | 58 | 23 000 |
| 600 | 7.52 | 13.73 | 43.10 | 364 | 303 | 36 | 27 | 64 | 26 000 |
| 650 | 7.98 | 14.59 | 45.77 | 386 | 322 | 39 | 30 | 69 | 28 000 |
| 700 | 8.44 | 15.43 | 48.41 | 408 | 340 | 42 | 32 | 74 | 30 000 |
| 750 | 8.89 | 16.24 | 50.96 | 430 | 358 | 45 | 34 | 143 | 57 000 |

注:对第一个泌乳期的维持需要按上表基础增加20%,第二个乳期增加10%。如第一个泌乳期的年龄和体重过小,应按生长牛的需要计算实际增重的营养需要。放牧运动和环境温度低时,须在上表基础上增加能量需要量,按奶牛饲养标准中的说明计算。泌乳期间,每增重1 kg体重需增加8 NND和325 g可消化粗蛋白;每减重1 kg需扣除6.56 NND和250 g可消化粗蛋白。

**附表2　每产1 kg奶的营养需要**

| 乳脂率/% | 日粮干物质/kg | 奶牛能量单位/NND | 产奶净能/MJ | 可消化粗蛋白质/g | 小肠可消化粗蛋白质/g | 钙/g | 磷/g | 胡萝卜素/mg | 维生素A/IU |
|---|---|---|---|---|---|---|---|---|---|
| 2.5 | 0.31～0.35 | 0.80 | 2.51 | 49 | 42 | 3.6 | 2.4 | 1.05 | 420 |
| 3.0 | 0.35～0.38 | 0.87 | 2.72 | 51 | 44 | 3.9 | 2.6 | 1.13 | 452 |
| 3.5 | 0.37～0.41 | 0.93 | 2.93 | 53 | 46 | 4.2 | 2.8 | 1.22 | 486 |
| 4.0 | 0.40～0.45 | 1.00 | 3.14 | 55 | 47 | 4.5 | 3.0 | 1.26 | 502 |
| 4.5 | 0.43～0.49 | 1.06 | 3.35 | 57 | 49 | 4.8 | 3.2 | 1.39 | 556 |
| 5.0 | 0.46～0.52 | 1.13 | 3.52 | 59 | 51 | 5.1 | 3.4 | 1.46 | 584 |
| 5.5 | 0.49～0.55 | 1.19 | 3.72 | 61 | 53 | 5.4 | 3.6 | 1.55 | 619 |

注:乳蛋白率=2.36+0.24×乳脂率(%)。

**附表 3　母牛怀孕最后 4 个月的营养需要**

| 体重/kg | 怀孕月份 | 日粮干物质/kg | 奶牛能量单位/NND | 产奶净能/MJ | 可消化粗蛋白质/g | 粗蛋白质/g | 钙/g | 磷/g | 胡萝卜素/mg | 维生素A/kIU |
|---|---|---|---|---|---|---|---|---|---|---|
| 350 | 6 | 5.78 | 10.51 | 32.97 | 293 | 451 | 27 | 18 | 67 | 27 |
| | 7 | 6.28 | 11.44 | 35.90 | 337 | 518 | 31 | 20 | | |
| | 8 | 7.23 | 13.17 | 41.34 | 409 | 629 | 37 | 22 | | |
| | 9 | 8.70 | 15.84 | 49.54 | 505 | 777 | 45 | 25 | | |
| 400 | 6 | 6.30 | 11.47 | 35.99 | 318 | 489 | 30 | 20 | 76 | 30 |
| | 7 | 6.81 | 12.40 | 38.92 | 362 | 557 | 34 | 22 | | |
| | 8 | 7.76 | 14.13 | 44.36 | 434 | 668 | 40 | 24 | | |
| | 9 | 9.22 | 16.80 | 52.72 | 530 | 815 | 48 | 27 | | |
| 450 | 6 | 6.81 | 12.40 | 38.92 | 343 | 528 | 33 | 22 | 86 | 34 |
| | 7 | 7.32 | 13.33 | 41.84 | 387 | 595 | 37 | 24 | | |
| | 8 | 8.27 | 15.07 | 47.28 | 459 | 706 | 43 | 26 | | |
| | 9 | 9.73 | 17.73 | 55.65 | 555 | 854 | 51 | 29 | | |
| 500 | 6 | 7.31 | 13.32 | 41.48 | 367 | 565 | 36 | 25 | 95 | 38 |
| | 7 | 7.82 | 14.25 | 44.73 | 411 | 632 | 40 | 27 | | |
| | 8 | 8.78 | 15.99 | 50.17 | 483 | 743 | 46 | 29 | | |
| | 9 | 10.24 | 18.65 | 58.54 | 579 | 891 | 54 | 32 | | |
| 550 | 6 | 7.80 | 14.20 | 44.56 | 391 | 602 | 39 | 27 | 105 | 42 |
| | 7 | 8.31 | 15.13 | 47.59 | 435 | 669 | 43 | 29 | | |
| | 8 | 9.26 | 16.87 | 52.93 | 507 | 780 | 49 | 31 | | |
| | 9 | 10.72 | 19.53 | 61.30 | 603 | 928 | 57 | 34 | | |
| 600 | 6 | 8.27 | 15.07 | 47.28 | 414 | 637 | 42 | 29 | 114 | 46 |
| | 7 | 8.78 | 16.00 | 50.21 | 458 | 705 | 46 | 31 | | |
| | 8 | 9.73 | 17.73 | 55.65 | 530 | 815 | 52 | 33 | | |
| | 9 | 11.20 | 20.40 | 64.02 | 626 | 963 | 60 | 36 | | |
| 650 | 6 | 8.74 | 15.92 | 49.96 | 436 | 671 | 45 | 31 | 124 | 50 |
| | 7 | 9.25 | 16.85 | 52.89 | 480 | 738 | 49 | 33 | | |
| | 8 | 10.21 | 18.59 | 58.33 | 552 | 849 | 55 | 35 | | |
| | 9 | 11.67 | 21.25 | 66.70 | 648 | 997 | 63 | 38 | | |
| 700 | 6 | 9.22 | 16.76 | 52.60 | 458 | 705 | 48 | 34 | 133 | 53 |
| | 7 | 9.71 | 17.69 | 55.53 | 502 | 772 | 52 | 36 | | |
| | 8 | 10.67 | 19.43 | 60.97 | 574 | 883 | 58 | 38 | | |
| | 9 | 12.13 | 22.09 | 69.33 | 670 | 1 031 | 66 | 41 | | |

续附表 3

| 体重/kg | 怀孕月份 | 日粮干物质/kg | 奶牛能量单位/NND | 产奶净能/MJ | 可消化粗蛋白质/g | 粗蛋白质/g | 钙/g | 磷/g | 胡萝卜素/mg | 维生素A/kIU |
|---|---|---|---|---|---|---|---|---|---|---|
| 750 | 6 | 9.65 | 17.57 | 55.15 | 480 | 738 | 51 | 36 | 143 | 57 |
| | 7 | 10.16 | 18.51 | 58.08 | 524 | 806 | 55 | 38 | | |
| | 8 | 11.11 | 20.24 | 63.52 | 596 | 917 | 61 | 40 | | |
| | 9 | 12.58 | 22.91 | 71.89 | 692 | 1 065 | 69 | 43 | | |

注:1. 干奶期间按附表 2 至附表 4 计算营养需要。2. 怀孕第 6 个月如未干奶,除按附表 2 至附表 4 计算营养需要外还应加产奶的营养需要。

### 附表 4 生长母牛的营养需要

| 体重/kg | 日增重/g | 日粮干物质/kg | 奶牛能量单位/NND | 产奶净能/MJ | 可消化粗蛋白质/g | 粗蛋白质/g | 钙/g | 磷/g | 胡萝卜素/mg | 维生素A/kIU |
|---|---|---|---|---|---|---|---|---|---|---|
| 40 | 0 | | 2.20 | 6.90 | 41 | 63 | 2 | 2 | 4.0 | 1.6 |
| | 200 | | 2.67 | 8.37 | 100 | 154 | 6 | 4 | 4.1 | 1.6 |
| | 300 | | 2.93 | 9.21 | 130 | 200 | 8 | 5 | 4.2 | 1.7 |
| | 400 | | 3.23 | 10.13 | 158 | 243 | 11 | 6 | 4.3 | 1.7 |
| | 500 | | 3.52 | 11.05 | 185 | 285 | 12 | 7 | 4.4 | 1.8 |
| | 600 | | 3.84 | 12.05 | 212 | 326 | 14 | 8 | 4.5 | 1.8 |
| | 700 | | 4.19 | 13.14 | 238 | 366 | 16 | 10 | 4.6 | 1.8 |
| | 800 | | 4.56 | 14.31 | 263 | 405 | 18 | 11 | 4.7 | 1.9 |
| 50 | 0 | | 2.56 | 8.04 | 49 | 75 | 3 | 3 | 5.0 | 2.0 |
| | 300 | | 3.32 | 10.42 | 137 | 211 | 9 | 5 | 5.3 | 2.1 |
| | 400 | | 3.60 | 11.30 | 165 | 254 | 11 | 6 | 5.4 | 2.2 |
| | 500 | | 3.92 | 12.31 | 192 | 295 | 13 | 8 | 5.5 | 2.2 |
| | 600 | | 4.24 | 13.31 | 218 | 335 | 15 | 9 | 5.6 | 2.2 |
| | 700 | | 4.60 | 14.44 | 244 | 375 | 17 | 10 | 5.7 | 2.3 |
| | 800 | | 4.99 | 15.65 | 269 | 414 | 19 | 11 | 5.8 | 2.3 |
| 60 | 0 | | 2.89 | 9.08 | 56 | 86 | 4 | 3 | 6.0 | 2.4 |
| | 300 | | 3.67 | 11.51 | 143 | 220 | 10 | 5 | 6.3 | 2.5 |
| | 400 | | 3.96 | 12.43 | 170 | 262 | 12 | 6 | 6.4 | 2.6 |
| | 500 | | 4.28 | 13.44 | 198 | 303 | 14 | 8 | 6.5 | 2.6 |
| | 600 | | 4.63 | 14.52 | 223 | 343 | 16 | 9 | 6.6 | 2.6 |
| | 700 | | 4.99 | 15.65 | 249 | 383 | 18 | 10 | 6.7 | 2.7 |
| | 800 | | 5.37 | 16.87 | 274 | 422 | 20 | 11 | 6.8 | 2.7 |

续附表 4

| 体重/kg | 日增重/g | 日粮干物质/kg | 奶牛能量单位/NND | 产奶净能/MJ | 可消化粗蛋白质/g | 粗蛋白质/g | 钙/g | 磷/g | 胡萝卜素/mg | 维生素A/kIU |
|---|---|---|---|---|---|---|---|---|---|---|
| 70 | 0 | 1.22 | 3.21 | 10.09 | 62 | 95 | 4 | 4 | 7.0 | 2.8 |
| | 300 | 1.67 | 4.01 | 12.60 | 165 | 254 | 10 | 6 | 7.9 | 3.2 |
| | 400 | 1.85 | 4.32 | 13.56 | 198 | 305 | 12 | 7 | 8.1 | 3.2 |
| | 500 | 2.03 | 4.64 | 14.57 | 231 | 355 | 14 | 8 | 8.3 | 3.3 |
| | 600 | 2.21 | 4.99 | 15.65 | 260 | 400 | 16 | 10 | 8.4 | 3.4 |
| | 700 | 2.39 | 5.36 | 16.82 | 291 | 448 | 18 | 11 | 8.5 | 3.4 |
| | 800 | 2.61 | 5.76 | 18.08 | 321 | 494 | 20 | 12 | 8.6 | 3.4 |
| 80 | 0 | 1.35 | 3.51 | 11.00 | 70 | 108 | 5 | 4 | 8.0 | 3.2 |
| | 300 | 1.80 | 4.32 | 13.56 | 172 | 265 | 11 | 6 | 9.0 | 3.6 |
| | 400 | 1.98 | 4.64 | 14.57 | 205 | 315 | 13 | 7 | 9.1 | 3.6 |
| | 500 | 2.16 | 4.96 | 15.57 | 237 | 365 | 15 | 8 | 9.2 | 3.7 |
| | 600 | 2.34 | 5.32 | 16.70 | 267 | 411 | 17 | 10 | 9.3 | 3.7 |
| | 700 | 2.57 | 5.71 | 17.91 | 297 | 457 | 19 | 11 | 9.4 | 3.8 |
| | 800 | 2.79 | 6.12 | 19.21 | 327 | 503 | 21 | 12 | 9.5 | 3.8 |
| 90 | 0 | 1.45 | 3.80 | 11.93 | 76 | 117 | 6 | 5 | 9.0 | 3.6 |
| | 300 | 1.84 | 4.64 | 14.57 | 177 | 272 | 12 | 7 | 9.5 | 3.8 |
| | 400 | 2.12 | 4.96 | 15.57 | 210 | 323 | 14 | 8 | 9.7 | 3.9 |
| | 500 | 2.30 | 5.29 | 16.62 | 241 | 371 | 16 | 9 | 9.9 | 4.0 |
| | 600 | 2.48 | 5.65 | 17.75 | 271 | 417 | 18 | 11 | 10.1 | 4.0 |
| | 700 | 2.70 | 6.05 | 19.00 | 301 | 463 | 20 | 12 | 10.3 | 4.1 |
| | 800 | 2.93 | 6.48 | 20.34 | 331 | 509 | 22 | 13 | 10.5 | 4.2 |
| 100 | 0 | 1.62 | 4.08 | 12.81 | 82 | 126 | 6 | 5 | 10.0 | 4.0 |
| | 300 | 2.07 | 4.93 | 15.49 | 191 | 294 | 13 | 7 | 10.5 | 4.2 |
| | 400 | 2.25 | 5.27 | 16.53 | 226 | 348 | 14 | 8 | 10.7 | 4.3 |
| | 500 | 2.43 | 5.61 | 17.62 | 260 | 400 | 16 | 9 | 11.0 | 4.4 |
| | 600 | 2.66 | 5.99 | 18.79 | 292 | 449 | 18 | 11 | 11.2 | 4.4 |
| | 700 | 2.84 | 6.39 | 20.05 | 325 | 500 | 20 | 12 | 11.4 | 4.5 |
| | 800 | 3.11 | 6.81 | 21.39 | 356 | 548 | 22 | 13 | 11.6 | 4.6 |

续附表 4

| 体重/kg | 日增重/g | 日粮干物质/kg | 奶牛能量单位/NND | 产奶净能/MJ | 可消化粗蛋白质/g | 粗蛋白质/g | 钙/g | 磷/g | 胡萝卜素/mg | 维生素A/kIU |
|---|---|---|---|---|---|---|---|---|---|---|
| 125 | 0 | 1.89 | 4.73 | 14.86 | 97 | 149 | 8 | 6 | 12.5 | 5.0 |
| | 300 | 2.39 | 5.64 | 17.70 | 204 | 314 | 14 | 7 | 13.0 | 5.2 |
| | 400 | 2.57 | 5.96 | 18.71 | 238 | 366 | 16 | 8 | 13.2 | 5.3 |
| | 500 | 2.79 | 6.35 | 19.92 | 271 | 417 | 18 | 10 | 13.4 | 5.4 |
| | 600 | 3.02 | 6.75 | 21.18 | 302 | 465 | 20 | 11 | 13.6 | 5.4 |
| | 700 | 3.24 | 7.17 | 22.51 | 334 | 514 | 22 | 12 | 13.8 | 5.5 |
| | 800 | 3.51 | 7.63 | 23.94 | 366 | 563 | 24 | 13 | 14.0 | 5.6 |
| | 900 | 3.74 | 8.12 | 25.48 | 396 | 609 | 26 | 14 | 14.2 | 5.7 |
| | 1 000 | 4.05 | 8.67 | 27.20 | 423 | 651 | 28 | 16 | 14.4 | 5.8 |
| 150 | 0 | 2.21 | 5.35 | 16.78 | 111 | 171 | 9 | 8 | 15.0 | 6.0 |
| | 300 | 2.70 | 6.31 | 19.80 | 216 | 331 | 15 | 9 | 15.7 | 6.3 |
| | 400 | 2.88 | 6.67 | 20.92 | 249 | 383 | 17 | 10 | 16.0 | 6.4 |
| | 500 | 3.11 | 7.05 | 22.14 | 282 | 434 | 19 | 11 | 16.3 | 6.5 |
| | 600 | 3.33 | 7.47 | 23.44 | 312 | 480 | 21 | 12 | 16.6 | 6.6 |
| | 700 | 3.60 | 7.92 | 24.86 | 343 | 528 | 23 | 13 | 17.0 | 6.8 |
| | 800 | 3.83 | 8.40 | 26.36 | 374 | 575 | 25 | 14 | 17.3 | 6.9 |
| | 900 | 4.10 | 8.92 | 28.00 | 404 | 622 | 27 | 16 | 17.6 | 7.0 |
| | 1 000 | 4.41 | 9.49 | 29.80 | 430 | 662 | 29 | 17 | 18.0 | 7.2 |
| 175 | 0 | 2.48 | 5.93 | 18.62 | 125 | 192 | 11 | 9 | 17.5 | 7.0 |
| | 300 | 3.02 | 7.05 | 22.14 | 227 | 349 | 17 | 10 | 18.2 | 7.3 |
| | 400 | 3.20 | 7.48 | 23.48 | 260 | 400 | 19 | 11 | 18.5 | 7.4 |
| | 500 | 3.42 | 7.95 | 24.94 | 293 | 451 | 22 | 12 | 18.8 | 7.5 |
| | 600 | 3.65 | 8.43 | 26.45 | 322 | 495 | 23 | 13 | 19.1 | 7.6 |
| | 700 | 3.92 | 8.96 | 28.12 | 353 | 543 | 25 | 14 | 19.4 | 7.8 |
| | 800 | 4.19 | 9.53 | 29.92 | 383 | 589 | 27 | 15 | 19.7 | 7.9 |
| | 900 | 4.50 | 10.15 | 31.85 | 412 | 634 | 29 | 16 | 20.0 | 8.0 |
| | 1 000 | 4.82 | 10.81 | 33.94 | 438 | 674 | 31 | 17 | 20.3 | 8.1 |

续附表 4

| 体重/kg | 日增重/g | 日粮干物质/kg | 奶牛能量单位/NND | 产奶净能/MJ | 可消化粗蛋白质/g | 粗蛋白质/g | 钙/g | 磷/g | 胡萝卜素/mg | 维生素A/kIU |
|---|---|---|---|---|---|---|---|---|---|---|
| 200 | 0 | 2.70 | 6.48 | 20.34 | 160 | 246 | 12 | 10 | 20.0 | 8.0 |
| | 300 | 3.29 | 7.65 | 24.02 | 261 | 402 | 18 | 11 | 21.0 | 8.4 |
| | 400 | 3.51 | 8.11 | 25.44 | 293 | 451 | 20 | 12 | 21.5 | 8.6 |
| | 500 | 3.74 | 8.59 | 26.95 | 324 | 498 | 22 | 13 | 22.0 | 8.8 |
| | 600 | 3.96 | 9.11 | 28.58 | 354 | 545 | 24 | 14 | 22.5 | 9.0 |
| | 700 | 4.23 | 9.67 | 30.34 | 384 | 591 | 26 | 15 | 23.0 | 9.2 |
| | 800 | 4.55 | 10.25 | 32.18 | 413 | 635 | 28 | 16 | 23.5 | 9.4 |
| | 900 | 4.86 | 10.91 | 34.23 | 442 | 680 | 30 | 17 | 24.0 | 9.6 |
| | 1 000 | 5.18 | 11.60 | 36.41 | 467 | 718 | 32 | 18 | 24.5 | 9.8 |
| 250 | 0 | 3.20 | 7.53 | 23.64 | 189 | 291 | 15 | 13 | 25.0 | 10.0 |
| | 300 | 3.83 | 8.83 | 27.70 | 286 | 440 | 21 | 14 | 26.5 | 10.6 |
| | 400 | 4.05 | 9.31 | 29.21 | 317 | 488 | 23 | 15 | 27.0 | 10.8 |
| | 500 | 4.32 | 9.83 | 30.84 | 348 | 535 | 25 | 16 | 27.5 | 11.0 |
| | 600 | 4.59 | 10.40 | 32.64 | 376 | 578 | 27 | 17 | 28.0 | 11.2 |
| | 700 | 4.86 | 11.01 | 34.56 | 405 | 623 | 29 | 18 | 28.5 | 11.4 |
| | 800 | 5.18 | 11.65 | 36.57 | 434 | 668 | 31 | 19 | 29.0 | 11.6 |
| | 900 | 5.54 | 12.37 | 38.83 | 462 | 711 | 33 | 20 | 29.5 | 11.8 |
| | 1 000 | 5.90 | 13.13 | 41.13 | 486 | 748 | 35 | 21 | 30.0 | 12.0 |
| 300 | 0 | 3.69 | 8.51 | 26.69 | 216 | 332 | 18 | 15 | 30.0 | 12.0 |
| | 300 | 4.37 | 10.08 | 31.63 | 311 | 478 | 24 | 16 | 31.5 | 12.6 |
| | 400 | 4.59 | 10.68 | 33.51 | 341 | 525 | 26 | 17 | 32.0 | 12.8 |
| | 500 | 4.91 | 11.31 | 35.48 | 371 | 571 | 28 | 18 | 32.5 | 13.0 |
| | 600 | 5.18 | 11.99 | 37.61 | 398 | 612 | 30 | 19 | 33.0 | 13.2 |
| | 700 | 5.49 | 12.72 | 39.92 | 427 | 657 | 32 | 20 | 33.5 | 13.4 |
| | 800 | 5.85 | 13.51 | 42.38 | 454 | 698 | 34 | 21 | 34.0 | 13.6 |
| | 900 | 6.21 | 14.36 | 45.06 | 481 | 740 | 36 | 22 | 34.5 | 13.8 |
| | 1 000 | 6.62 | 15.29 | 48.00 | 505 | 777 | 38 | 23 | 35.0 | 14.0 |

续附表 4

| 体重/kg | 日增重/g | 日粮干物质/kg | 奶牛能量单位/NND | 产奶净能/MJ | 可消化粗蛋白质/g | 粗蛋白质/g | 钙/g | 磷/g | 胡萝卜素/mg | 维生素A/kIU |
|---|---|---|---|---|---|---|---|---|---|---|
| 350 | 0 | 4.14 | 9.43 | 29.59 | 243 | 374 | 21 | 18 | 35.0 | 14.0 |
| | 300 | 4.86 | 11.11 | 34.86 | 336 | 517 | 27 | 19 | 36.8 | 14.7 |
| | 400 | 5.13 | 11.76 | 36.91 | 365 | 562 | 29 | 20 | 37.4 | 15.0 |
| | 500 | 5.45 | 12.44 | 39.04 | 394 | 606 | 31 | 21 | 38.0 | 15.2 |
| | 600 | 5.76 | 13.17 | 41.34 | 421 | 648 | 33 | 22 | 38.6 | 15.4 |
| | 700 | 6.08 | 13.96 | 43.81 | 449 | 691 | 35 | 23 | 39.2 | 15.7 |
| | 800 | 6.39 | 14.83 | 46.53 | 476 | 732 | 37 | 24 | 39.8 | 15.9 |
| | 900 | 6.84 | 15.75 | 49.42 | 503 | 774 | 39 | 25 | 40.4 | 16.1 |
| | 1 000 | 7.29 | 16.75 | 52.56 | 526 | 809 | 41 | 26 | 41.0 | 16.4 |
| 400 | 0 | 4.55 | 10.32 | 32.39 | 268 | 412 | 24 | 20 | 40.0 | 16.0 |
| | 300 | 5.36 | 12.28 | 38.54 | 359 | 552 | 30 | 21 | 42.0 | 16.8 |
| | 400 | 5.63 | 13.03 | 40.88 | 388 | 597 | 32 | 22 | 43.0 | 17.2 |
| | 500 | 5.94 | 13.81 | 43.35 | 417 | 642 | 34 | 23 | 44.0 | 17.6 |
| | 600 | 6.30 | 14.65 | 45.99 | 444 | 683 | 36 | 24 | 45.0 | 18.0 |
| | 700 | 6.66 | 15.57 | 48.87 | 471 | 725 | 38 | 25 | 46.0 | 18.4 |
| | 800 | 7.07 | 16.56 | 51.97 | 498 | 766 | 40 | 26 | 47.0 | 18.8 |
| | 900 | 7.47 | 17.64 | 55.40 | 524 | 806 | 42 | 27 | 48.0 | 19.2 |
| | 1 000 | 7.97 | 18.80 | 59.00 | 547 | 842 | 44 | 28 | 49.0 | 19.6 |
| 450 | 0 | 5.00 | 11.16 | 35.03 | 293 | 451 | 27 | 23 | 45.0 | 18.0 |
| | 300 | 5.80 | 13.25 | 41.59 | 383 | 589 | 33 | 24 | 48.0 | 19.2 |
| | 400 | 6.10 | 14.04 | 44.06 | 412 | 634 | 35 | 25 | 49.0 | 19.6 |
| | 500 | 6.50 | 14.88 | 46.70 | 441 | 678 | 37 | 26 | 50.0 | 20.0 |
| | 600 | 6.80 | 15.80 | 49.59 | 467 | 718 | 39 | 27 | 51.0 | 20.4 |
| | 700 | 7.20 | 16.79 | 52.64 | 494 | 760 | 41 | 28 | 52.0 | 20.8 |
| | 800 | 7.70 | 17.84 | 55.99 | 521 | 802 | 43 | 29 | 53.0 | 21.2 |
| | 900 | 8.10 | 18.99 | 59.59 | 547 | 842 | 45 | 30 | 54.0 | 21.6 |
| | 1 000 | 8.60 | 20.23 | 63.48 | 569 | 875 | 47 | 31 | 55.0 | 22.0 |

续附表 4

| 体重/kg | 日增重/g | 日粮干物质/kg | 奶牛能量单位/NND | 产奶净能/MJ | 可消化粗蛋白质/g | 粗蛋白质/g | 钙/g | 磷/g | 胡萝卜素/mg | 维生素A/kIU |
|---|---|---|---|---|---|---|---|---|---|---|
| 500 | 0 | 5.40 | 11.97 | 37.57 | 317 | 488 | 30 | 25 | 50.0 | 20.0 |
| | 300 | 6.30 | 14.37 | 45.10 | 407 | 626 | 36 | 26 | 53.0 | 21.2 |
| | 400 | 6.60 | 15.27 | 47.91 | 436 | 671 | 38 | 27 | 54.0 | 21.6 |
| | 500 | 7.00 | 16.24 | 50.97 | 465 | 715 | 40 | 28 | 55.0 | 22.0 |
| | 600 | 7.30 | 17.27 | 54.19 | 491 | 755 | 42 | 29 | 56.0 | 22.4 |
| | 700 | 7.80 | 18.39 | 57.70 | 518 | 797 | 44 | 30 | 57.0 | 22.8 |
| | 800 | 8.20 | 19.61 | 61.55 | 544 | 837 | 46 | 31 | 58.0 | 23.2 |
| | 900 | 8.70 | 20.91 | 65.61 | 570 | 877 | 48 | 32 | 59.0 | 23.6 |
| | 1 000 | 9.30 | 22.33 | 70.09 | 593 | 912 | 50 | 33 | 60.0 | 24.0 |
| 550 | 0 | 5.80 | 12.77 | 40.09 | 341 | 525 | 33 | 28 | 55.0 | 22.0 |
| | 300 | 6.80 | 15.31 | 48.04 | 432 | 665 | 39 | 29 | 58.0 | 23.2 |
| | 400 | 7.10 | 16.27 | 51.05 | 461 | 709 | 41 | 30 | 59.0 | 23.6 |
| | 500 | 7.50 | 17.29 | 54.27 | 489 | 752 | 43 | 31 | 60.0 | 24.0 |
| | 600 | 7.90 | 18.40 | 57.74 | 516 | 794 | 45 | 32 | 61.0 | 24.4 |
| | 700 | 8.30 | 19.57 | 61.43 | 543 | 835 | 47 | 33 | 62.0 | 24.8 |
| | 800 | 8.80 | 20.85 | 65.44 | 570 | 877 | 49 | 34 | 63.0 | 25.2 |
| | 900 | 9.30 | 22.25 | 69.84 | 596 | 917 | 51 | 35 | 64.0 | 25.6 |
| | 1 000 | 9.90 | 23.76 | 74.56 | 618 | 951 | 53 | 36 | 65.0 | 26.0 |
| 600 | 0 | 6.20 | 13.53 | 42.47 | 364 | 560 | 36 | 30 | 60.0 | 24.0 |
| | 300 | 7.20 | 16.39 | 51.48 | 456 | 702 | 42 | 31 | 66.0 | 26.4 |
| | 400 | 7.60 | 17.48 | 54.86 | 485 | 746 | 44 | 32 | 67.0 | 26.8 |
| | 500 | 8.00 | 18.64 | 58.50 | 514 | 791 | 46 | 33 | 68.0 | 27.2 |
| | 600 | 8.40 | 19.88 | 62.39 | 541 | 832 | 48 | 34 | 69.0 | 27.6 |
| | 700 | 8.90 | 21.23 | 66.61 | 568 | 874 | 50 | 35 | 70.0 | 28.0 |
| | 800 | 9.40 | 22.67 | 71.13 | 595 | 915 | 52 | 36 | 71.0 | 28.4 |
| | 900 | 9.90 | 24.24 | 76.07 | 622 | 957 | 54 | 37 | 72.0 | 28.8 |
| | 1 000 | 10.50 | 25.93 | 81.38 | 645 | 992 | 56 | 38 | 73.0 | 29.2 |

附表 5 生长公牛的营养需要

| 体重/kg | 日增重/g | 日粮干物质/kg | 奶牛能量单位/NND | 产奶净能/MJ | 可消化粗蛋白质/g | 粗蛋白质/g | 钙/g | 磷/g | 胡萝卜素/mg | 维生素A/kIU |
|---|---|---|---|---|---|---|---|---|---|---|
| 40 | 0 | | 2.20 | 6.90 | 41 | 63 | 2 | 2 | 4.0 | 1.6 |
| | 200 | | 2.63 | 8.25 | 100 | 154 | 6 | 4 | 4.1 | 1.6 |
| | 300 | | 2.87 | 9.00 | 130 | 200 | 8 | 5 | 4.2 | 1.7 |
| | 400 | | 3.12 | 9.80 | 158 | 243 | 10 | 6 | 4.3 | 1.7 |
| | 500 | | 3.39 | 10.63 | 185 | 285 | 12 | 7 | 4.4 | 1.8 |
| | 600 | | 3.68 | 11.55 | 212 | 326 | 14 | 8 | 4.5 | 1.8 |
| | 700 | | 3.99 | 12.52 | 238 | 366 | 16 | 10 | 4.6 | 1.8 |
| | 800 | | 4.32 | 13.56 | 263 | 405 | 18 | 11 | 4.7 | 1.9 |
| 50 | 0 | | 2.56 | 8.04 | 49 | 75 | 3 | 3 | 5.0 | 2.0 |
| | 300 | | 3.24 | 10.17 | 137 | 211 | 9 | 5 | 5.3 | 2.1 |
| | 400 | | 3.51 | 11.01 | 165 | 254 | 11 | 6 | 5.4 | 2.2 |
| | 500 | | 3.77 | 11.85 | 192 | 295 | 13 | 8 | 5.5 | 2.2 |
| | 600 | | 4.08 | 12.81 | 218 | 335 | 15 | 9 | 5.6 | 2.2 |
| | 700 | | 4.40 | 13.81 | 244 | 375 | 17 | 10 | 5.7 | 2.3 |
| | 800 | | 4.73 | 14.86 | 269 | 414 | 19 | 11 | 5.8 | 2.3 |
| 60 | 0 | | 2.89 | 9.08 | 56 | 86 | 4 | 3 | 6.0 | 2.4 |
| | 300 | | 3.60 | 11.30 | 143 | 220 | 10 | 5 | 6.3 | 2.5 |
| | 400 | | 3.85 | 12.10 | 170 | 262 | 12 | 6 | 6.4 | 2.6 |
| | 500 | | 4.15 | 13.02 | 198 | 303 | 14 | 8 | 6.5 | 2.6 |
| | 600 | | 4.45 | 13.98 | 223 | 343 | 16 | 9 | 6.6 | 2.6 |
| | 700 | | 4.77 | 14.98 | 249 | 383 | 18 | 10 | 6.7 | 2.7 |
| | 800 | | 5.13 | 16.11 | 274 | 422 | 20 | 11 | 6.8 | 2.7 |
| 70 | 0 | 1.2 | 3.21 | 10.09 | 62 | 95 | 4 | 4 | 7.0 | 2.8 |
| | 300 | 1.6 | 3.93 | 12.35 | 165 | 254 | 10 | 6 | 7.9 | 3.2 |
| | 400 | 1.8 | 4.20 | 13.18 | 198 | 305 | 12 | 7 | 8.1 | 3.2 |
| | 500 | 1.9 | 4.49 | 14.11 | 231 | 355 | 14 | 8 | 8.3 | 3.3 |
| | 600 | 2.1 | 4.81 | 15.11 | 260 | 400 | 16 | 10 | 8.4 | 3.4 |
| | 700 | 2.3 | 5.15 | 16.16 | 291 | 448 | 18 | 11 | 8.5 | 3.4 |
| | 800 | 2.5 | 5.51 | 17.28 | 321 | 494 | 20 | 12 | 8.6 | 3.4 |

续附表 5

| 体重/kg | 日增重/g | 日粮干物质/kg | 奶牛能量单位/NND | 产奶净能/MJ | 可消化粗蛋白质/g | 粗蛋白质/g | 钙/g | 磷/g | 胡萝卜素/mg | 维生素A/kIU |
|---|---|---|---|---|---|---|---|---|---|---|
| | 0 | 1.4 | 3.51 | 11.01 | 70 | 108 | 5 | 4 | 8.0 | 3.2 |
| | 300 | 1.8 | 4.24 | 13.31 | 172 | 265 | 11 | 6 | 9.0 | 3.6 |
| | 400 | 1.9 | 4.52 | 14.19 | 205 | 315 | 13 | 7 | 9.1 | 3.6 |
| 80 | 500 | 2.1 | 4.81 | 15.11 | 237 | 365 | 15 | 8 | 9.2 | 3.7 |
| | 600 | 2.3 | 5.13 | 16.11 | 267 | 411 | 17 | 10 | 9.3 | 3.7 |
| | 700 | 2.4 | 5.48 | 17.20 | 297 | 457 | 19 | 11 | 9.4 | 3.8 |
| | 800 | 2.7 | 5.85 | 18.37 | 327 | 503 | 21 | 12 | 9.5 | 3.8 |
| | 0 | 1.5 | 3.80 | 11.93 | 76 | 117 | 6 | 5 | 9.0 | 3.6 |
| | 300 | 1.9 | 4.56 | 14.31 | 177 | 272 | 12 | 7 | 9.5 | 3.8 |
| | 400 | 2.1 | 4.84 | 15.19 | 210 | 323 | 14 | 8 | 9.7 | 3.9 |
| 90 | 500 | 2.2 | 5.15 | 16.16 | 241 | 371 | 16 | 9 | 9.9 | 4.0 |
| | 600 | 2.4 | 5.47 | 17.16 | 271 | 417 | 18 | 11 | 10.1 | 4.0 |
| | 700 | 2.6 | 5.83 | 18.29 | 301 | 463 | 20 | 12 | 10.3 | 4.1 |
| | 800 | 2.8 | 6.20 | 19.46 | 331 | 509 | 22 | 13 | 10.5 | 4.2 |
| | 0 | 1.6 | 4.08 | 12.80 | 82 | 126 | 6 | 5 | 10.0 | 4.0 |
| | 300 | 2.0 | 4.85 | 15.23 | 191 | 294 | 13 | 7 | 10.5 | 4.2 |
| | 400 | 2.2 | 5.15 | 16.16 | 226 | 348 | 14 | 8 | 10.7 | 4.3 |
| 100 | 500 | 2.3 | 5.45 | 17.12 | 260 | 400 | 16 | 9 | 11.0 | 4.4 |
| | 600 | 2.5 | 5.79 | 18.16 | 292 | 449 | 18 | 11 | 11.2 | 4.4 |
| | 700 | 2.7 | 6.16 | 19.34 | 325 | 500 | 20 | 12 | 11.4 | 4.5 |
| | 800 | 2.9 | 6.55 | 20.55 | 356 | 548 | 22 | 13 | 11.6 | 4.6 |
| | 0 | 1.9 | 4.73 | 14.86 | 97 | 149 | 8 | 6 | 12.5 | 5.0 |
| | 300 | 2.3 | 5.55 | 17.41 | 204 | 314 | 14 | 7 | 13.0 | 5.2 |
| | 400 | 2.5 | 5.87 | 18.41 | 238 | 366 | 16 | 8 | 13.2 | 5.3 |
| | 500 | 2.7 | 6.19 | 19.42 | 271 | 417 | 18 | 10 | 13.4 | 5.4 |
| 125 | 600 | 2.9 | 6.55 | 20.55 | 302 | 465 | 20 | 11 | 13.6 | 5.4 |
| | 700 | 3.1 | 6.93 | 21.76 | 334 | 514 | 22 | 12 | 13.8 | 5.5 |
| | 800 | 3.3 | 7.33 | 23.02 | 366 | 563 | 24 | 13 | 14.0 | 5.6 |
| | 900 | 3.6 | 7.79 | 24.44 | 396 | 609 | 26 | 14 | 14.2 | 5.7 |
| | 1 000 | 3.8 | 8.28 | 25.99 | 423 | 651 | 28 | 16 | 14.4 | 5.8 |

续附表 5

| 体重/kg | 日增重/g | 日粮干物质/kg | 奶牛能量单位/NND | 产奶净能/MJ | 可消化粗蛋白质/g | 粗蛋白质/g | 钙/g | 磷/g | 胡萝卜素/mg | 维生素A/kIU |
|---|---|---|---|---|---|---|---|---|---|---|
| 150 | 0 | 2.2 | 5.35 | 16.78 | 111 | 171 | 9 | 8 | 15.0 | 6.0 |
| | 300 | 2.7 | 6.21 | 19.50 | 216 | 331 | 15 | 9 | 15.7 | 6.3 |
| | 400 | 2.8 | 6.53 | 20.51 | 249 | 383 | 17 | 10 | 16.0 | 6.4 |
| | 500 | 3.0 | 6.88 | 21.59 | 282 | 434 | 19 | 11 | 16.3 | 6.5 |
| | 600 | 3.2 | 7.25 | 22.77 | 312 | 480 | 21 | 12 | 16.6 | 6.6 |
| | 700 | 3.4 | 7.67 | 24.06 | 343 | 528 | 23 | 13 | 17.0 | 6.8 |
| | 800 | 3.7 | 8.09 | 25.40 | 374 | 575 | 25 | 14 | 17.3 | 6.9 |
| | 900 | 3.9 | 8.56 | 26.87 | 404 | 622 | 27 | 16 | 17.6 | 7.0 |
| | 1 000 | 4.2 | 9.08 | 28.50 | 430 | 662 | 29 | 17 | 18.0 | 7.2 |
| 175 | 0 | 2.5 | 5.93 | 18.62 | 125 | 192 | 11 | 6 | 17.5 | 7.0 |
| | 300 | 2.9 | 6.95 | 21.80 | 227 | 349 | 17 | 10 | 18.2 | 7.3 |
| | 400 | 3.2 | 7.32 | 22.98 | 260 | 400 | 19 | 11 | 18.5 | 7.4 |
| | 500 | 3.3 | 7.75 | 24.31 | 293 | 451 | 21 | 12 | 18.8 | 7.5 |
| | 600 | 3.6 | 8.17 | 25.65 | 322 | 495 | 23 | 13 | 19.1 | 7.6 |
| | 700 | 3.8 | 8.65 | 27.16 | 353 | 543 | 25 | 14 | 19.4 | 7.8 |
| | 800 | 4.0 | 9.17 | 28.79 | 383 | 589 | 27 | 15 | 19.7 | 7.9 |
| | 900 | 4.3 | 9.72 | 30.51 | 412 | 634 | 29 | 16 | 20.0 | 8.0 |
| | 1 000 | 4.6 | 10.32 | 32.39 | 438 | 674 | 31 | 17 | 20.3 | 8.1 |
| 200 | 0 | 2.7 | 6.48 | 20.34 | 160 | 246 | 12 | 10 | 20.0 | 8.0 |
| | 300 | 3.2 | 7.53 | 23.64 | 261 | 402 | 18 | 11 | 21.0 | 8.4 |
| | 400 | 3.4 | 7.95 | 24.94 | 293 | 451 | 20 | 12 | 21.5 | 8.6 |
| | 500 | 3.6 | 8.37 | 26.28 | 324 | 498 | 22 | 13 | 22.0 | 8.8 |
| | 600 | 3.8 | 8.84 | 27.74 | 354 | 545 | 24 | 14 | 22.5 | 9.0 |
| | 700 | 4.1 | 9.35 | 29.33 | 384 | 591 | 26 | 15 | 23.0 | 9.2 |
| | 800 | 4.4 | 9.88 | 31.01 | 413 | 635 | 28 | 16 | 23.5 | 9.4 |
| | 900 | 4.6 | 10.47 | 32.85 | 442 | 680 | 30 | 17 | 24.0 | 9.6 |
| | 1 000 | 5.0 | 11.09 | 34.82 | 467 | 718 | 32 | 18 | 24.5 | 9.8 |

续附表 5

| 体重/kg | 日增重/g | 日粮干物质/kg | 奶牛能量单位/NND | 产奶净能/MJ | 可消化粗蛋白质/g | 粗蛋白质/g | 钙/g | 磷/g | 胡萝卜素/mg | 维生素A/kIU |
|---|---|---|---|---|---|---|---|---|---|---|
| 250 | 0 | 3.2 | 7.53 | 23.64 | 189 | 291 | 15 | 13 | 25.0 | 10.0 |
| | 300 | 3.8 | 8.69 | 27.28 | 286 | 440 | 21 | 14 | 26.5 | 10.6 |
| | 400 | 4.0 | 9.13 | 28.67 | 317 | 488 | 23 | 15 | 27.0 | 10.8 |
| | 500 | 4.2 | 9.60 | 30.13 | 348 | 535 | 25 | 16 | 27.5 | 11.0 |
| | 600 | 4.5 | 10.12 | 31.76 | 376 | 578 | 27 | 17 | 28.0 | 11.2 |
| | 700 | 4.7 | 10.67 | 33.48 | 405 | 623 | 29 | 18 | 28.5 | 11.4 |
| | 800 | 5.0 | 11.24 | 35.28 | 434 | 668 | 31 | 19 | 29.0 | 11.6 |
| | 900 | 5.3 | 11.89 | 37.33 | 462 | 711 | 33 | 20 | 29.5 | 11.8 |
| | 1 000 | 5.6 | 12.57 | 39.46 | 486 | 748 | 35 | 21 | 30.0 | 12.0 |
| 300 | 0 | 3.7 | 8.51 | 26.70 | 216 | 332 | 18 | 15 | 30.0 | 12.0 |
| | 300 | 4.3 | 9.92 | 31.13 | 311 | 478 | 24 | 16 | 31.5 | 12.6 |
| | 400 | 4.5 | 10.47 | 32.85 | 341 | 525 | 26 | 17 | 32.0 | 12.8 |
| | 500 | 4.8 | 11.03 | 34.61 | 371 | 571 | 28 | 18 | 32.5 | 13.0 |
| | 600 | 5.0 | 11.64 | 36.53 | 398 | 612 | 30 | 19 | 33.0 | 13.2 |
| | 700 | 5.3 | 12.29 | 38.58 | 427 | 657 | 32 | 20 | 33.5 | 13.4 |
| | 800 | 5.6 | 13.01 | 40.84 | 454 | 698 | 34 | 21 | 34.0 | 13.6 |
| | 900 | 5.9 | 13.77 | 43.23 | 481 | 740 | 36 | 22 | 34.5 | 13.8 |
| | 1 000 | 6.3 | 14.61 | 45.86 | 505 | 777 | 38 | 23 | 35.0 | 14.0 |
| 350 | 0 | 4.1 | 9.43 | 29.59 | 243 | 374 | 21 | 18 | 35.0 | 14.0 |
| | 300 | 4.8 | 10.93 | 34.31 | 336 | 517 | 27 | 19 | 36.8 | 14.7 |
| | 400 | 5.0 | 11.53 | 36.20 | 365 | 562 | 29 | 20 | 37.4 | 15.0 |
| | 500 | 5.3 | 12.13 | 38.08 | 394 | 606 | 31 | 21 | 38.0 | 15.2 |
| | 600 | 5.6 | 12.80 | 40.17 | 421 | 648 | 33 | 22 | 38.6 | 15.4 |
| | 700 | 5.9 | 13.51 | 42.39 | 449 | 691 | 35 | 23 | 39.2 | 15.7 |
| | 800 | 6.2 | 14.29 | 44.86 | 476 | 732 | 37 | 24 | 39.8 | 15.9 |
| | 900 | 6.6 | 15.12 | 47.45 | 503 | 774 | 39 | 25 | 40.4 | 16.1 |
| | 1 000 | 7.0 | 16.01 | 50.25 | 526 | 809 | 41 | 26 | 41.0 | 16.4 |

续附表 5

| 体重/kg | 日增重/g | 日粮干物质/kg | 奶牛能量单位/NND | 产奶净能/MJ | 可消化粗蛋白质/g | 粗蛋白质/g | 钙/g | 磷/g | 胡萝卜素/mg | 维生素A/kIU |
|---|---|---|---|---|---|---|---|---|---|---|
| 400 | 0 | 4.5 | 10.32 | 32.39 | 268 | 412 | 24 | 20 | 40.0 | 16.0 |
| | 300 | 5.3 | 12.08 | 37.91 | 359 | 552 | 30 | 21 | 42.0 | 16.8 |
| | 400 | 5.5 | 12.76 | 40.05 | 388 | 597 | 32 | 22 | 43.0 | 17.2 |
| | 500 | 5.8 | 13.47 | 42.26 | 417 | 642 | 34 | 23 | 44.0 | 17.6 |
| | 600 | 6.1 | 14.23 | 44.65 | 444 | 683 | 36 | 24 | 45.0 | 18.0 |
| | 700 | 6.4 | 15.05 | 47.24 | 471 | 725 | 38 | 25 | 46.0 | 18.4 |
| | 800 | 6.8 | 15.93 | 50.00 | 498 | 766 | 40 | 26 | 47.0 | 18.8 |
| | 900 | 7.2 | 16.91 | 53.06 | 524 | 806 | 42 | 27 | 48.0 | 19.2 |
| | 1 000 | 7.6 | 17.59 | 56.32 | 547 | 842 | 44 | 28 | 49.0 | 19.6 |
| 450 | 0 | 5.0 | 11.16 | 35.03 | 293 | 451 | 27 | 23 | 45.0 | 18.0 |
| | 300 | 5.7 | 13.04 | 40.92 | 383 | 589 | 33 | 24 | 48.0 | 19.2 |
| | 400 | 6.0 | 13.75 | 43.14 | 412 | 634 | 35 | 25 | 49.0 | 19.6 |
| | 500 | 6.3 | 14.51 | 45.53 | 441 | 678 | 37 | 26 | 50.0 | 20.0 |
| | 600 | 6.7 | 15.33 | 48.12 | 467 | 718 | 39 | 27 | 51.0 | 20.4 |
| | 700 | 7.0 | 16.21 | 50.88 | 494 | 760 | 41 | 28 | 52.0 | 20.8 |
| | 800 | 7.4 | 17.17 | 53.89 | 521 | 802 | 43 | 29 | 53.0 | 21.2 |
| | 900 | 7.8 | 18.20 | 57.12 | 547 | 842 | 45 | 30 | 54.0 | 21.6 |
| | 1 000 | 8.2 | 19.32 | 60.63 | 569 | 875 | 47 | 31 | 55.0 | 22.0 |
| 500 | 0 | 5.4 | 11.97 | 37.57 | 317 | 488 | 30 | 25 | 50.0 | 20.0 |
| | 300 | 6.2 | 14.13 | 44.36 | 407 | 626 | 36 | 26 | 53.0 | 21.2 |
| | 400 | 6.5 | 14.93 | 46.87 | 436 | 671 | 38 | 27 | 54.0 | 21.6 |
| | 500 | 6.8 | 15.81 | 49.63 | 465 | 715 | 40 | 28 | 55.0 | 22.0 |
| | 600 | 7.1 | 16.73 | 52.51 | 491 | 755 | 42 | 29 | 56.0 | 22.4 |
| | 700 | 7.6 | 17.75 | 55.69 | 518 | 797 | 44 | 30 | 57.0 | 22.8 |
| | 800 | 8.0 | 18.85 | 59.17 | 544 | 837 | 46 | 31 | 58.0 | 23.2 |
| | 900 | 8.4 | 20.01 | 62.81 | 570 | 877 | 48 | 32 | 59.0 | 23.0 |
| | 1 000 | 8.9 | 21.29 | 66.82 | 593 | 912 | 50 | 33 | 60.0 | 24.0 |

续附表 5

| 体重/kg | 日增重/g | 日粮干物质/kg | 奶牛能量单位/NND | 产奶净能/MJ | 可消化粗蛋白质/g | 粗蛋白质/g | 钙/g | 磷/g | 胡萝卜素/mg | 维生素A/kIU |
|---|---|---|---|---|---|---|---|---|---|---|
| 550 | 0 | 5.8 | 12.77 | 40.09 | 341 | 525 | 30 | 28 | 55.0 | 22.0 |
| | 300 | 6.7 | 15.04 | 47.20 | 432 | 665 | 39 | 29 | 58.0 | 23.2 |
| | 400 | 6.9 | 15.92 | 49.96 | 461 | 709 | 41 | 30 | 59.0 | 23.6 |
| | 500 | 7.3 | 16.84 | 52.85 | 489 | 752 | 43 | 31 | 60.0 | 24.0 |
| | 600 | 7.7 | 17.84 | 55.99 | 516 | 794 | 45 | 32 | 61.0 | 24.4 |
| | 700 | 8.1 | 18.89 | 59.29 | 543 | 835 | 47 | 33 | 62.0 | 24.8 |
| | 800 | 8.5 | 20.04 | 62.89 | 570 | 877 | 49 | 34 | 63.0 | 25.2 |
| | 900 | 8.9 | 21.31 | 66.87 | 596 | 917 | 51 | 35 | 64.0 | 25.6 |
| | 1 000 | 9.5 | 22.67 | 71.13 | 618 | 951 | 53 | 36 | 65.0 | 25.0 |
| 600 | 0 | 6.2 | 13.53 | 42.47 | 364 | 560 | 36 | 30 | 60.0 | 24.0 |
| | 300 | 7.1 | 16.11 | 50.55 | 456 | 702 | 42 | 31 | 66.0 | 26.4 |
| | 400 | 7.4 | 17.08 | 53.60 | 485 | 746 | 44 | 32 | 67.0 | 26.8 |
| | 500 | 7.8 | 18.13 | 56.91 | 514 | 791 | 46 | 33 | 68.0 | 27.2 |
| | 600 | 8.2 | 19.24 | 60.38 | 541 | 832 | 48 | 34 | 69.0 | 27.6 |
| | 700 | 8.6 | 20.45 | 64.19 | 568 | 874 | 50 | 35 | 70.0 | 28.0 |
| | 800 | 9.0 | 21.76 | 68.29 | 595 | 915 | 52 | 36 | 71.0 | 28.4 |
| | 900 | 9.5 | 23.17 | 72.72 | 622 | 957 | 54 | 37 | 72.0 | 28.8 |
| | 1 000 | 10.1 | 24.69 | 77.49 | 645 | 992 | 56 | 38 | 73.0 | 29.2 |

**附表 6 种公牛的营养需要**

| 体重/kg | 日粮干物质/kg | 奶牛能量单位/NND | 产奶净能/MJ | 可消化粗蛋白质/g | 粗蛋白质/g | 钙/g | 磷/g | 胡萝卜素/mg | 维生素A/kIU |
|---|---|---|---|---|---|---|---|---|---|
| 500 | 7.99 | 13.40 | 42.05 | 423 | 651 | 32 | 24 | 53 | 21 |
| 600 | 9.17 | 15.36 | 48.20 | 485 | 746 | 36 | 27 | 64 | 26 |
| 700 | 10.29 | 17.24 | 54.10 | 544 | 837 | 41 | 31 | 74 | 30 |
| 800 | 11.37 | 19.05 | 59.79 | 602 | 926 | 45 | 34 | 85 | 34 |
| 900 | 12.42 | 20.81 | 65.32 | 657 | 1 011 | 49 | 37 | 95 | 38 |

续附表 6

| 体重/kg | 日粮干物质/kg | 奶牛能量单位/NND | 产奶净能/MJ | 可消化粗蛋白质/g | 粗蛋白质/g | 钙/g | 磷/g | 胡萝卜素/mg | 维生素A/kIU |
|---|---|---|---|---|---|---|---|---|---|
| 1 000 | 13.44 | 22.52 | 70.67 | 711 | 1 094 | 53 | 40 | 106 | 42 |
| 1100 | 14.44 | 24.26 | 75.94 | 764 | 1 175 | 57 | 43 | 117 | 47 |
| 1 200 | 15.42 | 25.83 | 81.05 | 816 | 1 255 | 61 | 46 | 127 | 51 |
| 1 300 | 16.37 | 27.49 | 86.07 | 866 | 1 332 | 65 | 49 | 138 | 55 |
| 1 400 | 17.31 | 28.99 | 90.97 | 916 | 1 409 | 69 | 52 | 148 | 59 |

# 附录 2　NRC 泌乳牛饲养标准

NRC(2001)推荐的泌乳牛饲养标准见附表 7 和附表 8。

**附表 7　NRC 奶牛饲养标准(成年牛体重 680 kg)**

| 产奶量/kg | 乳脂率/% | DMI/kg | 体重变化/kg | $NE_l$/MJ | RDP | | UDP | | CP/% |
|---|---|---|---|---|---|---|---|---|---|
| | | | | | g/(d·头) | % | g/(d·头) | % | |
| 泌乳早期 | | | | | | | | | |
| 20 | 3.5 | 12.4 | −0.1 | 23.9 | 1 400 | 11.3 | 480 | 3.9 | 15.2 |
| 20 | 3.5 | 12.4 | −0.2 | 24.5 | 1 400 | 11.3 | 660 | 5.3 | 16.6 |
| 20 | 3.5 | 12.4 | −0.4 | 25.1 | 1 400 | 11.3 | 840 | 6.8 | 18.1 |
| 30 | 3.5 | 14.5 | −0.7 | 30.6 | 1 620 | 11.2 | 850 | 5.9 | 17.0 |
| 30 | 3.5 | 14.5 | −0.9 | 31.4 | 1 620 | 11.2 | 1 110 | 7.7 | 18.8 |
| 30 | 3.5 | 14.5 | −1.1 | 32.3 | 1 620 | 11.2 | 1 370 | 9.4 | 20.6 |
| 40 | 3.5 | 16.7 | −1.4 | 37.2 | 1 830 | 11.0 | 1 210 | 7.2 | 18.2 |
| 40 | 3.5 | 16.7 | −1.6 | 38.4 | 1 830 | 11.0 | 1 560 | 9.3 | 20.3 |
| 40 | 3.5 | 16.7 | −1.9 | 39.6 | 1 830 | 11.0 | 1 910 | 11.4 | 22.4 |
| 泌乳中期 | | | | | | | | | |
| 35 | 3.5 | 23.6 | 1.2 | 33.8 | 2 450 | 10.4 | 800 | 3.4 | 13.8 |
| 35 | 3.5 | 23.6 | 1.0 | 34.8 | 2 450 | 10.4 | 1 110 | 4.7 | 15.1 |
| 35 | 3.5 | 23.6 | 0.8 | 35.9 | 2 450 | 10.4 | 1 410 | 6.0 | 16.4 |
| 45 | 3.5 | 26.9 | 0.7 | 40.4 | 2 710 | 10.1 | 1 170 | 4.3 | 14.4 |
| 45 | 3.5 | 26.9 | 0.4 | 41.8 | 2 710 | 10.1 | 1 560 | 5.8 | 15.9 |
| 45 | 3.5 | 26.9 | 0.2 | 43.1 | 2 710 | 10.1 | 1 950 | 7.2 | 17.3 |
| 55 | 3.5 | 30.2 | 0.1 | 47.1 | 2 960 | 9.8 | 1 560 | 5.2 | 15.0 |
| 55 | 3.5 | 30.2 | -0.2 | 48.7 | 2 960 | 9.8 | 2 040 | 6.8 | 16.6 |
| 55 | 3.5 | 30.2 | -0.6 | 50.7 | 2 960 | 9.8 | 2 510 | 8.3 | 18.1 |

附表 8 干奶牛饲养标准(NRC,2001)

| 项目 | 荷斯坦奶牛成年体重 680 kg,犊牛体重 45 kg,妊娠期日增重 670 g | | |
|---|---|---|---|
| 妊娠天数/d | 240 | 270 | 279 |
| 妊娠体重/kg | 730 | 751 | 757 |
| 月龄 | 57 | 58 | 58 |
| DMI/kg | 14.4 | 13.7 | 10.1 |
| $NE_l$/(MJ/d) | 58.58 | 60.25 | 60.67 |
| $NE_l$/(MJ/kg) | 4.06 | 4.39 | 6.02 |
| RDP/(g/d) | 1 114 | 1 197 | 965 |
| UDP/(g/d) | 317 | 292 | 286 |
| 日粮瘤胃降解蛋白/% | 7.7 | 8.7 | 9.6 |
| 日粮瘤胃非降解蛋白/% | 2.2 | 2.1 | 2.8 |
| CP/% | 9.9 | 10.8 | 12.4 |
| 最低 NDF/% | 33 | 33 | 33 |
| 最低 ADF/% | 21 | 21 | 21 |
| 最高 NFC/% | 42 | 42 | 42 |
| 可吸收钙/g | 18.1 | 21.5 | 22.5 |
| 日粮钙/% | 0.44 | 0.45 | 0.48 |
| 可吸收磷/g | 19.9 | 20.3 | 16.9 |
| 日粮磷/% | 0.22 | 0.23 | 0.26 |

# 附录3　奶牛常用饲料成分与营养价值

奶牛常用饲料成分与营养价值见附表9至附表18。

**附表9　青绿饲料类**

| 饲料名称 | 样品说明 | 饲料编码 | 干物质/% | 产奶净能/(MJ/kg) | 奶牛能量单位/(NND/kg) | 粗蛋白质/% | 可消化粗蛋白质/% | 粗纤维/% | 钙/% | 磷/% |
|---|---|---|---|---|---|---|---|---|---|---|
| 甘薯藤 | 11省市，15样品平均值 | 2-01-072 | 13.0 | 0.72 | 0.22 | 2.1 | 1.4 | 2.5 | 0.20 | 0.05 |
| | | | 100.0 | 5.36 | 1.71 | 16.2 | 10.5 | 19.2 | 1.54 | 0.38 |
| 黑麦草 | 北京，伯克意大利黑麦草 | 2-01-632 | 18.0 | 1.18 | 0.37 | 3.3 | 2.4 | 4.2 | 0.13 | 0.05 |
| | | | 100.0 | 6.53 | 2.07 | 18.3 | 13.6 | 23.3 | 0.72 | 0.28 |
| 野青草 | 北京，狗尾草为主 | 2-01-677 | 25.3 | 1.26 | 0.4 | 1.7 | 1.0 | 7.1 | 0.24 | 0.03 |
| | | | 100.0 | 4.98 | 1.58 | 6.7 | 3.8 | 28.1 | 1.27 | 0.16 |

**附表10　青贮饲料类**

| 饲料名称 | 样品说明 | 饲料编码 | 干物质/% | 产奶净能/(MJ/kg) | 奶牛能量单位/(NND/kg) | 粗蛋白质/% | 可消化粗蛋白质/% | 粗纤维/% | 钙/% | 磷/% |
|---|---|---|---|---|---|---|---|---|---|---|
| 玉米青贮 | 4省市，5样品平均值 | 3-03-605 | 22.7 | 1.13 | 0.36 | 1.6 | 0.8 | 6.9 | 0.10 | 0.06 |
| | | | 100.0 | 4.98 | 1.58 | 7.0 | 3.5 | 30.4 | 0.44 | 0.26 |
| 玉米青贮 | 吉林双阳，收获后黄干贮 | 3-03-025 | 25.0 | 0.80 | 0.25 | 1.4 | 0.3 | 8.7 | 0.10 | 0.02 |
| | | | 100.0 | 3.18 | 1.02 | 5.6 | 1.1 | 35.6 | 0.40 | 0.08 |
| 苜蓿青贮 | 青海西宁，盛花期 | 3-03-019 | 33.7 | 1.64 | 0.52 | 5.3 | 3.2 | 12.8 | 0.50 | 0.10 |
| | | | 100.0 | 4.82 | 1.53 | 15.7 | 9.4 | 38.0 | 1.48 | 0.30 |

附表 11 块根、块茎、瓜果类

| 饲料名称 | 样品说明 | 饲料编码 | 干物质/% | 产奶净能/(MJ/kg) | 奶牛能量单位/(NND/kg) | 粗蛋白质/% | 可消化粗蛋白质/% | 粗纤维/% | 钙/% | 磷/% |
|---|---|---|---|---|---|---|---|---|---|---|
| 甘薯 | 7 省市，8 样品平均值 | 4-04-200 | 25.00 | 1.89 | 0.59 | 1.0 | 0.6 | 0.9 | 0.13 | 0.05 |
| | | | 100.0 | 7.45 | 2.38 | 4.0 | 2.2 | 3.6 | 0.52 | 0.20 |
| 胡萝卜 | 12 省市，13 样品平均值 | 4-04-208 | 12.0 | 0.93 | 0.29 | 1.1 | 0.8 | 1.2 | 0.15 | 0.09 |
| | | | 100.0 | 7.66 | 2.44 | 9.2 | 6.7 | 10.0 | 1.25 | 0.75 |
| 马铃薯 | 10 省市，10 样品平均值 | 4-04-211 | 22.0 | 1.64 | 0.52 | 1.6 | 0.9 | 0.7 | 0.02 | 0.03 |
| | | | 100.0 | 7.37 | 2.35 | 7.3 | 4.0 | 3.2 | 0.09 | 0.14 |
| 甜菜 | 8 省市，9 样品平均值 | 4-04-213 | 15.0 | 0.97 | 0.31 | 2.0 | - | 1.7 | 0.06 | 0.04 |
| | | | 100.0 | 6.57 | 2.09 | 13.3 | - | 11.3 | 0.40 | 0.27 |

附表 12 干草类

| 饲料名称 | 样品说明 | 饲料编码 | 干物质/% | 产奶净能/(MJ/kg) | 奶牛能量单位/(NND/kg) | 粗蛋白质/% | 可消化粗蛋白质/% | 粗纤维/% | 钙/% | 磷/% |
|---|---|---|---|---|---|---|---|---|---|---|
| 羊草 | 黑龙江，4 样品平均值 | 1-05-646 | 91.6 | 4.31 | 1.38 | 7.4 | 3.7 | 29.4 | 0.37 | 0.18 |
| | | | 100.0 | 4.73 | 1.51 | 8.1 | 4.0 | 32.1 | 0.40 | 0.20 |
| 苜蓿干草 | 北京，苏联苜蓿 2 号 | 1-05-622 | 92.4 | 5.15 | 1.64 | 16.8 | 11.1 | 29.5 | 1.95 | 0.28 |
| | | | 100.0 | 5.57 | 1.78 | 18.2 | 12.0 | 31.9 | 2.11 | 0.30 |
| 苜蓿干草 | 北京，下等 | 1-05-625 | 88.7 | 4.02 | 1.27 | 11.6 | 8.5 | 43.3 | 1.24 | 0.39 |
| | | | 100.0 | 4.52 | 1.44 | 13.1 | 9.5 | 48.8 | 1.40 | 0.44 |
| 野干草 | 北京，秋白草 | 1-05-646 | 85.2 | 3.90 | 1.25 | 6.8 | 4.3 | 27.5 | 0.41 | 0.31 |
| | | | 100.0 | 4.61 | 1.46 | 8.0 | 5.0 | 32.3 | 0.48 | 0.36 |

**附表 13 农副产品类**

| 饲料名称 | 样品说明 | 饲料编码 | 干物质/% | 产奶净能/(MJ/kg) | 奶牛能量单位/(NND/kg) | 粗蛋白质/% | 可消化粗蛋白质/% | 粗纤维/% | 钙/% | 磷/% |
|---|---|---|---|---|---|---|---|---|---|---|
| 玉米秸 | 辽宁,3样品平均值 | 1-06-062 | 90.0 | 4.69 | 1.49 | 5.9 | 2.0 | 24.9 | | |
| | | | 100.0 | 5.23 | 1.66 | 6.6 | 2.2 | 27.7 | | |
| 小麦秸 | 新疆，墨西哥种 | 1-06-622 | 89.6 | 3.65 | 1.16 | 5.6 | 0.8 | 31.9 | 0.05 | 0.06 |
| | | | 100.0 | 4.06 | 1.29 | 6.3 | 0.9 | 35.6 | 0.06 | 0.07 |
| 稻草 | 浙江,晚稻 | 1-06-009 | 89.4 | 3.65 | 1.16 | 2.5 | 0.2 | 24.1 | 0.07 | 0.05 |
| | | | 100.0 | 4.11 | 1.30 | 2.8 | 0.2 | 27.0 | 0.08 | 0.06 |
| 谷草 | 黑龙江,粟秸秆,2样品平均值 | 1-06-615 | 90.7 | 4.19 | 1.33 | 4.5 | 2.6 | 32.6 | 0.34 | 0.03 |
| | | | 100.7 | 4.61 | 1.46 | 5.0 | 2.8 | 35.9 | 0.37 | 0.03 |
| 甘薯蔓 | 7省市31样品平均值 | 1-06-100 | 88.0 | 4.23 | 1.34 | 8.1 | 3.2 | 28.5 | 1.55 | 0.11 |
| | | | 100.0 | 4.77 | 1.52 | 9.2 | 3.6 | 32.4 | 1.76 | 0.13 |
| 花生蔓 | 山东,伏花生 | 1-06-617 | 91.3 | 4.82 | 1.54 | 11.0 | 8.8 | 29.6 | 2.46 | 0.04 |
| | | | 100.0 | 5.28 | 1.68 | 12.0 | 9.6 | 32.4 | 2.69 | 0.04 |

**附表 14 谷实类**

| 饲料名称 | 样品说明 | 饲料编码 | 干物质/% | 产奶净能/(MJ/kg) | 奶牛能量单位/(NND/kg) | 粗蛋白质/% | 可消化粗蛋白质/% | 粗纤维/% | 钙/% | 磷/% |
|---|---|---|---|---|---|---|---|---|---|---|
| 玉米 | 23省市，120样品平均值 | 4-07-263 | 88.4 | 7.16 | 2.76 | 8.6 | 5.9 | 2.0 | 0.08 | 0.21 |
| | | | 100.0 | 8.12 | 3.12 | 9.7 | 6.7 | 2.3 | 0.09 | 0.24 |
| 高粱 | 17省市，38样品平均值 | 4-07-104 | 89.3 | 6.53 | 2.09 | 8.7 | 5.0 | 2.2 | 0.09 | 0.28 |
| | | | 100.0 | 7.33 | 2.34 | 9.7 | 5.6 | 2.5 | 0.10 | 0.31 |
| 大麦 | 20省市，49样品平均值 | 4-07-022 | 88.8 | 6.70 | 2.13 | 10.8 | 7.9 | 4.7 | 0.12 | 0.29 |
| | | | 100.0 | 7.54 | 2.40 | 12.2 | 8.9 | 5.3 | 0.14 | 0.33 |
| 小麦 | 15省市，28样品平均值 | 4-07-164 | 91.8 | 7.54 | 2.39 | 12.1 | 9.4 | 2.4 | 0.11 | 0.36 |
| | | | 100.0 | 8.21 | 2.61 | 13.2 | 10.3 | 2.6 | 0.12 | 0.39 |

附表 15 糠麸类

| 饲料名称 | 样品说明 | 饲料编码 | 干物质/% | 产奶净能/(MJ/kg) | 奶牛能量单位/(NND/kg) | 粗蛋白质/% | 可消化粗蛋白质/% | 粗纤维/% | 钙/% | 磷/% |
|---|---|---|---|---|---|---|---|---|---|---|
| 小麦麸 | 全国，115 样品平均值 | 4-08-078 | 88.6 | 6.03 | 1.91 | 14.4 | 10.9 | 9.2 | 0.18 | 0.78 |
| | | | 100.0 | 6.78 | 2.16 | 16.3 | 12.4 | 10.4 | 0.20 | 0.88 |
| 玉米皮 | 北京 | 4-08-094 | 87.9 | 4.94 | 1.58 | 10.1 | 5.3 | 13.8 | 0.28 | 0.35 |
| | | | 100.0 | 5.65 | 1.80 | 11.5 | 6.0 | 15.7 | 0.32 | 0.40 |
| 米糠 | 4 省市，13 样品平均值 | 4-08-030 | 90.2 | 6.78 | 2.16 | 12.1 | 8.7 | 9.2 | 0.14 | 1.04 |
| | | | 100.0 | 7.49 | 2.39 | 13.4 | 9.7 | 10.2 | 0.16 | 1.15 |
| 大豆皮 | 北京 | 4-08-001 | 91.0 | 5.82 | 1.85 | 18.8 | 9.9 | 25.1 | — | 0.35 |
| | | | 100.0 | 6.41 | 2.04 | 20.7 | 9.9 | 27.6 | — | 0.38 |

**附表 16 饼粕类**

| 饲料名称 | 样品说明 | 饲料编码 | 干物质/% | 产奶净能/(MJ/kg) | 奶牛能量单位/(NND/kg) | 粗蛋白质/% | 可消化粗蛋白质/% | 粗纤维/% | 钙/% | 磷/% |
|---|---|---|---|---|---|---|---|---|---|---|
| 豆饼 | 13省市，机榨42样品平均值 | 5-10-043 | 90.6 | 8.29 | 2.64 | 43.0 | 36.6 | 5.7 | 0.32 | 0.50 |
| | | | 100.0 | 9.17 | 2.92 | 47.5 | 40.3 | 6.3 | 0.35 | 0.55 |
| 菜籽饼 | 13省市，机榨21样品平均值 | 5-10-022 | 92.2 | 7.62 | 2.43 | 36.4 | 31.3 | 10.7 | 0.73 | 0.95 |
| | | | 100.0 | 8.29 | 2.64 | 39.5 | 34.0 | 11.6 | 0.79 | 1.03 |
| 胡麻饼 | 8省市，机榨11样品平均值 | 5-10-062 | 92.0 | 7.66 | 2.44 | 33.1 | 29.1 | 9.8 | 0.58 | 0.77 |
| | | | 100.0 | 8.33 | 2.65 | 36.0 | 31.7 | 10.7 | 0.63 | 0.84 |
| 花生饼 | 9省市，机榨34样品平均值 | 5-10-075 | 89.9 | 8.54 | 2.71 | 46.4 | 41.8 | 5.8 | 0.24 | 0.52 |
| | | | 100.0 | 9.46 | 3.02 | 51.6 | 46.5 | 6.5 | 0.27 | 0.58 |
| 棉籽饼 | 4省市，去壳机榨6样品平均值 | 5-10-612 | 89.6 | 7.33 | 2.34 | 32.5 | 26.3 | 10.7 | 0.27 | 0.81 |
| | | | 100.0 | 8.21 | 2.61 | 36.3 | 29.4 | 11.9 | 0.30 | 0.90 |
| 向日葵饼 | 北京，去壳浸提 | 5-10-110 | 92.6 | 6.82 | 2.17 | 46.1 | 41.0 | 11.8 | 0.53 | 0.35 |
| | | | 100.0 | 7.37 | 2.34 | 49.8 | 44.3 | 12.7 | 0.57 | 0.38 |

**附表 17 糟渣类**

| 饲料名称 | 样品说明 | 饲料编码 | 干物质/% | 产奶净能/(MJ/kg) | 奶牛能量单位/(NND/kg) | 粗蛋白质/% | 可消化粗蛋白质/% | 粗纤维/% | 钙/% | 磷/% |
|---|---|---|---|---|---|---|---|---|---|---|
| 酒糟 | 吉林，高粱酒糟 | 5-11-103 | 37.7 | 3.02 | 0.96 | 9.3 | 6.7 | 3.4 | | |
| | | | 100.0 | 7.95 | 2.54 | 24.7 | 17.8 | 9.0 | | |
| 酒糟 | 贵州，玉米酒糟 | 4-11-092 | 21.0 | 1.39 | 0.43 | 4.0 | 2.4 | 2.3 | | |
| | | | 100.0 | 6.49 | 2.07 | 19.0 | 11.4 | 11.0 | | |
| 粉渣 | 玉米粉渣，6省市，7样品平均值 | 4-11-058 | 15.0 | 1.22 | 0.39 | 2.8 | 1.5 | 1.4 | 0.02 | 0.02 |
| | | | 100.0 | 8.16 | 2.60 | 12.0 | 10.3 | 9.3 | 0.13 | 0.13 |
| 粉渣 | 马铃薯粉渣，3省，3样品平均值 | 4-11-069 | 15.0 | 0.93 | 0.29 | 1.0 | - | 1.3 | 0.06 | 0.04 |
| | | | 100.0 | 6.11 | 1.95 | 6.7 | - | 8.7 | 0.40 | 0.27 |
| 啤酒糟 | 2省，3样品平均值 | 5-11-607 | 23.4 | 1.59 | 0.51 | 6.8 | 5.0 | 3.9 | 0.09 | 0.18 |
| | | | 100.0 | 6.82 | 2.17 | 29.0 | 21.2 | 16.7 | 0.38 | 0.77 |
| 甜菜渣 | 黑龙江 | 1-11-609 | 8.4 | 0.51 | 0.16 | 0.9 | 0.5 | 2.6 | 0.08 | 0.05 |
| | | | 100.0 | 6.07 | 1.93 | 10.7 | 5.4 | 31.0 | 0.95 | 0.60 |

续附表 17

| 饲料名称 | 样品说明 | 饲料编码 | 干物质/% | 产奶净能/(MJ/kg) | 奶牛能量单位/(NND/kg) | 粗蛋白质/% | 可消化粗蛋白质/% | 粗纤维/% | 钙/% | 磷/% |
|---|---|---|---|---|---|---|---|---|---|---|
| 豆腐渣 | 2省市,4样品平均值 | 1-11-602 | 11.0 | 0.97 | 0.31 | 3.3 | 2.8 | 2.1 | 0.05 | 0.03 |
| | | | 100.0 | 8.83 | 2.82 | 30.0 | 25.5 | 19.1 | 0.45 | 0.27 |
| 酱油渣 | 宁夏银川,豆饼3份,麸皮2份 | 5-11-080 | 24.3 | 2.10 | 0.66 | 7.1 | 4.8 | 3.3 | 0.11 | 0.03 |
| | | | 100.0 | 8.54 | 2.73 | 29.2 | 19.6 | 13.6 | 0.45 | 0.12 |

**附表 18 常用矿物质饲料中的元素含量表**

| | 名称 | 化学式 | 矿物质含量 | |
|---|---|---|---|---|
| 钙 | 碳酸钙 | $CaCO_3$ | Ca=40% | |
| | 石灰石粉 | | Ca=34%～38% | |
| 钙、磷 | 磷酸氢二钠 | $Na_2HPO_4 \cdot 12H_2O$ | P=8.7% | Na=12.8% |
| | 亚磷酸氢二钠 | $Na_2HPO_3 \cdot 5H_2O$ | P=14.3% | Na=21.3% |
| | 磷酸钠 | $Na_3PO_4 \cdot 12H_2O$ | P=8.2% | Na=12.1% |
| | 焦磷酸钠 | $Na_4P_2O_7 \cdot 10H_2O$ | P=14.1% | Na=10.3% |
| | 磷酸氢钙 | $CaHPO_4 \cdot 2H_2O$ | P=18.0% | Ca=23.2% |
| | 磷酸钙 | $Ca_3(PO_4)_2$ | P=20.2% | Ca=38.7% |
| | 过磷酸钙 | $Ca(H_2PO_4)_2 \cdot 2H_2O$ | P=24.6% | Ca=15.9% |